SOUVENIRS ENTOMOLOGIQUES

SOUVENIRS ENTOMOLOGIQUES

SOUVENIRS ENTOMOLOGIQUES

JEAN-HENRI FABRE

法布爾昆蟲記全集 3

變換菜單

法布爾 著

方頌華/譯　楊平世/審訂

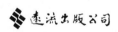
遠流出版公司

審訂者介紹

楊平世

現任國立台灣大學昆蟲學系教授。主要研究範圍是昆蟲與自然保育、水棲昆蟲生態學、台灣蝶類資源與保育、民族昆蟲等；在各期刊、研討會上發表的相關論文達200多篇，曾獲國科會優等獎及甲等獎十餘次。

除了致力於學術領域的昆蟲研究外，也相當重視科學普及化與自然保育的推廣。著作有《台灣的常見昆蟲》、《常見野生動物的價值和角色》、《野生動物保育》、《自然追蹤》、《台灣昆蟲歲時記》及《我愛大自然信箱》等，曾獲多次金鼎獎。另與他人合著《臺北植物園自然教育解說手冊》、《墾丁國家公園的昆蟲》、《溪頭觀蟲手冊》等書。

1993年擔任東方出版社翻譯日人奧本大三郎改寫版《昆蟲記》的審訂者，與法布爾結下不解之緣；2002年擔任遠流出版公司法文原著全譯版《法布爾昆蟲記全集》十冊審訂者。

譯者介紹

方頌華

畢業於南京大學外語學院，法語文學碩士。現任職於北京外語教學與研究出版社。主要著作及譯作有《夏多布里昂作品精選》、《人類死刑大觀》、《杜拉斯文集》等。

圖例說明：《法布爾昆蟲記全集》十冊，各冊中昆蟲線圖的比例標示法，乃依法文原著的方式，共有以下三種：(1)以圖文說明（例如：放大 1 1/2 倍）；(2)在圖旁以數字標示（例如：2/3）；(3)在圖旁以黑線標示出原蟲尺寸。

目錄

序

相見恨晚的昆蟲詩人

劉克襄

　　我和法布爾的邂逅，來自於三次茫然而感傷的經驗，但一直到現在，我仍還沒清楚地認識他。

第一次邂逅

　　第一次是離婚的時候。前妻帶走了一堆文學的書，像什麼《深淵》、《鄭愁予詩選集》之類的現代文學，以及《莊子》、《古今文選》等古典書籍。只留下一套她買的，日本昆蟲學者奧本大三郎摘譯編寫的《昆蟲記》(東方出版社出版，1993)。

　　儘管是面對空蕩而淒清的書房，看到一套和自然科學相關的書籍完整倖存，難免還有些慰藉。原本以為，她希望我在昆蟲研究的造詣上更上層樓。殊不知，後來才明白，那是留給孩子閱讀的。只可惜，孩子們成長至今的歲月裡，這套後來擺在《射鵰英雄傳》旁邊的自然經典，從不曾被他們青睞過。他們琅琅上口的，始終是郭靖、黃藥師這些虛擬的人物。

　　偏偏我不愛看金庸。那時，白天都在住家旁邊的小綠山觀察。二十來種鳥看透了，上百種植物的相思林也認完了，林子裡龐雜的昆蟲開始成為不得不面對的事實。這套空擺著的《昆蟲記》遂成為參考的重要書籍，翻閱的次數竟如在英文辭典裡尋找單字般的習以為常，進而產生莫名地熱愛。

　　還記得離婚時，辦手續的律師順便看我的面相，送了一句過來人的忠告，「女人常因離婚而活得更自在：男人卻自此意志消沈，一蹶不振，你可要保重了。」

　或許，我本該自此頹廢生活的。所幸，遇到了昆蟲。如果說《昆蟲記》提昇了我的中年生活，應該也不為過罷！

　可惜，我的個性見異思遷。翻讀熟了，難免懷疑，日本版摘譯編寫的《昆蟲記》有多少分真實，編寫者又添加了多少分己見？再者，我又無法學到法布爾般，持續著堅定而簡單的觀察。當我疲憊地結束小綠山觀察後，這套編書就束諸高閣，連一些親手製作的昆蟲標本，一起堆置在屋角，淪為個人生活史裡的古蹟了。

第二次邂逅

　第二次遭遇，在四、五年前，到建中校園演講時。記得那一次，是建中和北一女保育社合辦的自然研習營。講題為何我忘了，只記得講完後，一個建中高三的學生跑來找我，請教了一個讓我差點從講台跌跤的問題。

　他開門見山就問，「我今年可以考上台大動物系，但我想先去考台大外文系，或者歷史系，讀一陣後，再轉到動物系，你覺得如何？」

　哇靠，這是什麼樣的學生！我又如何回答呢？原來，他喜愛自然科學。可是，卻不想按部就班，循著過去的學習模式。他覺得，應該先到文學院洗禮，培養自己的人文思考能力。然後，再轉到生物科系就讀，思考科學事物時，比較不會僵硬。

　一名高中生竟有如此見地，不禁教人讚嘆。近年來，台灣科普書籍的豐富引進，我始終預期，台灣的自然科學很快就能展現人文的成熟度。不意，在這位十七歲少年的身上，竟先感受到了這個科學藍圖的清晰一角。

　但一個高中生如何窺透生態作家強納森・溫納《雀喙之謎》的繁複分析和歸納？又如何領悟威爾森《大自然的獵人》所展現的道德和知識的強度？進而去懷疑，自己即將就讀科系有著體制的侷限，無法如預期的理想。

　當我以這些被學界折服的當代經典探詢時，這才恍然知道，少年並未看過。我想也是，那麼深奧而豐厚的書，若理解了，恐怕都可以跳昇去攻讀博士班了。他只給了我「法布爾」的名字。原來，在日本版摘譯

編寫的《昆蟲記》裡，他看到了一種細膩而充滿濃厚文學味的詩意描寫。同樣近似種類的昆蟲觀察，他翻讀台灣本土相關動物生態書籍時，卻不曾經驗相似的敘述。一邊欣賞著法布爾，那獨特而細膩，彷彿享受美食的昆蟲觀察，他也轉而深思，疑惑自己未來求學過程的秩序和節奏。

十七歲的少年很驚異，為什麼台灣的動物行為論述，無法以這種議夾敘述的方式，將科學知識圓熟地以文學手法呈現？再者，能夠蘊釀這種昆蟲美學的人文條件是什麼樣的環境？假如，他直接進入生物科系裡，是否也跟過去的學生一樣，陷入既有的制式教育，無法開啟活潑的思考？幾經思慮，他才決定，必須繞個道，先到人文學院裡吸收文史哲的知識，打開更寬廣的視野。其實，他來找我之前，就已經決定了自己的求學走向。

第三次邂逅

第三次的經驗，來自一個叫「昆蟲王」的九歲小孩。那也是四、五年前的事，我在耕莘文教院，帶領小學生上自然觀察課。有一堂課，孩子們用黏土做自己最喜愛的動物，多數的孩子做的都是捏出狗、貓和大象之類的寵物。只有他做了一隻獨角仙。原來，他早已在飼養獨角仙的幼蟲，但始終孵育失敗。

我印象更深刻的，是隔天的戶外觀察。那天寒流來襲，我出了一道題目，尋找鍬形蟲、有毛的蝸牛以及小一號的熱狗(即馬陸，綽號火車蟲)。抵達現場後，寒風細雨，沒多久，六十多個小朋友全都畏縮在廟前避寒、躲雨。只有他，持著雨傘，一路翻撥。一小時過去，結果，三種動物都被他發現了。

那次以後，我們變成了野外登山和自然觀察的夥伴。初始，為了爭取昆蟲王的尊敬，我的注意力集中在昆蟲的發現和現場討論。這也是我第一次在野外聽到，有一個小朋友唸出「法布爾」的名字。

每次找到昆蟲時，在某些情況的討論時，他常會不自覺地搬出法布爾的經驗和法則。我知道，很多小孩在十歲前就看完金庸的武俠小說。沒想到《昆蟲記》竟有人也能讀得滾瓜爛熟了。這樣在野外旅行，我常

感受到，自己面對的常不只是一位十歲小孩的討教。他的後面彷彿還有位百年前的法國老頭子，無所不在，且斤斤計較地對我質疑，常讓我的教學倍感壓力。

有一陣子，我把這種昆蟲王的自信，稱之為「法布爾併發症」。當我辯不過他時，心裡難免有些犬儒地想，觀察昆蟲需要如此細嚼慢嚥，像吃一盤盤正式的日本料理嗎？透過日本版的二手經驗，也不知真實性有多少？如此追根究底的討論，是否失去了最初的價值意義？但放諸現今的環境，還有其他方式可取代嗎？我充滿無奈，卻不知如何解決。

完整版的《法布爾昆蟲記全集》

那時，我亦深深感嘆，日本版摘譯編寫的《昆蟲記》居然就如此魅力十足，影響了我周遭喜愛自然觀察的大、小朋友。如果有一天，真正的法布爾法文原著全譯本出版了，會不會帶來更為劇烈的轉變呢？沒想到，我這個疑惑才浮昇，譯自法文原著、完整版的《法布爾昆蟲記全集》中文版就要在台灣上市了。

說實在的，過去我們所接觸的其它版本的《昆蟲記》都只是一個片段，不曾完整過。你好像進入一家精品小鋪，驚喜地看到它所擺設的物品，讓你愛不釋手，但是，那時還不知，你只是逗留在一個小小樓層的空間。當你走出店家，仰頭一看，才赫然發現，這是一間大型精緻的百貨店。

當完整版的《法布爾昆蟲記全集》出現時，我相信，像我提到的狂熱的「昆蟲王」，以及早熟的十七歲少年，恐怕會增加更多吧！甚至，也會產生像日本博物學者鹿野忠雄、漫畫家手塚治虫那樣，從十一、二歲就矢志，要奉獻一生，成為昆蟲研究者的人。至於，像我這樣自忖不如，半途而廢的昆蟲中年人，若是稍早時遇到的是完整版的《法布爾昆蟲記全集》，說不定那時就不會急著走出小綠山，成為到處遊蕩台灣的旅者了。

2002.6 月於台北

（本文作者為自然觀察家暨自然旅行家）

導讀

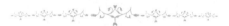

兒時記趣與昆蟲記

楊平世

「余憶童稚時,能張目對日,明察秋毫。見藐小微物必細察其紋理,故時有物外之趣。」

—清　沈復《浮生六記》之「兒時記趣」

「在對某個事物說『是』以前,我要觀察、觸摸,而且不是一次,是兩三次,甚至沒完沒了,直到我的疑心在如山鐵證下歸順聽從爲止。」

—法國　法布爾《法布爾昆蟲記全集7》

　　《浮生六記》是清朝的作家沈復在四十六歲時回顧一生所寫的一本簡短回憶錄。其中的「兒時記趣」一文是大家耳熟能詳的小品,文內記載著他童稚的心靈如何運用細心的觀察與想像,為童年製造許多樂趣。在《浮生六記》付梓之後約一百年(1909年),八十五歲的詩人與昆蟲學家法布爾,完成了他的《昆蟲記》最後一冊,並印刷問世。

　　這套耗時卅餘年寫作、多達四百多萬字、以文學手法、日記體裁寫成的鉅作,是法布爾一生觀察昆蟲所寫成的回憶錄,除了記錄他對昆蟲所進行的觀察與實驗結果外,同時也記載了研究過程中的心路歷程,對學問的辨證,和對人類生活與社會的反省。在《昆蟲記》中,無論是六隻腳的昆蟲或是八隻腳的蜘蛛,每個對象都耗費法布爾數年到數十年的時間去觀察並實驗,而從中法布爾也獲得無限的理趣,無悔地沉浸其中。

遠流版《法布爾昆蟲記全集》

昆蟲記的原法文書名《SOUVENIRS ENTOMOLOGIQUES》，直譯為「昆蟲學的回憶錄」，在國內大家較熟悉《昆蟲記》這個譯名。早在1933年，上海商務出版社便出版了本書的首部中文節譯本，書名當時即譯為《昆蟲記》。之後於1968年，台灣商務書店復刻此一版本，在接續的廿多年中，成為在臺灣發行的唯一中文節譯版本，目前已絕版多年。1993年國內的東方出版社引進由日本集英社出版，奧本大三郎所摘譯改寫的《昆蟲記》一套八冊，首度為國人有系統地介紹法布爾這套鉅著。這套書在奧本大三郎的改寫下，採對小朋友說故事體的敘述方法，輔以插圖、背景知識和照片說明，十分生動活潑。但是，這一套書卻不是法布爾的原著，而僅是摘譯內容中科學的部分改寫而成。最近寂天出版社則出了大陸作家出版社的摘譯版《昆蟲記》，讓讀者多了一種選擇。

今天，遠流出版公司的這一套《法布爾昆蟲記全集》十冊，則是引進2001年由大陸花城出版社所出版的最新中文全譯本，再加以逐一修潤、校訂、加注、修繪而成的。這一個版本是目前唯一的中文版全譯本，而且直接譯自法文版原著，不是摘譯，也不是轉譯自日文或英文；書中並有三百餘張法文原著的昆蟲線圖，十分難得。《法布爾昆蟲記全集》十冊第一次讓國人有機會「全覽」法布爾這套鉅作的諸多面相，體驗書中實事求是的科學態度，欣賞優美的用詞遣字，省思深刻的人生態度，並從中更加認識法布爾這位科學家與作者。

法布爾小傳

法布爾(Jean Henri Fabre, 1823-1915)出生在法國南部，靠近地中海的一個小鎮的貧窮人家。童年時代的法布爾便已經展現出對自然的熱愛與天賦的觀察力，在他的「遺傳論」一文中可一窺梗概。(見《法布爾昆蟲記全集 6》)靠著自修，法布爾考取亞維農(Avignon)師範學院的公費生；十八歲畢業後擔任小學教師，繼續努力自修，在隨後的幾年內陸續獲得文學、數學、物理學和其他自然科學的學士學位與執照(近似於今日的碩士學位)，並在1855年拿到科學博士學位。

年輕的法布爾曾經為數學與化學深深著迷，但是後來發現動物世界

更加地吸引他，在取得博士學位後，即決定終生致力於昆蟲學的研究。
但是經濟拮据的窘境一直困擾著這位滿懷理想的年輕昆蟲學家，他必須
兼任許多家教與大眾教育課程來貼補家用。儘管如此，法布爾還是對研
究昆蟲和蜘蛛樂此不疲，利用空暇進行觀察和實驗。

　　這段期間法布爾也以他豐富的知識和文學造詣，寫作各種科普書
籍，介紹科學新知與各類自然科學知識給大眾。他的大眾自然科學教育
課程也深獲好評，但是保守派與教會人士卻抨擊他在公開場合向婦女講
述花的生殖功能，而中止了他的課程。也由於老師的待遇實在太低，加
上受到流言中傷，法布爾在心灰意冷下辭去學校的教職；隔年甚至被虔
誠的天主教房東趕出住處，使得他的處境更是雪上加霜，也迫使他不得
不放棄到大學任教的願望。法布爾求助於英國的富商朋友，靠著朋友的
慷慨借款，在1870年舉家遷到歐宏桔(Orange)由當地仕紳所出借的房
子居住。

　　在歐宏桔定居的九年中，法布爾開始殷勤寫作，完成了六十一本科
普書籍，有許多相當暢銷，甚至被指定為教科書或輔助教材。而版稅的
收入使得法布爾的經濟狀況逐漸獲得改善，並能逐步償還當初的借款。
這些科普書籍的成功使《昆蟲記》一書的寫作構想逐漸在法布爾腦中浮
現，他開始整理集結過去卅多年來觀察所累積的資料，並著手撰寫。但
是也在這段期間裡，法布爾遭遇喪子之痛，因此在《昆蟲記》第一冊書
末留下懷念愛子的文句。

　　1879年法布爾搬到歐宏桔附近的塞西尼翁，在那裡買下一棟義大利
風格的房子和一公頃的荒地定居。雖然這片荒地滿是石礫與野草，但是
法布爾的夢想「擁有一片自己的小天地觀察昆蟲」的心願終於達成。他
用故鄉的普羅旺斯語將園子命名為荒石園(L'Harmas)。在這裡法布爾可
以不受干擾地專心觀察昆蟲，並專心寫作。（見《法布爾昆蟲記全集
2》）這一年《昆蟲記》的首冊出版，接著並以約三年一冊的進度，完成
全部十冊及第十一冊兩篇的寫作；法布爾也在這裡度過他晚年的卅載歲
月。

　　除了《昆蟲記》外，法布爾在1862-1891這卅年間共出版了九十五
本十分暢銷的書，像1865年出版的《LE CIEL》(天空)一書便賣了十一

刷，有些書的銷售量甚至超過《昆蟲記》。除了寫書與觀察昆蟲之外，法布爾也是一位優秀的真菌學家和畫家，曾繪製採集到的七百種蕈菇，張張都是一流之作；他也留下了許多詩作，並為之譜曲。但是後來模仿《昆蟲記》一書體裁的書籍越來越多，且書籍不再被指定為教科書而使版稅減少，法布爾一家的生活再度陷入困境。一直到人生最後十年，法布爾的科學成就才逐漸受到法國與國際的肯定，獲得政府補助和民間的捐款才再脫離清寒的家境。1915年法布爾以九十二歲的高齡於荒石園辭世。

　　這位多才多藝的文人與科學家，前半生為貧困所苦，但是卻未曾稍減對人生志趣的追求；雖曾經歷許多攀附權貴的機會，依舊未改其志。開始寫作《昆蟲記》時，法布爾已經超過五十歲，到八十五歲完成這部鉅作，這樣的毅力與精神與近代分類學大師麥爾(Ernst Mayr)高齡近百還在寫書同樣讓人敬佩。在《昆蟲記》中，讀者不妨仔細注意法布爾在字裡行間透露出來的人生體驗與感慨。

科學的《昆蟲記》

　　在法布爾的時代，以分類學為基礎的博物學是主流的生物科學，歐洲的探險家與博物學家在世界各地採集珍禽異獸、奇花異草，將標本帶回博物館進行研究；但是有時這樣的工作會流於相當公式化且表面的研究。新種的描述可能只有兩三行拉丁文的簡單敘述便結束，不會特別在意特殊的構造和其功能。

　　法布爾對這樣的研究相當不以為然：「你們（博物學家）把昆蟲肢解，而我是研究活生生的昆蟲；你們把昆蟲變成一堆可怕又可憐的東西，而我則使人們喜歡他們……你們研究的是死亡，我研究的是生命。」在今日見分子不見生物的時代，這一段話對於研究生命科學的人來說仍是諍諍建言。法布爾在當時是少數投入冷僻的行為與生態觀察的非主流學者，科學家雖然十分了解觀察的重要性，但是對於「實驗」的概念還未成熟，甚至認為博物學是不必實驗的科學。法布爾稱得上是將實驗導入田野生物學的先驅者，英國的科學家路柏格(John Lubbock)也是這方面的先驅，但是他的主要影響在於實驗室內的實驗設計。法布爾說：

「僅僅靠觀察常常會引人誤入歧途,因為我們遵循自己的思維模式來詮釋觀察所得的數據。為使真相從中現身,就必須進行實驗,只有實驗才能幫助我們探索昆蟲智力這一深奧的問題……通過觀察可以提出問題,通過實驗則可以解決問題,當然問題本身得是可以解決的;即使實驗不能讓我們茅塞頓開,至少可以從一片混沌的雲霧中投射些許光明。」(見《法布爾昆蟲記全集 4》)

　　這樣的正確認知使得《昆蟲記》中的行為描述變得深刻而有趣,法布爾也不厭其煩地在書中交代他的思路和實驗,讓讀者可以融入情景去體驗實驗與觀察結果所呈現的意義。而法布爾也不會輕易下任何結論,除非在三番兩次的實驗或觀察都呈現確切的結果,而且有合理的解釋時他才會說「是」或「不是」。比如他在村裡用大砲發出巨大的爆炸聲響,但是發現樹上的鳴蟬依然故我鳴個不停,他沒有據此做出蟬是聾子的結論,只保留地說他們的聽覺很鈍 (見《法布爾昆蟲記全集 5》)。類似的例子在整套《昆蟲記》中比比皆是,可以看到法布爾對科學所抱持的嚴謹態度。

　　在整套《昆蟲記》中,法布爾著力最深的是有關昆蟲的本能部分,這一部份的觀察包含了許多寄生蜂類、蠅類和甲蟲的觀察與實驗。這些深入的研究推翻了過去權威所言「這是既得習慣」的錯誤觀念,了解昆蟲的本能是無意識地為了某個目的和意圖而行動,並開創「結構先於功能」這樣一個新的觀念(見《法布爾昆蟲記全集 4》)。法布爾也首度發現了昆蟲對於某些的環境次機會有特別的反應,稱為趨性(taxis),比如某些昆蟲夜裡飛向光源的趨光性、喜歡沿著角落行走活動的趨觸性等等。而在研究芫菁的過程中,他也發現了有別於過去知道的各種變態型式,在幼蟲期間多了一個特殊的擬蛹階段,法布爾將這樣的變態型式稱為「過變態」(hypermetamorphosis),這是不喜歡使用學術象牙塔裡那種艱深用語的法布爾,唯一發明的一個昆蟲學專有名詞。(見《法布爾昆蟲記全集 2》)

　　雖然法布爾的觀察與實驗相當仔細而有趣,但是《昆蟲記》的文學寫作手法有時的確帶來一些問題,尤其是一些擬人化的想法與寫法,可能會造成一些誤導。還有許多部分已經在後人的研究下呈現出較清楚的

面貌，甚至與法布爾的觀點不相符合。比如法布爾認為蟬的聽覺很鈍，甚至可能沒有聽覺，因此蟬鳴或其他動物鳴叫只是表現享受生活樂趣的手段罷了。這樣的陳述以科學角度來說是完全不恰當的。因此希望讀者沉浸在本書之餘，也記得「盡信書不如無書」的名言，時時抱持懷疑的態度，旁徵博引其他書籍或科學報告的內容相互佐證比較，甚至以本地的昆蟲來重複進行法布爾的實驗，看看是否同樣適用或發現新的「事實」，這樣法布爾的《昆蟲記》才真正達到了啟發與教育的目的，而不只是一堆現成的知識而已。

人文與文學的《昆蟲記》

《昆蟲記》並不是單純的科學紀錄，它在文學與科普同樣佔有重要的一席之地。在整套書中，法布爾不時引用希臘神話、寓言故事，或是家鄉普羅旺斯地區的鄉間故事與民俗，不使內容成為曲高和寡的科學紀錄，而是和「人」密切相關的整體。這樣的特質在這些年來越來越希罕，學習人文或是科學的學子往往只沉浸在自己的領域，未能跨出學門去豐富自己的知識，或是實地去了解這塊孕育我們的土地的點滴。這是很可惜的一件事。如果《昆蟲記》能獲得您的共鳴，或許能激發您想去了解這片土地自然與人文風采的慾望。

法國著名的劇作家羅斯丹說法布爾「像哲學家一般地思，像美術家一般地看，像文學家一般地寫」；大文學家雨果則稱他是「昆蟲學的荷馬」；演化論之父達爾文讚美他是「無與倫比的觀察家」。但是在十八世紀末的當時，法布爾這樣的寫作手法並不受到一般法國科學家們的認同，認為太過通俗輕鬆，不像當時科學文章艱深精確的寫作結構。然而法布爾堅持自己的理念，並在書中寫道：「高牆不能使人熱愛科學。將來會有越來越多人致力打破這堵高牆，而他們所用的工具，就是我今天用的、而為你們（科學家）所鄙夷不屑的文學。」

以今日科學的角度來看，這樣的陳述或許有些情緒化的因素摻雜其中，但是他的理念已成為科普的典範，而《昆蟲記》的文學地位也已為普世所公認，甚至進入諾貝爾文學獎入圍的候補名單。《昆蟲記》裡面的用字遣詞是值得細細欣賞品味的，雖然中譯本或許沒能那樣真實反應

出法文原版的文學性，但是讀者必定能發現他絕非鋪陳直敘的新聞式文章。尤其在文章中對人生的體悟、對科學的感想、對委屈的抒懷，常常流露出法布爾作為一位詩人的本性。

《昆蟲記》與演化論

雖然昆蟲記在科學、科普與文學上都佔有重要的一席之地，但是有關《昆蟲記》中對演化論的質疑是必須提出來說的，這也是目前的科學家們對法布爾的主要批評。達爾文在1859年出版了《物種原始》一書，演化的概念逐漸在歐洲傳佈開來。廿年後，《昆蟲記》第一冊有關寄生蜂的部分出版，不久便被翻譯為英文版，達爾文在閱讀了《昆蟲記》之後，深深佩服法布爾那樣鉅細靡遺且求證再三的記錄，並援以支持演化論。相反地，雖然法布爾非常敬重達爾文，兩人並相互通信分享研究成果，但是在《昆蟲記》中，法布爾不只一次地公開質疑演化論，如果細讀《昆蟲記》，可以看出來法布爾對於天擇的觀念相當懷疑，但是卻沒有一口否決過，如同他對昆蟲行為觀察的一貫態度。我們無從得知法布爾是否真正仔細完整讀過達爾文的《物種原始》一書，但是《昆蟲記》裡面展現的質疑，絕非無的放矢。

十九世紀末甚至二十世紀初的演化論知識只能說有了個原則，連基礎的孟德爾遺傳說都還是未能與演化論相結合，遑論其他許多的演化概念和機制，都只是從物競天擇去延伸解釋，甚至淪為說故事，這種信心高於事實的說法，對法布爾來說當然算不上是嚴謹的科學理論。同一時代的科學家有許多接受了演化論，但是無法認同天擇是演化機制的說法，而法布爾在這點上並未區分二者。但是嚴格說來，法布爾並未質疑物種分化或是地球有長遠歷史這些概念，而是認為選汰無法造就他所見到的昆蟲本能，並且以明確的標題「給演化論戳一針」表示自己的懷疑。（見《法布爾昆蟲記全集 3》）

而法布爾從自己研究得到的信念，有時也成為一種偏見，妨礙了實際的觀察與實驗的想法。昆蟲學家巴斯德(George Pasteur)便曾在《SCIENTIFIC AMERICAN》(台灣譯為《科學人》雜誌，遠流發行)上為文，指出法布爾在觀察某種蟹蛛(Thomisus onustus)在花上的捕食行為，以

及昆蟲假死行為的實驗的錯誤。法布爾認為很多發生在昆蟲的典型行為就如同一個原型，但是他也觀察到這些行為在族群中是或多或少有所差異的，只是他把這些差異歸為「出差錯」，而未從演化的角度思考。

　　法布爾同時也受限於一個迷思，這樣的迷思即使到今天也還普遍存在於大眾，就是既然物競天擇，那為何還有這些變異？為什麼糞金龜中沒有通通變成身強體壯的個體，甚至反而大個兒是少數？現代演化生態學家主要是由「策略」的觀點去看這樣的問題，比較不同策略間的損益比，進一步去計算或模擬發生的可能性，看結果與預期是否相符。有興趣想多深入了解的讀者可以閱讀更多的相關資料書籍再自己做評價。

今日《昆蟲記》

　　《昆蟲記》迄今已被翻譯成五十多種文字與數十種版本，並橫跨兩個世紀，繼續在世界各地擔負起對昆蟲行為學的啟蒙角色。希望能藉由遠流這套完整的《法布爾昆蟲記全集》的出版，引發大家更多的想法，不管是對昆蟲、對人生、對社會、對科普、對文學，或是對鄉土的。曾經聽到過有小讀者對《昆蟲記》一書抱著高度的興趣，連下課十分鐘都把握閱讀，也聽過一些小讀者看了十分鐘就不想再讀了，想去打球。我想，都好，我們不期望每位讀者都成為法布爾，法布爾自己也承認這些需要天份。社會需要多元的價值與各式技藝的人。同樣是觀察入裡，如果有人能因此走上沈復的路，發揮想像沉醉於情趣，成為文字工作者；那和學習實事求是態度，浸淫理趣，立志成為科學家或科普作者的人，這個社會都應該給予相同的掌聲與鼓勵。

　　　　　　　　楊平世　　2002.6.18 於台灣大學農學院

（本文作者現任台灣大學昆蟲學系教授）

第一章

土 蜂

如果說在動物界是靠力量來統治臣民，膜翅目昆蟲裡首屈一指的當屬土蜂。從體型來看，有些土蜂的大小足以和鶲鶒相比。鶲鶒是北方的一種小鳥，頭頂橙黃色，在秋霧初起的時節，飛到住家的庭院裡啄食長了蟲的芽莖。即使那些最大、最威武的帶刺蜂，像木蜂、熊蜂、黃邊胡蜂，到了某些土蜂面前也遜色不少。我的家鄉有花園土蜂，牠的體長四公分有餘，翅膀張開後的寬度達十公分；還有痣土蜂，身材和花園土蜂差不多，因為小腹末端豎立的紅棕色毛刷，而特別引人注目。

黑色的身體上長著大塊的黃斑，硬梆梆的翅膀像洋蔥皮那樣呈琥珀色，並反射著紫光；粗壯的腳支節清晰，立著一排排粗糙的短毛；大大的骨架，結實的頭，外面套著一層堅硬的頭殼；行動笨拙，反應遲鈍；飛起來得費上一番力氣，無聲無

息，飛不出多遠。這便是雌土蜂的大致模樣，為了完成艱苦的

工作而全副武裝。牠那懶惰的愛人──雄土蜂則顯得更高貴，穿著更加精緻，一舉一動也更為優雅，然而，牠同伴的主要特徵──強壯，在牠身上並沒有失去。

花園土蜂（縮小1/2倍）

　　昆蟲收藏者第一次看到花園土蜂時，恐怕沒有人不會心懷畏懼。怎樣才能抓住這個大傢伙？怎樣才能不被牠的針螫到？如果膜翅目昆蟲螫針的威力和身體大小成正比，那被土蜂螫過的傷口一定非常可怕。黃邊胡蜂一旦拔劍出鞘，就會讓人疼痛難耐。要是被這個大傢伙刺到了會怎樣？在撒網的那一刻，您的腦子裡會出現一幅畫面，拳頭大小的瘤，還有烙鐵烙過的灼痛。於是，您便停下手，打起退堂鼓，轉而慶幸自己沒有引起這個危險傢伙的注意。

　　是的，我承認自己剛看到土蜂時也退縮過，儘管當時我是多麼希望用這種奇妙的蟲子來豐富自己剛剛起步的收藏。被胡蜂和黃邊胡蜂螫過的慘痛回憶使我變得過分謹慎。我說過分，是因為經過了多年的行動，今天的我已經擺脫了以往的畏懼，看到一隻土蜂棲息在菊花的花冠上，我會毫無顧忌地用手指尖將牠捏住。儘管牠看起來體格強壯，令人生畏，我也不會多一

分小心。牠只不過是貌似勇武罷了。對此，我想教教新入門的
膜翅目昆蟲捕捉者。其實，土蜂的性情是很溫和的，與其說牠
們的螯針是用來刺人的，還不如說是生產工具——用來麻痺獵
物，只有在逼不得已的情況下才用以自衛。此外，牠們行動遲
鈍，你幾乎永遠都避得開螯針，而且就算被螯到了，刺傷的疼
痛也幾乎算不了什麼。一般說來，狩獵性膜翅目昆蟲的毒液不
會引起激烈性的灼痛，牠們的武器是用來做最精細的外科手術
的柳葉刀。

　　在我家鄉的其他土蜂中，我要說
說隆背土蜂。每年九月，我都會在自
家籬笆內的一個角落，看到牠聚精會
神地在枯葉下的軟土堆裡挖掘；以及
沙地土蜂，牠是附近小山丘上沙地裡

沙地土蜂

的常客。牠們的體型比前面說的兩種要小，但更為常見，具備
了持續進行觀察的必要條件，因此也提供了我關於土蜂最基本
的資料。

　　我打開過去的筆記，發現了一八五七年八月六日在伊薩爾
森林的記錄。在這個靠近亞維農的著名間伐林裡，我對泥蜂進
行了研究。我感到腦袋裡又塞滿了昆蟲學研究計畫，又要開始
重度那個與昆蟲相伴整整兩個月的假期。什麼馬里奧特瓶，什

麼托里切利管，都見鬼去吧！現在我不再是老師，我又回到了
做學生時的美好時光，一個著迷於昆蟲的學生。就像一個鋤茜
草者準備他一天的工作那樣，我出發時將一把結實的挖掘工具
扛在肩頭，這種工具在當地叫做「盧切」。我背上的皮袋裝滿
了瓶子、盒子、小鏟子、玻璃管、鑷子、放大鏡和其他工具，
還有一把大傘爲我遮陽防曬。此時是天氣炎熱的盛夏，蟬都不
堪酷暑，閉上了嘴巴。青銅色眼睛的虻爲了躲避烈日，在我的
傘頂上尋求庇護。其他一些雙翅目昆蟲，例如體色晦暗的距
虻，居然冒冒失失地爬到我的臉上。

　　我歇腳的地方是林中的一塊沙地，一年前我就已經發現，
這裡是土蜂喜歡光顧的地方。四處遍布著綠橡樹叢，濃密的灌
木叢下，一層鬆軟的沃土上覆蓋著成堆落葉。我的記憶幫了自
己大忙。隨著暑氣的稍許和緩，不知從哪裡來了幾隻隆背土
蜂。蜂兒越聚越多，我不敢怠慢地看著。在我觀察得到的範圍
內，大概就有十二隻。牠們身材偏小，動作相對輕柔，很容易
就可分辨出是雄蜂。牠們貼近地面緩緩地飛行，朝四面八方來
來往往，去去回回。遠處，還有一隻停棲在地面上，用觸角拍
打著沙土，似乎想知道土裡有什麼動靜；而後，牠又繼續來來
回回的飛行。

　　牠們在期待什麼？牠們做著這種循環往返的動作，到底是

要尋找什麼？食物嗎？不，附近就長著幾法寸長的刺芹，在這個陽光把植物都烤化了的季節裡，這種飽滿的頭狀花序植物是膜翅目昆蟲常享用的美饌；但沒有一隻蜂在上面停留，沒有一隻注意它溢出的蜜汁。牠們關心的不是這個，而是地面，在牠們如此勤勞挖掘的沙土地上。牠們所期待的是雌蜂的出現，只要蛹室綻開，雌蜂就會隨時從布滿灰土的地底下破土而出。三、四隻雄蜂，甚至更多，立刻一擁而上，連雌蜂撣塵、擦拭眼睛的時間都不給，就開始拼命地爭風吃醋。對膜翅目昆蟲的這些愛情嬉戲，我已經司空見慣，向來不會弄錯。一般說來，都是先羽化的雄蜂在產房旁守護，並密切注視著雌蜂的動靜，一旦牠們破土而出，就馬上展開追逐。這便是這些土蜂不停飛舞的原因。我要耐住性子，也許還能看得到婚禮呢。

時間過得真快，青眼的虻和距虻已從我的傘上離開，而土蜂們也漸生倦意，慢慢地消失了。到此為止，今天什麼也看不到了。此後，我又對伊薩爾森林進行了幾次艱苦的遠征。每一次，我都看到雄蜂像以往那樣，勤奮不懈地貼近地面飛行。我的堅忍不拔理應獲得一次回報。回報曾經有過，但非常不完整。我把它原樣記錄下來，有所疏漏的地方期待以後能彌補。

一隻雌蜂在我眼前鑽出地面。牠展翅飛舞，身後追隨著幾隻雄蜂。我用「盧切」挖掘牠出來的地方，並且隨著挖掘的深

入，把混有軟土的沙礫從指間篩除。我的額頭沁出點點汗珠。
直到搬開了大約一立方公尺的雜物後，才有了收穫。這是一個
剛剛裂開的蛹室，殼的兩側黏著一層薄薄的表皮，是蛹室的織
造者——幼蟲所食用過的獵物，如今只留下這最後的一點痕
跡。外層的絲殼完好無損，很可能就是先前從我面前離開地下
居所的那隻雌蜂留下的。至於殼裡的那層表皮，因為土地潮
濕，又受到一些禾本科植物側根的損傷，我無法準確辨認出到
底是什麼。只有顱頂還看得清楚，從大顎和整個輪廓看，我猜
是金龜子的幼蟲。

時候不早了，今天這樣就夠了。我已經筋疲力盡。不過，
發現了一個裂開的蛹室和那張可憐而古怪的小蟲子的表皮，再
怎麼勞累也值得了。喜愛博物學的年輕人，想知道自己的血脈
裡是否有神聖的火苗在流動嗎？那麼，請設想一下經歷這樣一
次遠征後返回的情景。您肩上扛著一把農民用的笨重工具，蹲
在地上大半天的挖掘使您腰酸背疼，八月下午酷暑的炎熱，讓
您感到腦袋彷彿要炸了開來，而您的眼皮受了一天強烈的日照
後，也像得了眼疾似的搔癢，口乾舌燥的您，面對著長長的泥
路，卻無法休息。但您心中自有快樂，您忘卻了現世的貧困，而
陶醉在這次遠行之中。為什麼？因為得到了一塊爛蟲皮？如果真
是這樣，我年輕的朋友們，前進吧！你們會做出一番成績的。不
過，我要告誡你們，這可是完全無法做為謀取功名的手段。

　　這塊表皮當然受到了仔細的觀察。我最初的設想得到了驗證：它是金龜子類昆蟲的表皮，這種昆蟲的幼蟲是我挖出的那個蛹室所屬的膜翅目昆蟲最早的捕獵對象。但這到底是哪一種金龜子呢？此外，這個作為我最大戰利品的蛹室，的確是屬於土蜂的嗎？問題開始接踵而來。要想找出答案，必須再回到伊薩爾森林裡去。

　　我又去了森林，但常常在土蜂的問題還沒有得出滿意的答案前，我就失去了耐心。依我面臨的狀況來說，困難確實不小。在茫茫沙地裡，我該挖哪裡，才能碰到土蜂經常出沒的地方？「盧切」隨處亂掘，我幾乎總是碰不上我要找的東西。初接觸時，貼著地面飛舞的雄蜂，憑著牠們可靠的本能，向我指出了雌蜂可能在的位置，但牠們活動的範圍太大，使得指示變得模糊不清。即使只是一隻雄蜂勘察的地面，因為牠飛行時一直變換方向，我都要搬開一公尺深的沙土，也就是一公畝的土地。這完全非我能力或時間所能及。隨著季節的推移，雄蜂不見了，現在連牠們的指示也沒有了。為了知道大概在什麼地方放下「盧切」，我只剩下一個辦法：密切注意從土裡鑽出或者正要潛進土裡的雌蜂。時間一點一點地消逝，我以極大的耐心，終於得到了意外的收穫。這可真是不尋常啊！

　　土蜂不像其他狩獵性膜翅目昆蟲那樣挖洞築巢。牠們沒有

固定的居所，也沒有和通往外界並與幼蟲的小屋相連的自由通
道。對牠們來說，不必有什麼進出的門，不必有事先挖好的通
道；要想鑽進土裡，任何地點都可以，即使是未曾被翻動的地
面，只要土不太硬就行，其實牠們挖掘的工具也足夠堅硬。要
從土裡出來的時候，也無所謂特地的地點。土蜂不橫向鑽土，
而是向下掘土，牠用腳和大顎辛勤地工作；掘開的東西就堆積
在原處和身後，馬上就堵住了先前挖出的通道。當牠要從地裡
鑽出來時，那邊的土會聚成一堆，看上去像是有隻小鼴鼠在地
底下拱隆地表。土蜂出來後，隆起的土堆就會坍塌，堵住了出
口。要是膜翅目昆蟲想回家，就任意找一個地方挖掘，很快一
個洞便出現了，土蜂也隨即消失，挖開的那些泥土將牠埋在地
表之下。

　　我從地面上土的厚度就能輕易地分辨出牠的臨時性居所，
那是一個圓柱體，幽深蜿蜒，在一塊堅實的土裡由流動性的材
料構成。這些圓柱體數目眾多，有時甚至能深至〇‧五公尺，
它們四通八達，還常常互相交會。但沒有哪個圓柱體擁有一個
可以來去自如的通道。顯然，這不是通往外界的長久路徑，而
是土蜂永不回頭的一次性跑道。膜翅目昆蟲在地上鑽出這麼多
如今堆滿流動崩塌物的羊腸小道，是為了尋找什麼？也許是在
找牠一家人的食物吧，比方說我擁有的那張枯皮的無名幼蟲。
事情有了點眉目：土蜂是一群地下工作者。以前抓到土蜂，看

到牠腳關節上沾有小土塊時，我就懷疑過這一點。膜翅目昆蟲很愛乾淨，最大的樂趣就是對身子洗洗刷刷，身體上留有這樣的髒污，只能說明牠是個熱情的搬土工。以前我還不太明白土蜂的技能，現在清楚了；牠們在地底下生活，掘土是為了尋找金龜子的幼蟲，就像鼴鼠鑽土也是為了找蠐螬[①]一樣。接受雄蜂的擁吻後，雌蜂很少再繼續纏綿下去，而是一心一意專注於母親的職責。這可能也是我不再有耐心窺探牠們進進出出的原因。

地下是牠們停留和通行的場所。靠著有力的大顎、堅硬的頭顱和強健帶刺的腳，牠們在鬆散的土裡隨心所欲地開闢道路；牠們是活的犁頭。近八月底的時候，大部分雌蜂都藏在地下，開始忙著產卵和儲藏食物。這一切彷彿在告訴我，想在大白天等待雌蜂出來是徒勞無功的，必須埋頭四處挖掘才是。

不過，我辛苦的挖掘並未換來應有的回報。儘管發現了幾個蛹室，但差不多都和我已有的那個一樣裂了開來，而且，側壁上都同樣黏著一張金龜子類幼蟲枯乾的表皮。只有兩個蛹室完好無損，裡面包著死去的膜翅目成蟲。牠們的確是隆背土蜂，這個難得的收穫證實了我的推測。

① 蠐螬：金龜子幼蟲的另一種說法。──編注

　　我還挖出過一些蛹室，樣子略有差別，裡面也包著死去的成蟲，我認出來這是沙地土蜂。殘留下來的食物同樣是一隻金龜幼蟲的表皮，但種類與第一次那隻土蜂的獵物並不相同。我在這裡挖挖，那裡挖挖，搬開了好幾立方公尺的土，卻從未能夠找到新鮮的食物、蟲卵或者小幼蟲。產卵期可是最有利於尋找的時節，但是，一開始為數眾多的雄蜂已經日益稀少，終至完全消失了。我的失敗可歸結於不著邊際的挖掘；這麼大的地方，卻沒有任何線索能指引我。

　　無論如何，如果我能夠確定這兩種土蜂吃的是哪種金龜子幼蟲，問題就解決了一半。試試看吧。我將「盧切」挖出來的鞘翅目幼蟲、蛹和成蟲都聚在一起。我所收集到的包括兩種金龜子：細毛鰓金龜和朱爾麗金龜。牠們的體態都保持得很完

整，大部分是死的，但偶爾也有活的。那些為數不多的蛹真是不可多得的財富，因為和它們在一起的幼蟲遺體可以作為比較對象，而且各種齡期的幼蟲我都遇到了不少。藉由比較蛹蛻下的皮，可以看出一部分屬於細毛鰓金龜，另一部分屬於朱爾麗金龜。

細毛鰓金龜

　　根據這些資料，我完全確信，貼在沙地土蜂身上的皮是屬

於細毛鰓金龜的。至於麗金龜，並沒有發揮什麼作用，隆背土蜂獵食的幼蟲並不是牠，同樣也不是細毛鰓金龜。這張我還不認識的皮究竟屬於哪種金龜子呢？既然隆背土蜂是在我挖掘的那塊地底下定居，我尋找的這種金龜子必然就在那裡。後來，唉！是很久以後，我才知道問題出在哪裡。爲了讓「盧切」避開網狀的植物根系，使挖掘的工作較爲輕鬆，我只挖掘沒有植被的地方，而不去管綠橡樹叢，可是這些富含腐殖土的灌木叢，才正是我該尋找的角落。在那裡，在那些枯老的樹幹旁，在那遍布落葉朽木的地底下，我一定會遇上期盼已久的幼蟲。我將在下文中描述牠們的生活。

我最初的搜尋僅限於此。我不得不承認：伊薩爾森林所提供的研究材料，比我想像中要少。遠離居所，旅途勞頓，再加上熱浪襲人，對挖掘點又一無所知，我自然會在問題沒有取得進展之前就洩了氣。做這樣的研究，必須時間充裕，在自己家中勤奮鑽研，還必須住在鄉間。等你對院子裡和四周的每個地點都熟悉了以後，問題必然迎刃而解。

二十三年過去了，如今我在塞西尼翁，成了一個一邊筆耕一邊種甘藍的農民。一八八〇年八月十四日，法維埃在院子的一個角落裡，正要搬走一堆由牧草和樹葉碎屑堆積成的泥土肥。把這個土堆移走是有必要的，因爲在發情的騷動月夜裡，

布林就會從土堆躍上牆頂，空氣裡散發的氣味告訴牠，該去赴一場狗的婚禮了。每次朝聖結束，牠總是一臉狼狽、耳朵撕裂著回來；但只要吃飽喝足，牠總會再一次翻牆而出。為了中斷這種造成牠身上無數傷疤的風流事，我只好決定移走牠用來當梯子的土堆。

法維埃正用鏟子把土鏟進獨輪車裡，他突然叫了起來：「大發現，先生，大發現！快來看啊！」我跑了過去。果然是大發現，令我喜不自禁，多年前伊薩爾森林裡的那段經歷一下子浮現在眼前。只見堆肥中冒出許多隻雌隆背土蜂，牠們正慌亂地做著自己的工作；也有大量的蛹室，每個殼上都黏著一張幼蟲吃剩的獵物表皮。事後我才知道，實際上，七月是羽化的季節。

堆肥裡還聚集著一群金龜子，有幼蟲、蛹，還有成蟲，連鞘翅目裡最大的葡萄根犀角金龜也在其中。我看到了一些剛剛

葡萄根犀角金龜

得以見天日的金龜子，牠們閃閃發亮的栗色鞘翅，第一次展現在陽光之下，另一些則還蜷縮在土殼裡，差不多跟火雞蛋一般大小。最常見的是牠強壯的幼蟲，腆著大大的肚子，背彎成弓狀。我還發現了另一種鼻子上也長角的金龜

子，那是雪輪犀角金龜，比牠的同類要小，以及肆虐我的萵苣
的點狀玉米金龜。

然而占壓倒性多數的還是花金龜，牠
們大部分蜷縮在蛋形的蛹室裡，用腐質土
及土裡的糞便作外殼的隔牆。花金龜有三
種：金色花金龜、灰黑色花金龜和花金
龜，其中以第一種居多。牠的幼蟲具有獨
特的本領——腳懸空、仰躺著蠕動前進，因
此非常容易辨別。我發現了一百多隻，從剛

金色花金龜

初生的小蟲到即將造蛹室的胖嘟嘟的蟲子，各種齡期的幼蟲都
可以見到。

這一回，糧食的問題也得以解決。如果我把土蜂蛹室上黏
著的幼蟲皮與花金龜的幼蟲相比對（與這些幼蟲作蛹自縛時蛻
去的皮比對則效果更佳），可以看到兩者完全相同。隆背土蜂
為牠的每個卵供應一隻花金龜的幼蟲作為食物。伊薩爾森林裡
艱苦的搜尋都沒有解開的謎，此時已昭然若揭。今天，就在自
家門口，難題成了易如反掌的事。我可以隨心所欲地對問題深
究下去，不會有任何煩擾。在任何我認為合適的時節，在任何
時間，眼前就有我所需要的研究材料。啊！可愛的村莊，雖然
是窮鄉僻壤，但當我隱遁於此，卻得到了這麼好的啟發，可以

和我親愛的昆蟲們生活在一起，牠們奇妙的故事足夠我寫上好幾章的文字！

根據義大利人帕瑟里尼的觀察，在從暖房丟棄出來的皮革碎屑裡，花園土蜂用葡萄根犀角金龜來餵養家人。我倒希望能

夠在院子裡大量繁殖這種金龜子，並且期待由枯葉化成的堆肥中，有一天也會有這種大型膜翅目昆蟲定居。但在我的家鄉該種金龜子比較少見，這可能是我的願望至今無法實現的唯一原因。

花園土蜂的幼蟲

我剛剛證實隆背土蜂以花金龜的幼蟲，主要是金色花金龜、灰黑色花金龜和花金龜，作為幼時的食物。這三種金龜子共同生活在剛才挖出來的土堆裡；牠們的幼蟲差異是如此的小，以致於很難辨別，即使我細心觀察，也不能保證就分得清。看來，土蜂並不進行選擇，對這三種金龜子牠是不加區分地利用的。也許，甚至還會進攻和這三種金龜子一樣以腐植質為宿主的其他小蟲子。因此，我把花金龜這一類看作是隆背土蜂的獵物。

在亞維農附近，沙地土蜂的獵物是細毛鰓金龜。而鄰近塞西尼翁的地方，在類似的只長著稀疏的禾本科植物的沙地裡，

我看到早晨細毛鰓金龜取代細毛鰓金龜，成了沙地土蜂的食物。犀角金龜、花金龜和細毛鰓金龜的幼蟲是我們所知道的三類土蜂的獵食對象。這三類鞘翅目昆蟲都是金龜子。這種驚人的一致性是我們稍後將要探討的主題。

現在要做的事，是用獨輪車把堆肥運走。這項工作由法維埃負責，而我則親自將這些慌張的小傢伙收集進瓶子裡，等到堆肥搬至他處後，再重新放回去。爲了研究計畫，我悉心照料牠們。現在還沒到產卵的季節，因爲我連一個土蜂卵、一隻幼蟲都沒有發現。九月看起來是合適的時節。但在這次搬動中，免不了有不少土蜂受到輕微的傷害，加上溜掉的土蜂要找到遷移後的新地點也許有些困難。土堆被我翻動得亂七八糟，爲了使一切重歸寧靜，讓土蜂逐漸養成新習慣，我覺得，最好今年放著土堆不管，明年再重新開始研究，才能保證蜂群有時間繁衍，以彌補遷徙者和傷員的空缺。經過這次擾民的搬遷，還想急於求成，就會前功盡棄。我按捺住性子，再等一年吧，就這樣決定了。隨著秋葉的凋零，我將布滿院子的枯葉草屑都堆在一起，只是爲了加厚土堆，以便能擁有一個資源更爲豐富的開採場。

第二年八月一到，我便每天查看堆成小山的沃土。到了下午兩點鐘，當陽光從周圍的松樹叢中移開照射到土堆上，在附

近刺芹的頭狀花上飽餐了一頓的雄土蜂，就會成群地湧來。牠們繞著小土堆，不停地來回飛舞。要是有隻雌蜂從堆肥中鑽出來，看見這一幕的雄蜂立刻撲身而下。求婚者經過一番不太激烈的爭鬥，決定出勝利者後，一對新人便一起飛出院子的高牆。這是我在伊薩爾森林見過的那一幕的翻版。八月底，雄蜂就很少出現。雌蜂從此也不再露面，在地下辛勞地建立家庭。

九月二日，我和兒子埃米爾的挖掘產生了決定性的結果。他用長柄叉和鏟子翻地，我則觀察挖出的土塊。勝利了！儘管我有滿腔的抱負，也不敢夢想會有這樣美妙的成果！只見無數軟弱無力的花金龜幼蟲，動也不動地仰躺著，腹部的中間都貼著一粒土蜂卵。再來看看土蜂的幼蟲：有的剛孵化出來，頭伸

進犧牲品的內臟，有的已經把獵物吃得只剩一張乾枯的皮，有的正用一道紅絲編織自己的蛹室，那種紅色就像牛的血一樣；有的已經把蛹室編織得差不多了。土蜂的各個成長階段，從蟲卵到活躍期已經結束的幼蟲，一切盡在其中，且數量十分可觀。我特意記下九月二日這一天，因為一個縈繞我心頭近四分之一世紀的謎，終於解開了。

花金龜的幼蟲

我將挖掘到的成果像聖物一樣小心翼翼地放入寬口而淺底

的瓶子裡，瓶底鋪上了一層精心篩過的腐質土。在這個和牠們
原來的家毫無二致的柔軟墊子上，我用手指輕輕壓出一個個凹
處，每個凹處只放進一個研究對象。然後在瓶口蓋上一塊玻
璃。這樣，我既可以防止牠們不翼而飛，又可以直接進行觀
察，卻不必擔心會驚擾到牠們。既然一切都準備就緒，我就要
開始作實驗記錄了。

　那些身體腹面都貼著一粒土蜂卵的花金龜幼蟲，是隨意分
布在土中，沒有特別的洞穴，也沒有任何築巢的跡象。牠們埋
在腐質土裡，就像沒有被膜翅目昆蟲捕獲的那些幼蟲一樣。伊
薩爾森林的挖掘告訴我，土蜂不會為牠的家人準備居所，牠根
本不懂建築藝術。後代的家是隨便建起來的，母親不會給予任
何關心。但其他的狩獵蜂都要準備一個居所，來儲存有時甚至
是從遠處搬運過來的糧食。土蜂則只管挖掘腐質土層，直到遇
上一隻花金龜的幼蟲。一有發現，牠便就地將獵物螫到動彈不
得，並立即在僵麻的蟲子的腹面產卵。就這樣，母親只管搜尋
新的獵物，不再操心剛剛產下的卵。既不必大費周章搬來搬
去，也不必費力築巢；只要逮到花金龜的幼蟲並予以麻痺，土
蜂的幼蟲就開始孵化、生長、織造蛹室。牠們的家就這樣簡化
到一種最簡單的形式。

第二章

充滿艱險的進食

從形態上看，土蜂的卵沒有任何特別之處。白色筆直的圓柱體，大約有四公釐長、一公釐寬，前端固定在犧牲品腹部的中線處——這個位置在腳的後面，靠近肚中食物透著皮膚而形成的褐斑。

我看到了孵化的情景。土蜂幼蟲剛剛蛻下的薄皮還附著在尾部，就將頭固定在先前卵附著的部位。這真是激動人心的場面。剛剛孵化出來的弱小生命，一下一下，試圖在那仰躺著的獵物腹部咬出洞來。新生的牙齒整整一天都在做這件困難的工作。第二天，獵物的皮膚總算鬆動了，我發現土蜂幼蟲的頭已經探進一道圓圓的、流著血的傷口內。

說到體型，土蜂幼蟲和我前面提到的卵大小差不多。不

過，土蜂需要的花金龜幼蟲，卻平均長達三十公釐、寬九公釐，體積是剛剛孵化出來的土蜂幼蟲的六百至七百倍。這個獵物的臀部和大顎還在動著，的確會令幼蟲感到恐怖。但母親的螫針已經消除了危險，孱弱的小蟲就像吸吮乳汁一樣毫不猶豫地開始啃食這龐然大物的肚子。

一天天地，小土蜂的頭在花金龜的肚子裡越鑽越深。為了能從穿透皮膚的窄洞鑽進去，牠身體的前端變得越來越細長，看上去就和一根絲一樣。於是，幼蟲的形狀變得很奇怪，牠的後半部始終保持在獵物的體外，和一般膜翅目掘地蟲幼蟲的形狀、大小都差不多，但前半部一旦進入獵物體內，就突然變得像蛇頸一樣細長，並且一直在那裡直到吐絲織蛹室為止。身體的前半部彷彿是以獵物皮膚上被咬開的窄洞為模型，此後也一直保持著這樣纖細的體型。如果掘地蟲幼蟲的大餐是比較龐大的獵物，必須花很長的時間才能吃完，那牠們的外形多多少少都和土蜂相似。例如捕食短翅螽斯的隆格多克飛蝗泥蜂，和捕食灰毛蟲的毛刺砂泥蜂。如果食物成碎片狀或者相對較小，就不會出現這種把昆蟲的身體分成模樣完全不同的兩截的現象。既然幼蟲是從一塊食物到另一塊食物略作停頓地進食，那麼身體保持普通的形態即可。

從大顎最初咬的幾下開始，直到獵物被吃光，土蜂的幼蟲

都一直埋頭在食物體內，不曾把頭、長頸伸出來。我猜想著這樣牢牢守住一個攻擊點的原因，甚至認為自己隱約可以看見這種特殊的進食技術的必要性。花金龜的幼蟲是一個堅固的塊狀物，這一大塊食物應當直到最後都還能保持適當的新鮮。小土蜂因此總是從母親事先在腹面選好的那一點，開始謹慎地進食，因為要鑽的那個洞正開在卵附著的那一點上。隨著進食者的脖子越伸越長，犧牲品的內臟也循序漸進地被吃掉，首先是最不必要的部位，然後是那些除掉以後還能使金龜子保有一絲生機的部位，最後才是那些失去了以後會帶來無可挽回的死亡的部位，之後屍體就很快地腐爛了。

　　牙齒剛剛咬了幾下，犧牲品的傷口就湧出血來，這是一種能被大量吸收並易於消化的液體，新生兒吸吮時就像在吸乳汁一樣。對於這個小美食家而言，乳頭便是花金龜的傷口。但後者並不會因此死去，至少還會繼續活一段時間。當包在外面的脂肪被吃完以後，內側的器官就開始受到吞噬了。這是花金龜在半死不活的狀態中經歷的另一種折磨。隨著肌肉喪失，皮膚乾枯，繼之是主要器官的消失，神經中樞和氣管網絡的中斷，花金龜的生命之光一點一點地暗淡，直到成為一張空皮囊，但是除了腹部中央的那個開口之外，牠的外皮仍然保持完整；隨後這張皮才開始腐爛。土蜂懂得有條不紊地進食，使得食物到最後一刻還保持著新鮮。現在，牠吃得肥肥胖胖，精神抖擻地

從那張皮囊裡抽出牠的長頸，準備織造蛹室，在蛹室中完成牠的成長。

這種有條不紊的進食是如何準確連接的，我的說法可能有誤，因為在獵物體內到底發生了什麼事，並不容易知道。但這種聰明進食法的最主要特點，即從次要器官吃到主要器官，以保持剩下的生命機能，則是不可否認的。如果直接觀察只能部分得到確信，那麼單獨研究被吞噬的蟲子，則可以最確切地進行驗證。

花金龜的幼蟲一開始是胖嘟嘟的，隨著土蜂的吞噬，逐漸變得鬆軟皺縮。短短幾天內，就成了一塊乾癟的肉條，隨後又成了前胸貼後背的皮囊。但這塊肉條和這張皮囊依然保持著蟲子未被碰過前的那種新鮮。雖然土蜂不停地咬，生命依然存在，不到土蜂大顎最後的那幾下攻擊，牠都能抵擋得住腐爛的入侵。如此頑強地維持獵物的生命機能，難道不正說明：最重要的器官最後才被攻擊，切割是一步一步地從較不重要到不可或缺的部分嗎？

我們來看看，花金龜幼蟲的生命中樞如果一開始便受損，會變成什麼樣子？這個實驗非常容易，我也沒忘了做。取一根鈍化了的縫衣針，再把它重新淬火、磨尖，就成了最精緻的解

剖刀。我用這個工具在花金龜幼蟲身上劃開一道切口，並從切口處拔出一個神經節，等一下我們就要來研究它那令人稱奇的結構。結束了，傷口看上去並沒什麼大不了，但蟲子成了一具僵屍，一具真正的屍體。我把我的實驗對象放到一層新鮮的腐質土上面，再用一個玻璃罩蓋上。總之，我將牠安置在其他被土蜂食用的花金龜幼蟲所具備的環境裡。經過一天後，牠的形狀沒有改變，但體色變成了令人作嘔的褐色，還流出一種發出惡臭的液體。相反地，在同一層腐質土上，同樣的玻璃罩下面，同樣也是溫濕的環境，被土蜂吃掉四分之三的幼蟲卻始終保持一副皮肉新鮮的模樣。

我僅僅用針尖戳了一下，就導致了驟死和迅速腐爛，而土蜂細嚼慢嚥掏空了蟲子，並使之成為一張枯皮，卻沒有將牠殺死，這兩種迥然相異的結果是由於所傷及器官的相對重要性不同。我毀掉了神經中樞，於是無可挽回地殺死了我的蟲子，第二天牠便成為一具腐屍；而土蜂只進攻脂肪、血和肌肉，卻不殺死牠的蟲子，所以直到最後牠仍然能吃到未變質的食物。但很明顯的，如果土蜂一開始就和我一樣，進攻獵物的神經，從那時起在牠面前的就是一具真正的屍體，二十四小時以後牠就會因屍體的腐爛而致命。的確，母親為了保證獵物無法動彈，用螯針把毒液注入獵物的神經中樞。牠的做法和我完全不同。牠像一名能靈巧施行痲痹的生理學家，我卻像屠夫一樣切割、

拉扯。被牠螫過的神經中樞依然完好無損，由於毒液的作用，蟲子的肌肉再也無法收縮。但這是否說明，在麻痺狀態中，牠們的生命機能依舊默默地運轉？火焰熄滅了，但燈芯還留有一份熾熱。我這個粗暴的酷吏，不僅吹滅了燈，還扔掉了燈芯，一切都結束了。這就像蟲子動用大顎，向神經節啃咬一樣。

這一切都證明了，土蜂幼蟲和其他以龐然大物為食的侵犯者一樣，具備一種特殊的飲食技術，這種精巧的技術使得被吃的獵物在最後一息仍保有生命的跡象。要是獵物的體型微小，當然就用不著如此謹慎了。例如，泥蜂幼蟲吃雙翅目昆蟲，被逮住的獵物是從背部，還是從腹部、頭或者胸開始吃，都無所謂。幼蟲任意找到一點便啃咬起來，接著又丟開這一點去咬第二處，並隨興之所至地一直任意咬下去。牠這樣反覆嘗試，似乎是要找到最中意的地方來品嘗。雙翅目昆蟲就這樣四處被咬，遍體鱗傷，很快就不成形狀，要是沒有一次吃完，剩下的會迅速腐爛。假設土蜂幼蟲也是這樣沒有規則地貪食，那麼本來可以保持半個月新鮮的豐富食糧，就會一下子死去，變成腐臭的垃圾。

這種經過精心設計的飲食技術，看來並非輕鬆的工作，至少，只要幼蟲從牠的小徑裡回頭，就再也不能夠施展牠高超的用餐才能。這一點實驗可以向我們證明。首先我要聲明，關於

之前那個二十四小時就變得腐爛的實驗對象，那是一個特例，是為了將問題說明得更清楚。土蜂的嘗試是不會也不可能到那樣的程度。但這仍然可以讓人懷疑，進食時最初的攻擊點不同，結果也會不一樣。在犧牲品內臟裡的鑽探有一種內在的秩序，在這種秩序之外，成功是不能確定或者是不可能的。對於這些微妙的問題，我想，是沒有人能夠回答的。在科學沈默不語的時候，或許該讓蟲子來說說話。試試看吧。

我打攪了一隻已發育到成蟲四分之一至三分之一大的土蜂幼蟲。為了盡量避免弄痛蟲子，要從犧牲品的腹腔內把牠的長頸拔出來，可真費了番工夫。我耐著性子，用一支畫筆的筆頭反覆摩擦，才將牠弄了出來。然後把花金龜的幼蟲翻個身，背部朝上，趴在腐質土層上一個被手指壓成的凹槽裡，最後在犧牲品的背上放上土蜂。我的蟲子現在處於和剛才一樣的條件裡，區別只在於牠的大顎下面是獵物的背而不是腹部。

整個下午，我都密切注意著。牠不安地動來動去，小小的頭先是朝這裡，然後向那裡，接著又轉向其他地方。牠雖然常常把頭貼在花金龜的背上，卻始終沒有找到一處固定下來。白天結束了，牠還是什麼都沒做，只是有些焦躁不安而已。我想，牠最終會因為飢餓而決定進食。結果我弄錯了。第二天，我發現牠比前一天更加焦急，還是一直在摸索，但仍然不能決

定將大顎固定在某個地方。我又任牠試了半天，沒有任何結果。二十四小時沒有進食應當會讓胃口大開，尤其是對這個安靜時就不停地吃的傢伙來說。

極度的飢餓並不能使牠隨便找個地方就咬下去。是大顎穿不透嗎？顯然不是。花金龜幼蟲背部的皮並不比腹部來得硬，而且，剛從卵裡孵化出來時，土蜂幼蟲便有足夠的力氣穿透獵物的皮膚，更何況現在已經變得如此強壯。因此這並非力量不足，而是頑固地拒絕隨意挑個地方就咬下去。誰知道呢？也許，從這面咬下去，會傷到獵物背上的血管，影響維持生命必不可少的器官——心臟。我嘗試使土蜂從背部進攻犧牲品的企圖總是受挫。這是否說明，土蜂幼蟲意識到，要是胡亂地從背部切割食物而導致其腐爛，會給自己帶來危險嗎？即使只是一瞬間有這種想法都是荒謬的。牠的拒絕是被一種天生就要服從的先驗法則所支配。

如果我任土蜂幼蟲繼續待在犧牲品的背上，牠們是會餓死的。於是我讓一切恢復原狀：花金龜幼蟲腹部朝上，小土蜂趴在上面。我本可以用先前做過實驗的那些土蜂，但為了預防突然改變的實驗可能造成的混亂，我寧願用一些新手做實驗，我便從我的收集裡又拿出一些。一隻土蜂幼蟲被打擾了，我讓牠的頭從花金龜幼蟲的內臟裡抽出來，面對著犧牲品的腹部。小

蟲子驚恐不安地摸索著，猶豫著，尋找著，卻不將大顎插進任何一處，儘管現在鑽探的是腹部這一面。牠在背上的時候也不會更猶豫些。誰知道呢？我要重複說，也許在這一面，神經節會被傷到，這可比背上的血管還重要。沒有經驗的小蟲子是不會胡亂把大顎扎進去的，否則牠的前程就會因為亂咬一口而受到危害。如果牠咬到了我用針作解剖刀戳過的那一點，很快地，牠的食物就會成為一具腐屍。於是，除了原先蟲卵被固著的那一點之外，犧牲者皮膚上的其他地方，又一次遭到了斬釘截鐵的拒絕。

母親選擇的這一點，毫無疑問，是對幼蟲的前途最好的一點；可是，我卻不可能弄清楚這種選擇的原因。牠固定了產卵的位置，於是也就確定了要鑽洞的地方。小蟲子要咬的就是這個地方，只能是這裡，不能是別處。牠不屈不撓地拒絕啃咬花金龜幼蟲的其他地方，即使會因此而餓死。這向我們展示出這種由本能引發的行為規則是多麼嚴謹。

趴在犧牲品腹面的蟲子摸索一段時間後，遲早會發現我使之遠離的那個大傷口。但我的耐心漸漸失去，於是自己用畫筆的尖端引導牠的頭。蟲子因此發現了牠曾經鑽過的開口，便伸長頸子，一點一點探進花金龜幼蟲的腹中，直到一切又差不多恢復到起初的狀態。然而之後的飼育並非總能保證成功。有可

能幼蟲順利地完成發育，並且結造蛹室；也有可能——這種可能並不少見——花金龜幼蟲很快變成褐色並且開始腐爛。於是，土蜂自己也變成褐色，像腐爛的東西那樣腫脹起來，隨後動也不動地，甚至不曾嘗試從腐爛物中抽身。牠就地死去，被那過度變質的獵物毒死。

在一切好像恢復正常的情況下，食物突然腐爛，隨後土蜂繼而死去，這意味著什麼呢？我只能有一種解釋。當牠取食的行動受到驚擾，由於我的干預而離開牠原先的路徑之後，即使小蟲子再回到我將牠拉出來的傷口處，也找不到牠幾分鐘前開採的礦脈，只得在大蟲子的內臟裡進行冒險，幾口急躁的啃咬便斷送了最後一線生機。牠的迷惑使牠變得笨拙，牠的誤差使牠丟了性命。牠被豐盛的食物毒死；要是完全遵循規則進食，那食物足夠把牠養得胖嘟嘟的。

我還想看看另一種由於在進食時被打擾而造成的死亡後果。這一次是犧牲品本身攪亂了小蟲子的行動。母親為小土蜂準備好的花金龜幼蟲是遭深度麻痺的。牠完全不能動彈，這種不動是如此明顯，從而構成了這段故事的主要特點之一。但我們不要先下結論。現在我用一隻相同的幼蟲來代替，但這隻蟲子生氣勃勃，沒有被麻痺過。為了防止牠扭動身體時會把小蟲子壓碎，我必須使牠不動，保持著從腐質土裡取出時的模樣。

我還要提防牠的腳和大顎——就算是最輕微的碰觸，都會使小蟲子開膛破肚。我用一根非常細的金屬線，將牠固定在一塊軟木板上，腹部朝天。接著，為了給小蟲子提供一個現成的小切口，因為我知道牠自己是開不了的，我在犧牲品的皮膚上劃開一道小小的切口，就在雌土蜂產卵的位置。然後，我把小蟲子放在花金龜幼蟲的身上，頭貼著那個帶血的傷口，再把牠們整個放進玻璃瓶內的腐質土上，並蓋上一塊玻璃片。

花金龜的幼蟲無法動彈，既不能扭動臀部，也不能用腳撲抓或用大顎啃咬，就像被綁在懸崖上的普羅米修斯[①]，牠毫無抵抗能力地將身體暴露在要吞噬牠內臟的小鷹面前。沒有太多猶豫，小土蜂從我用解剖刀劃開的傷口處開始進食，這道傷口對牠而言就代表著我剛剛使牠離開的那個傷口。牠將頸部伸進獵物的腹部內，過了兩天，一切似乎都進行得很順利。但後來，我看到花金龜幼蟲開始腐爛，土蜂也死去了，是被腐爛獵物的屍毒毒死的。我看見牠變成褐色，然後就地死去，身體的一半還陷在有毒的屍體中。

實驗中的死亡結局是很容易解釋的，因為花金龜的幼蟲仍

① 普羅米修斯：希臘神話中的巨神之一，是善用詐術的神和火神。他盜取天火，送還人間，宙斯便派神把他鎖起來，讓一隻惡鷹啄食他的肝臟。他的肝臟一面被啄食，一面又不斷地重新長好。最後他被赫拉克雷斯解救。——譯注

然生氣勃勃。為了使小蟲子能毫無危險、安安靜靜地進食,我將前者捆綁起來,使牠無法進行外部運動。但是我不能控制內部的運動,被強迫不得動彈和土蜂的啃咬引發牠內臟和肌肉的顫動。犧牲者的感官依舊存在,疼痛使得牠只得以痙攣來作反應。那些因肌肉疼痛而產生的顫動、抽搐,使小蟲子迷失了方向,干擾了牠每一口的進食,於是牠盲目地啃嚼,殺死了只劃開一道傷口的大蟲子。但如果獵物被針螫過而變得麻痺,情況就大不相同。既沒有外部的運動,也沒有內部的運動,因為小蟲子用大顎咬的時候,牠已經沒有感覺。不被驚擾的小蟲子由於可以安全地下口,就能運用牠那聰明的進食方法,把食物順利吃完。

這些奇妙的結果令我極感興趣,以至於我在研究中又想出更新穎的招數。以前的研究告訴我,膜翅目掘地蟲的幼蟲對於獵物的特性並不很在意,因為母親總是用同一種方式來餵養牠們。我甚至用了許多與正常獵物差異很大的其他食物餵食。以後我會再次提及這一主題,希望從中能發掘出一些哲理來。讓我們先運用這些資料,看看當人們給土蜂一種並非牠本來吃的食物時,會帶來什麼樣的後果。

我在這個採之不盡的堆肥礦藏中,找出兩隻葡萄根犀角金龜幼蟲,差不多已經發育到成蟲的三分之一。這樣的大小與花

金龜幼蟲差不多，和土蜂幼蟲的體積相比也不至於不相稱。其中一隻因神經中樞被注射了氨水而呈麻醉狀態。我在牠的肚子上小心翼翼地切開一道小傷口，然後把土蜂幼蟲放在上面。這道菜使小傢伙非常高興。另一種花園土蜂幼蟲吃的就是葡萄根犀角金龜幼蟲，如果牠表現的與這種土蜂幼蟲不同，倒是非常奇怪。菜很合牠的口味，牠毫不猶豫地將半個身子鑽進了獵物鮮美的腹腔。這一次一切都很順利。後天的飼養成功了？完全沒有。到了第三天，犀角金龜幼蟲開始腐爛，而土蜂幼蟲也死了。這次失敗應當歸咎於誰？是我還是蟲子？是因為我注射氨水的技巧不夠熟練？還是因為蟲子對一個與往常不同的食物的吃法不夠了解，過早開始啃咬一處還不該吃的地方？

在無法確定的情況下，我又從頭開始。這一次我不再插手，那麼我的笨手笨腳就不可能成為失敗的原因了。和剛剛做過的那個花金龜幼蟲的實驗一樣，犀角金龜的幼蟲現在也活生生地被捆在一塊軟木板上。我像平常一樣在犧牲品的肚子上開了一道切口，用這道帶血的傷口來引誘小蟲子，方便牠的進入。但結果仍然是否定的。很短的時間裡，犀角金龜幼蟲就變成了一具腐臭的屍體，小蟲子便被毒死在牠的身上。失敗是註定的，未遭麻醉的獵物，因其肌肉收縮而引發的混亂，更增加我的小傢伙吃這種不熟悉的食物的困難度。

再從頭來吧。這一次是一隻被麻醉過的獵物，但並非出於我這個不稱職的麻醉師，而是一位能力無可爭辯的行動家做的。我祈禱好運，且真的如願以償了。前一天，在一個沙土坡底隱蔽的地方，我發現了三個隆格多克飛蝗泥蜂的巢穴，每個

蜂穴內都有一隻短翅螽斯，和剛剛產下的蜂卵。這就是我要找的獵物，肥胖豐滿，而且對土蜂來說大小也剛好，此外，更好的條件是，牠們是由大師中的大師按照技術規則施行麻醉的。

短翅螽斯

像往常一樣，我把三隻短翅螽斯安放在鋪了一層腐質土的瓶子裡，我取出飛蝗泥蜂的卵，在每個犧牲者的腹部輕輕劃開一道切口，然後在上面各放上一隻土蜂幼蟲。接下來的三、四天，我的小傢伙都毫不遲疑地、也沒有任何不良反應地享用著這個對牠們來說如此新奇的獵物。從消化道的蠕動，我可以看出進食是按規律進行的，一切情況與其食用花金龜幼蟲的時候沒多大區別。雖然供應的食物出現這麼大的變化，卻沒有使胃口變差。但是好景不常。大約到了第四天，三隻短翅螽斯相繼腐爛，同時土蜂也跟著死去。

這個結果非常有說服力。如果我讓飛蝗泥蜂的卵孵化，孵

出來的幼蟲就會以短翅螽斯為食。就算嘗試一百次，我所目睹的都會是一幕不可思議的景象：一隻昆蟲在將近兩個星期內，一塊一塊地被吞噬、掏空，日漸消瘦、衰弱、乾瘦，但直到最後關頭，肉仍然保持著具有生命力的新鮮。現在，土蜂的幼蟲代替了飛蝗泥蜂的幼蟲，兩者大小差不多；菜是同一道菜，但是客人換了，本來新鮮衛生的肉很快就變得腐臭。飛蝗泥蜂嘴下長久保持著乾淨衛生的食物，到了土蜂的嘴裡就變成了有毒的腐爛物。

為了解釋為什麼食物被吃到最後還能保持新鮮，我們似乎只能認為膜翅目昆蟲運用螫針麻痺獵物時，注射的毒液中含有特殊的防腐功能。那三隻短翅螽斯就被飛蝗泥蜂動了手術，但能在飛蝗泥蜂幼蟲的大顎下保持新鮮的牠們，為什麼到了土蜂幼蟲的大顎下卻很快就腐爛了呢？整個關於防腐劑的想法勢必遭到全盤否定：在第一種情況能保持新鮮的防腐劑，不該在第二種情況下就不能發揮作用，因為它的效能是不受進食者的牙齒所支配的。

精通這個問題的讀者們，請你們提出問題，並追根究底：為什麼當進食者是飛蝗泥蜂幼蟲時，食物可維持新鮮，而進食者是土蜂幼蟲時，它們卻迅速腐爛？至於我，只想到一個理由，而且非常懷疑還有可能提出其他的解釋。

　　這兩種幼蟲由於所吃的獵物種類不同，而各有專門的用餐技巧。飛蝗泥蜂在為牠準備的短翅螽斯上就座，深諳進食的要領，懂得如何讓獵物的生命微光一直持續到最後，以保持食物的新鮮；但要是讓牠吃花金龜幼蟲，因為身體構造上的差異，牠的本領可就完全派不上用場，很快地，在牠面前的就僅是一堆腐肉。而土蜂知道如何享用自己注定會得到的花金龜幼蟲，卻不懂得怎麼吃短翅螽斯，儘管這道菜也很合牠的胃口。因為沒有能力切割這個並不熟悉的獵物，土蜂從最初鑽入其體內深處起，即用大顎胡亂地啃咬，於是就把獵物殺死了。一切秘密皆在於此。

　　我將在另一章再對此重新作一些敘述。我發現用飛蝗泥蜂麻痺過的短翅螽斯來餵食土蜂，儘管吃的東西不同，但只要食物還保持新鮮，土蜂就能維持很好的成長狀態。只有當獵物略微發臭時，牠們才會失去精神，等獵物腐爛的時候，牠們才會死。牠們的死因，不是吃了不同的菜肴，而是動物腐爛時，產生了化學上叫做屍毒的可怕毒素，導致牠們中毒而亡。因此，儘管我的三個實驗都注定失敗，我卻堅信一點：如果短翅螽斯沒有腐爛，這種異化飼養就會取得完全的成功，也就是說，如果土蜂懂得如何遵循規則進食，就能夠以短翅螽斯為食。

　　這是一種多麼微妙而冒險的飲食技術啊！這些食肉的幼

蟲，一整塊的食物，牠們要吃上半個月，且一定得在最後一刻才能殺死獵物。我們引以為傲的生理學，可以毫無錯誤地描述這種連續進食的方法嗎？這麼小的蟲子是如何學會了我們都無法知曉的東西？一般而言，達爾文主義者會回答說，是出於習慣，他們主張本能是後天習得的。

在對這樣一件重大的事情下定論之前，請隨便弄一隻膜翅目昆蟲，牠的第一代沒有使食物不致腐爛的進食技術，現在讓我們用一隻花金龜幼蟲或者其他任何能長時間保存的大獵物來哺育牠的下一代。既然剛出世的小傢伙開始時沒有經由習慣或遺傳，學得任何方法，牠隨意地咬著食物。牠是一隻不會珍惜食物的餓殍，冒著風險在龐然大物身上胡亂著手，而我們剛才也看到了不經控制的大顎亂刺之後帶來的致命後果。牠死了，我剛剛用最明確的方式得到了證明。牠死了，是遭被牠殺死或者腐爛了的獵物所毒死的。

為了繁衍族群，就算是新手，也必須知道挖掘大蟲子內臟時的禁忌和許可。這個難解的秘密，牠不能只知道個大概，牠必須完全領會，因為只要在時候未到的情況下亂咬一口，必定會招致死亡。我實驗中的土蜂並非新手，絕對不是；這個世界自從有了土蜂，牠們就會從事切割的技術。然而，當我想用飛蝗泥蜂麻醉過的短翅螽斯餵食牠們，結局卻是個個都死於糧

食的腐爛。牠們非常熟悉進攻花金龜幼蟲的方法，但對新的獵物卻完全不知如何入口，才能有節制地進食。牠們在進食的細節上有所欠缺，於是即使知道該吃新鮮的肉，但欠缺的那些細節卻足以使食物產生毒素。追本溯源，幼蟲第一次咬一個豐滿的犧牲者時是什麼樣的呢？沒有經驗的就會死去，這是沒有疑義的，除非相信這種謬論：古代的幼蟲可以吃這些可怕的屍毒，但如今，這些屍毒卻能迅速致牠們的後代於死地。

我無法接受，任何人也不應該接受，往昔的食物如今變成了毒藥。古代幼蟲吃的食物，是新鮮而非腐爛的肉。我們更不能接受，偶然的機會一下子就能在這樣一種遍布陷阱的食物身上取得成功；對於這樣複雜的狀況，巧合幾乎不可能發生。最初，進食就有嚴格的方法，並符合所吃食物生理機制的限制，膜翅目昆蟲才得以繁衍至今；如果進食沒有確定的規則，膜翅目昆蟲就不會傳下來了。第一種情況，是天生的本能發揮了作用，第二種情況，則針對後天習慣的道理而來。

的確是奇異的收穫！我們假設牠一開始是一種不可思議的生物，那麼就要接受牠的後代也是不可思議的。小雪球慢慢地滾著，最終變成了一個巨大的雪球，出發點並非從零開始。大雪球必須以小雪球為前提，不管那雪球有多麼小。然而，對於後天的習慣，我探尋各種可能性，得到的每個答案都是零。如

果昆蟲不是完全清楚牠該怎麼做，而要後天學習，牠就會死去，這是毫無疑問的。小雪球沒有了，就滾不成大雪球。要是後天什麼都不用學，牠對牠該知道的一切都瞭如指掌，那就會興旺地繁衍，子孫滿堂。這便是天生的本能，本能是什麼也不用學，什麼也不會忘的，不隨著時間變化的。

我向來都不建立什麼理論，我只是對一切置疑。我不適合進行模糊的論證，再配上一些可疑的假設。我觀察，我做實驗，並讓事實說話。這些事實，我們都聽到了。現在要由每個人自己來斷定本能究竟是天生的能力，還是後天的積習。

第三章

花金龜的幼蟲

　　土蜂進食的時間平均是十二天。食物直到剩下最後一小塊時，才變成皺巴巴的破皮囊。稍早前，那枯葉般的顏色說明，被吃的蟲子體內最後一點生命的火星正在熄滅。殘骸遭拋棄在一邊，留出可以自由運用的空間，四壁坍塌變形的餐室於是有了一點秩序，而土蜂的幼蟲則馬不停蹄地開始織造蛹室。

　　蛹室是在腐質土的圍牆四周開始織起，一般都是一堆血紅色的大塊絲狀物。根據研究的需要，幼蟲僅被放在我用指尖在腐質土層上挖的凹洞內，由於沒有拱頂來固定位於網最高處的那些線，幼蟲無法織成牠的蛹室。為了織造蛹室，所有幼蟲都需要生活在一種吊床上，與外界隔離。這個吊床在牠們周圍形成一道有空隙的圍牆，使牠們可以朝各個方向均衡地織造蛹室。如果沒有天花板，織工找不到必要的支撐點，蛹室的上半

部就不能形成。在這樣的情形下，我的土蜂幼蟲至多只能爲牠們的小窩鋪上一層紅絲織的莫列頓呢[1]地毯。由於徒勞無功，幾隻幼蟲相繼死去。彷彿是因爲找不到合理的利用絲的辦法，那些絲在牠們的喉管裡將牠們噎死了。如果不注意這一點，人工飼育常常無法成功。但只要認知到這點，就容易找到補救的方法。我在凹洞的上面用疊放的短紙帶做了一個天花板。如果我想觀看昆蟲織工的工作進展，就把紙帶彎成一個拱形，兩端敞開。想嘗試做飼育者，就要在實踐中注意這些小細節。

二十四小時之內，蛹室就織好了，至少我再也無法看見幼蟲了，也許牠還在加厚住宅的圍牆。這個蛹室起初呈火紅色，隨後變成淡淡的褐栗色，外形是個橢圓體，長軸有二十六公釐，短軸十一公釐，中間有些微差異，這樣大小的蛹室是屬於雌蜂的。雄蜂的蛹室比較小，長十七公釐，寬七公釐。

橢圓體兩端的輪廓幾乎一樣，以至於人們只能藉由形狀之外的特徵，來區分哪邊是頭，哪邊是尾。頭部這端較軟，經不起鑷子的按壓，而尾部堅硬，不怕鑷子夾。保護層和飛蝗泥蜂的蛹室一樣是雙層的。外層由純絲構成，細細軟軟，不太堅固。它和內層緊密相疊，但易於分離，只有在尾部才黏在一

---

[1] 莫列頓呢：一種雙面絨呢質料的布料名稱。——編注

起。因為這兩層一方黏合，另一方分開，於是用鑷子夾蛹室的兩端便有不同的結果。

內層是結實、富有彈性而不易變形的，就算易碎點也是如此。我毫不猶豫地認為，當幼蟲的工作接近尾聲，形成一張絲網後，「一種漆狀液體」開始滲透進絲裡，這種液體不是來自於絲腺，而是從胃中吐出來的。飛蝗泥蜂的蛹室已經展示過與此相同的結構。這種乳麋室的產物是褐栗色的，就是它加厚了絲網，使起初的火紅色消失，改以褐色代之，並且從蛹室的尾端大量溢出，因此內、外兩層才會在此處相黏。

大約到七月初，成蟲才真正孵出。當牠破殼而出時，蛹室並沒有被猛烈地撬開，也沒有留下不整齊的裂縫。與頂部相隔某段距離的地方有一道清晰的環狀裂縫，蛹室的頭部就像一個套上去的蓋子一樣掉落下來。彷彿隱居者是用頭撞擊蓋子並把它頂開，因為分隔線很清晰，至少在圍牆的內部是這樣，這可是最堅硬、最重要的一部分。至於外層，本來強度就不夠，當另一層裂開後，它也就不費吹灰之力地裂開了。

我沒有搞清楚膜翅目昆蟲究竟是用何種技藝，能夠從內層頂開如此整齊的圓蓋子。牠是以大顎代替剪刀來切割的裁縫嗎？我不敢接受這一點，因為織物是如此厚實，而剪開的環狀

切口卻如此清晰。大顎並不夠鋒利，能做到咬開時一點毛邊都沒有，而且成品這麼完美，看上去就像是用圓規量出來的一樣。這種有如幾何學般的精確又是怎麼達成的呢？

因此，我懷疑土蜂造外殼時遵循一般的方法，也就是說，整齊劃一地織線，整個外殼沒有哪個地方的布局是與眾不同的，隨後在做主要工作——織內殼時，牠換了編織方式。牠顯然是在模仿泥蜂，後者一開始是編網，然後從網寬大的開口出去，在外面找來一些沙粒，一粒粒地鑲嵌在絲網裡；最後才用一個與網開口大小合適的蓋子蓋上去。這樣就設置了一道不那麼結實的環形線，以後殼也就是從這裡裂開。假如土蜂的確也是這樣工作，一切就昭然若揭了：口還是張開的網使牠可以在蛹室的中央部分裡裡外外地塗上一層漆，讓它像羊皮紙一樣堅硬，最後再蓋上蓋子。蓋子是建築物的結束部分，並為以後的裂開留下一條既方便又清晰的環形線。

對於土蜂的幼蟲就說到此吧。讓我們回頭說說牠的食物，我們現在還不清楚其令人驚訝的身體構造。為了能在最後一刻仍有新鮮的食物，土蜂得非常精妙而謹慎地選擇進食的部位，如此一來，花金龜幼蟲就必須完全不能動彈，因為牠稍許的顫動都會使進食的蟲子洩氣，從而擾亂需要謹慎從事的分割。我做過的實驗足以證明這一點。腐質土中的犧牲者不但不能移

動，而且牠那強壯的肌肉組織也不能有任何收縮反應。

在正常的情況下，這隻幼蟲只要一受到驚擾，就會像刺蝟一樣蜷起身體，腹面頭、尾兩半抱在一起。蟲子展現的蜷縮能力相當驚人，如果人們想把牠拉回原形，手上會感覺到一股這般大小的蟲子不該具有的阻力。為了對抗牠蜷縮起來的彈力，人們必須用力強迫把牠扳直，直到擔心再這樣下去會突然弄斷這個不馴服的螺旋體，並使牠的內臟迸裂出來。

犀角金龜、細毛鰓金龜和鰓金龜幼蟲的肌肉也同樣存在著這種能量。牠們腆著沈沈的大肚子，生活在地底下，以腐質土或者樹根維生。這些幼蟲個個體質健壯，能夠在艱苦的環境中保持豐滿的體形。每隻幼蟲都可以蜷成弓形，人們不用力就無法控制牠。

一旦花金龜蜷起身體，或者犀角金龜和細毛鰓金龜彎成弓形，在牠們肚子上的土蜂卵或是幼蟲會變成什麼樣子呢？牠們會被活生生的鉗子夾得粉碎。要安全就必須等到弓變直，鉤子張開，絕對不會再彎起來的時候。土蜂的繁衍還需要更多條件：這些健壯的傢伙必須失去任何顫動的能力，否則會為本應小心行事的進食帶來麻煩。

　　花金龜的幼蟲上固定著隆背土蜂的卵，前者完美地提供了所需要的條件。牠仰躺在土堆的深處，肚子完全暴露出來。我看慣了狩獵性膜翅目昆蟲用螫針麻醉獵物的情景，親眼目睹犧牲者不能動彈，已經不再覺得驚奇。其他外皮柔軟的獵物，例如毛毛蟲、蟋蟀、螳螂、蝗蟲、短翅螽斯，我至少還看到牠們被針尖戳過後，腹部還會抽搐幾下，輕微地扭動。而現在什麼都沒有發生，毫無一絲生氣，我只看到在頭部，口器一開一合著，觸鬚有些顫動，短短的觸角搖擺了幾下。螫針戳過並沒有引起牠任何收縮的反應，即使是被戳的那個地方。如果用錐子一處一處地戳牠，牠也全無反應。只有屍體才會這樣沒有生氣。我做了那麼多年的研究，從來沒見過這樣徹底的麻醉。我見過膜翅目昆蟲利用牠們的外科才能創造出的奇蹟，但今天的這個手術超越了一切。

　　當我看見土蜂是在何種條件下工作時，我的驚訝更是倍增。其他的麻醉師都是露天工作，在光天化日之下，什麼也不會令牠們感到不便。牠們擁有充分的行動自由去捕捉獵物，控制牠，殺死牠；牠們盯著獵獲物，避開牠的防衛手段——鉗子和鉤子。牠們想要命中的那一點或者那些點都在射程之內，能夠不費吹灰之力地將螫針插入。

　　相反地，對於土蜂來說，這是多麼困難啊！牠在地底下最

漆黑昏暗的地方狩獵。周遭的土不停地坍塌，使牠的行動既困難又沒有保障，牠無法看見那些會一下子將牠劈成兩半的大顎。此外，花金龜感到敵人來臨時，會擺出一副防衛的架勢，蜷縮起來，背弓著，爲唯一易遭攻擊的腹部作好防禦工事。在地底下征服這個強壯的幼蟲，並精細地螫刺以達到立即麻醉，絕不是件輕鬆的工作。

我們當然希望能親眼目睹兩個敵人間的交手，並且直接看清楚到底發生了什麼，但卻無法做到。事情都在土中秘密地進行，戰鬥不會在露天發生。因爲犧牲者必須留在原地，馬上受卵，卵的發育也只能在腐質土濕熱的環境裡才能順利進行。如果直接觀察不可能付諸實行，至少我們可以透過其他掘地蟲的戰爭，大致看出這齣戲的主要劇情。

我便這樣想像著事情的經過。毛刺砂泥蜂是靠觸角特殊的感覺在地底下找出灰毛蟲，土蜂可能也是藉由在土堆下的挖掘搜尋，而發現了花金龜胖嘟嘟的幼蟲恰好發育完全，就是牠要餵食的那種。很快地，受攻者蜷成球狀，令人絕望地收縮起來。另一個可能抓住牠的地方是從頸背的皮膚下手。把牠扳開是不可能的，就連我也是費了好大的氣力才成功的。只有一個地方可以用針刺進，那就是頭的後方，或者說是最前面的那幾個體節。爲了保護防衛能力稍差的後端，昆蟲堅硬的頭部覆蓋

花金龜的神經系統

於螺旋體的外部。在這個非常有限的區域裡，只有這裡，膜翅目昆蟲的針才能刺入；既然別的地方已不可能，柳葉刀只能在這裡找切口。不過這也足夠了，幼蟲被徹底麻醉了。

一下子，神經系統就喪失了功能，肌肉停止了運動，昆蟲就像一個斷掉的彈簧散了開來。此後牠便失去活力，仰躺著，腹部這一面完完全全地暴露出來。在此面中線的偏後處，靠近那由於內臟裡的食物而呈現出褐斑的地方，土蜂產下牠的卵；然後牠並不多做什麼，拋下這個謀殺點的一切，再去尋找另一個犧牲者。

過程想必就是這樣的，因為結果充分地證明了這一點。但是花金龜幼蟲的神經器官卻也呈現出一種相當特殊的結構。昆蟲強烈的收縮只給螫針留下一個進攻點，即頸背，當受攻者努力用大顎防衛時，這一點可能毫無掩護，在這唯一的一點戳一下，就可以造成我從未見過的一種徹底的麻醉。按照常規，這些幼蟲每個體節都有一個神經支配中心，毛刺砂泥蜂的犧牲者灰毛蟲就是個典型的例子。砂泥蜂深知解剖學的奧秘，牠將這隻毛毛蟲從頭到尾，一個體節一個體節地，一個神經節一個神經節地，戳了許多次。如果花金龜幼蟲的構造是一樣的，由於

牠頑強地蜷縮起來，麻醉師的手術就會變得非常困難。

假如第一個神經節被刺到了，其他的並不會因此受損，強壯的蟲子有這些神經節，根本不會失去運動功能。那麼那些卵，那些在牠懷抱裡的幼蟲可就要遭殃了！假如土蜂像砂泥蜂那樣，為了安全起見，在一直坍塌的地底下，在昏暗的環境中，面對可怕的大顎，一針一針地去戳每一個體節，這對牠來說是多麼不可逾越的困難啊！精細的手術應該在露天、沒有任何打擾的地方操作，用眼睛來指揮解剖刀，解剖一個一旦發生危險便可以隨時放手的獵物。但是在地底下，在陰暗的地方，在一處一旦爭鬥就會崩塌的瓦礫中，與力量強大得多的對手緊貼在一起，而且一旦有危險也沒有任何撤退的可能，如果得一次一次地來回螫刺，該如何保證螫針的精確呢？

如此完全的麻醉，地底下活體解剖的困難，犧牲者令人絕望的蜷縮，這一切都向我證明，花金龜的幼蟲，在神經系統上應該有特殊的結構。從頸下方開始的前幾個體節裡，在一塊範圍不大的區域內，神經節集中在此。我看得這樣清楚，彷彿已經見過解剖的過程一樣。

從來沒有哪個解剖上的預測，能用如此直接的檢驗來證明。在苯液中浸泡四十八小時後（這些苯液是用來分解蟲子的

脂肪，好讓我們能更清楚的看到神經系統），花金龜幼蟲可以被解剖了。只要不是對此研究一無所知的人，都會理解我的喜悅。土蜂的學校真是一所知識淵博的大學堂！真的是這樣，完美無缺！胸部和腹部的神經節連成一整塊，位置就在離頭很近的四隻後腳構成的四邊形裡。這是一個小小的灰白色圓柱體，長約三公釐，寬約○‧五公釐。這便是土蜂螫針要插入的器官，除了另有單獨神經節的頭部，這裡才能使全身麻痺。以無數的神經纖維啟動著六肢和強健的肌肉，它是昆蟲出色的動力器官。用一般的放大鏡看，這個圓柱體顯現出很多橫向的條紋，這是它結構複雜的明證。在顯微鏡下，能夠看到它的內部是並聯在一起的，十個神經節一個接一個地相連，節與節間略微內縮。最大的是第一節、第四節和第十節（即最後一節），這三個大小差不多。其餘的從體積上看，只有前面三個的一半或者三分之一。

沙地土蜂在狩獵和做外科手術時也遇到相同的難題，牠在隨時會崩塌的沙土裡，捕捉著細毛鰓金龜幼蟲，在有些地方則是早晨細毛鰓金龜的幼蟲。為了能夠擺脫困難，犧牲者也需要像花金龜那樣具有微小的神經系統。這便是我在實驗之前從邏輯上得出的結論，直接觀察也證實了這一結論。早晨細毛鰓金龜的幼蟲被放在解剖刀下之後，我看到胸部和腹部的神經中樞合成了一個短的圓柱體，位置非常前面，差不多緊貼著頭部後

方，向後也不會超出第二對腳。這個脆弱的地方是螫針很容易
刺到的，就算昆蟲擺出防衛的姿態蜷成球形也一樣。在這個圓
柱體裡，我發現了十一個神經節，比花金龜幼蟲多一個。前三
個胸腔的神經節儘管離得很近，但節與節間有明顯的區分，而
後面的都緊貼在一起。最大的是胸腔的那三個神經節和第十一
個神經節。

這些事情得到證實之後，我回想起斯瓦麥爾達姆[2]對葡萄
根犀角金龜做的研究。我偶然得到了昆蟲解剖學之父那本權威
之作《自然經典》的節錄本。我參考了這本可敬的書。它告訴
我，在我之前，一位博學的荷蘭人也受到了震動，與我看到的
花金龜和細毛鰓金龜幼蟲的神經中樞類似的特殊生理結構，使
他深受啟發。在證明了蠶體內有一種由不同神經節組成的神經
器官之後，他非常驚訝地發現在犀角金龜幼蟲的體內，也有一
些串聯的神經節連成了一支短鏈。他的驚奇是解剖學家的驚奇
──在研究了一個又一個器官之後，看到這樣異常的構造還是
頭一回。我則是因為土蜂的犧牲品被如此精確地麻醉而驚嘆不
已，雖然在地底下進行手術是如此艱難，這種麻醉還是如此徹
底，它使我猜測到生理結構上的問題。藉由解剖之外的方式，

<hr>

② 斯瓦麥爾達姆：1637～1680年，荷蘭博物學學者，著有《自然經典》等多本關
　於昆蟲的著作。──譯注

我證明了神經系統特殊的集中。生理學看到了解剖學不能證明的東西，至少在我看來是這樣；因為在此之後，當我翻閱那本書時，我了解到：曾經讓我覺得新穎的那些解剖學上的特例，現在已屬於普通科學的範疇。我們都知道，不論是金龜子的幼蟲還是成蟲，都具有一種比較集中的神經器官。

花園土蜂進攻葡萄根犀角金龜，隆背土蜂捕食花金龜，沙地土蜂吃的是細毛鰓金龜。這三種土蜂都是在地底最不利的狀況下進行手術，三種土蜂都以金龜子的幼蟲作為自己的犧牲品。只有牠們才能以自己神經中樞所在的特殊位置，讓膜翅目昆蟲得以成功。儘管這些地下獵物在大小、形狀上有很大的差異，但牠們都非常適於這種簡易的麻醉。我毫不猶豫地加以歸納，把其他所有土蜂的食物都歸類為金龜子的幼蟲；但還有待未來的觀察報告再確定其種類。也許，當中有一種土蜂，會捕食一類對我的作物危害甚大的白色蠐蟲，即鰓金龜的幼蟲；也許，大小和花園土蜂相近的痣土蜂，也一樣需要豐盛的食物，在昆蟲寶典裡，牠是以鰓金龜毀滅者的身分出現的。這種黑底或栗底白點的鞘翅目昆蟲，一到夏至時分的夜間，就會啃噬松樹的葉子。我也許看到過這些以金龜子為食的勇敢農業助手，但無法確定。

花金龜幼蟲直到現在都是以被麻醉的獵物出現，接下來我

們要還其本來的面貌。隆起的背和近乎平坦的腹面，使牠看上去就像是個半圓柱體，後半部分尤其突出。背部除了肛門所在的每一個體節，都皺成三個大肉墜，上面長滿淺黃褐色的硬毛。肛門的那個體節比其他各節都大，在尾端形成圓形，內臟裡的東西透過半透明的皮膚隱約可見，上面像別的體節一樣長著毛，但是比較光滑，也不形成肉墜。體節在腹部是沒有褶子的，雖然毛也很多，但比背部要少。腳的外形儘管長得還算不錯，但與昆蟲的大小相比，顯得短小而脆弱。蟲子的頭是一個長著角的硬殼。大顎強健有力，切成斜邊，在平切處有三、四個鋸齒。

　　獨特的運動方式使牠成為一種與眾不同而且古怪的生物，是我在昆蟲世界裡前所未見的。儘管有腳，當然腳是短了點；昆蟲行走時卻幾乎派不上用場。牠用背部前進，始終如此，從來不會用別的方法。在這樣的蠕動下，背上的毛發揮支撐的作用，牠肚皮朝天地向前行進，腳在空中不停地亂舞。無論誰第一次看到這種倒立的體操運動，都會以為蟲子受到了驚嚇，彷彿在危險中竭盡全力地掙扎。即使我們讓牠趴著或側臥，都沒用，牠還是固執地仰翻回去，繼續用背部前進。這是牠在平地上行走的方式，而且只有這種方式。

　　這種用背部走路的方式是如此與眾不同，最不專業的眼睛

都足以輕而易舉地分辨出花金龜的幼蟲。在老柳樹的樹洞裡，挖掘那些由腐爛的木頭形成的腐質土，在爛樹椿下或者在土堆裡尋找，就會有幾隻胖胖的小蟲子落到你的手上。牠們用背向前行進著，毫無疑問，您發現的就是花金龜的幼蟲。

這種倒行是相當快的，速度並不亞於那些同樣肥胖但用腳行走的幼蟲。在光滑的平面上甚至還更占優勢：用腳行走常常會不停地打滑，而背上密集的毛卻增加了必要的接觸點。在刨平的木板、一張紙，甚至一塊玻璃片上，我都看到幼蟲像在土地上一樣移動自如。一分鐘內，牠在我的木桌上走了二十公分。在一張鐘形紙罩上，也走了二十公分。在篩過的平整的土面上行走，依然是同樣的速度。即使在一塊玻璃片上，行走的距離也只減少了一半。光滑的表面只讓這種奇怪運動的速度減慢了一半。

現在，讓我們拿沙地土蜂的獵物——早晨細毛鰓金龜的幼蟲，來和花金龜的幼蟲做對照。普通的鰓金龜和牠們相差不多。胖嘟嘟的小蟲子，肚子奇大，頭上罩著一個紅褐色的厚殼，黑色的大顎強健有力，那是挖掘和切割樹根的有力武器；粗壯的腳上長著鉤形的爪；長長大大的肚子呈深褐色。蟲子被放在桌上後，是側躺的，牠拚命掙扎，但無法前進，既不能仰躺也不能俯臥。牠平常的姿勢是緊縮著身子彎成弓形。我從來

沒有看到牠完全伸直，大大的肚子阻擋了牠。要是把牠放在一層新鮮的沙土上，大腹便便的蟲子就更加動彈不得，牠只得彎成魚鉤一樣側躺著。

　　爲了在地上挖洞並且鑽進去，牠使用頭的前端頂著，就像一把鋤頭，而兩個大顎就是鋤頭的兩邊。腳也會參與這項工作，但效率不高。就這樣，牠挖出了一口淺淺的井。然後，借助身上豎著的短硬的毛蠕動著，並撐住井壁，在沙土上移動並往裡鑽，這終究是很費力的。除了幾個在此處意義不大的細節之外，這便是細毛鰓金龜幼蟲的素描。把它放大四倍以上，我們就可以得到花園土蜂的龐大獵物——葡萄根犀角金龜的素描。同樣的外觀，同樣誇張的肚子，同樣彎成弓形，同樣無法用腳站立。

第四章

土蜂的問題

　　把所有的事實都擺出來後，就該進行歸類了。我們已經知道鞘翅目昆蟲的狩獵者，例如節腹泥蜂，是專門捕食象鼻蟲和吉丁蟲的①，也就是說，是專門捕食神經器官在某種程度上集中在一起的昆蟲，和土蜂的獵物相類似。這些掠食者，在光天化日之下活動，因此沒有在地底下工作的競爭者會遇到的那些困難。牠們可以自由的行動，並用眼睛加以引導；但是，從另一方面講，牠們的外科手術會遇到一些最為棘手的問題。

　　一隻鞘翅目昆蟲犧牲品，全身上下披著一層刀槍不入的盔甲，只有關節才可能被螫針螫到。腳上的關節完全不符合要求，針戳上去只會造成局部的一點搔癢，根本就不可能馴服獵

① 節腹泥蜂文章見《法布爾昆蟲記全集1——高明的殺手》第三、四章。——編注

物，而且過分刺激牠會使牠勃然大怒。在頸部關節戳上一針也是不可取的，那樣會使腦部神經受損，並導致腐爛和死亡。因此，只剩下胸腹之間的關節了。

必須刺中那裡，一針命中要害，停止所有對未來的養育會造成危險的運動。要使麻醉成功，需要控制運動的神經節，至少三個胸腔的神經節連在一起並且集中於此點上。於是，象鼻蟲和吉丁蟲這兩種全副武裝的昆蟲便成了首選。

但是，如果獵物的皮膚太軟，阻隔不了螫針，那麼集中的神經系統就絕非必要；因為麻醉師熟悉犧牲者的解剖構造，清清楚楚地知道神經中樞各自位於什麼地方；如果有需要，牠可以一個接著一個地，從第一個到最後一個全都刺傷。砂泥蜂就是這樣對待牠的毛毛蟲，而飛蝗泥蜂也是如此對待蝗蟲、短翅螽斯和蟋蟀[2]。

土蜂獵物的皮膚也是柔軟的，不論什麼位置螫針都可以穿透。毛毛蟲的麻醉師所採取的戰術——用螫針不斷地刺——會在這裡重演嗎？不，因為在地底下活動的不便，不允許這樣複雜的手術。現在唯一可行的是用麻醉披有盔甲的昆蟲的戰術——

② 見《法布爾昆蟲記全集1——高明的殺手》第六、七、十、十五章。——編注

一螫針只能刺一下，將外科手術縮減到最小規模，這是在地下施行手術的高難度所迫使的。因此，對於在地下尋找並麻醉家族食物的土蜂來說，獵物就必須是那種一接近神經中心就非常容易受傷者，正如節腹泥蜂的象鼻蟲和吉丁蟲。這也是為什麼金龜子的幼蟲成為牠們食物的理由。

在找到合適且有限的食物之前；在找到精確的就像用數學計算出來的某一點，即螫針可以在插入瞬間造成持久麻痺的那一點之前；在知道如何進食而不會造成豐盛的獵物腐爛之前；總之，在同時具備這三種成功要素之前，土蜂在做些什麼呢？

牠們猶豫、搜尋、嘗試，達爾文學派會這麼回答。漫長的盲目探索之後，終於找到了最好的方法，並將從此世代相傳。目的和手段之間這種巧妙的配合，最初是從一個偶然的結果中得來的。

偶然！方便的藉口。當我聽到別人援引它來解釋像土蜂的本能這樣複雜事物的起源時，我只好聳聳肩。你會說，昆蟲一開始在摸索時，牠的取向尚未確定。為了餵食幼蟲，牠根據狩獵者的力量和孩子的胃口，向所有獵物徵收貢品；牠的後代一下試這個，一下試那個，胡亂地試來試去，直到過了無數個世紀，牠的種族終於找到了最好的選擇。於是習慣固定下來，變

成了本能。

好吧，姑且接受古代土蜂的獵物與現代的不同。如果這個家族曾取用另一種食物並欣欣向榮，後代應當沒有理由改弦更張。昆蟲不會因爲吃膩了同一種食物，而隨意將其更換。既然已經順利繁衍，某種特定的飲食方式就會成爲習慣，而本能也會是與今天不同的另一種樣子。如果相反，起初的食物不適合牠，家族就會陷入窘境，任何在未來改善的嘗試都不可能，受到不正確啓發的母親，無法留下子孫後代。

爲了避開這種自相矛盾的僵局，理論上可以這樣作答：土蜂的祖先是一種沒有定型的生物，牠們的習性、外觀都變化不定，隨著環境、地域、氣候條件而改變，然後分成各種小的種族，每一種都具有一些如今成爲特徵的屬性。這個祖先便是演化論的解圍之神，只要遇到過於棘手的問題，馬上會有一個祖先來救駕。這個祖先是一個想像中的生物，模糊不清的精神玩偶。這是想用另一個更漆黑的昏暗來照亮昏暗，用一堆烏雲來遮住陽光。比起站得住腳的理由，祖先找起來更容易些。然而，試著看看土蜂的祖先吧。

牠做些什麼呢？既然什麼都能做，牠就什麼都做一點。在牠的系譜裡，有的愛好挖掘沙地和腐質土。牠們會在那裡遇上

養育家人的美食——花金龜、犀角金龜和細毛鰓金龜的幼蟲。一步步地，這些還沒有最終定型的膜翅目昆蟲，具備了在地下工作所需要的強健體魄；一步步地，牠學會了如何靈巧地刺殺牠那胖嘟嘟的鄰居；一步步地，牠掌握了怎麼進食而不將獵物殺死的高明技術；最終，一步步地，由於有了豐盛食物的幫助，牠變成了我們今天熟悉的強壯土蜂。跨過這一點，整個種族和牠們的本能也就成形了。

這便是一步步的步驟，最緩慢且最不能令人相信的步驟，但膜翅目昆蟲必須從第一步起就步步成功，才能形成種族。我們就不再堅持說那些無法跨越的阻力，我們就接受在這麼多不利的條件中出現了一些有利的條件，而且，隨著這種危險的養育技術日臻成熟，這些有利的條件一代比一代多。指向同一個方向的細微變化相加起來，形成了一個明確的整體，於是，古代的祖先最終變成了當今的土蜂。

藉助一個模糊的措辭——玩弄時間的奧秘與生物的未知，一種源於我們懶惰的理論建立了起來；儘管它遭到辛勤的研究者的摒棄，儘管它的結論是懷疑大於肯定。但是，如果我們遠遠不滿足於模糊不清的概述，無法將流行當作日常準則，而持之以恆地盡力探索真理，事情就會面目一新；並且，我們會發現，事實並不像短視的我們所看得那麼簡單。歸納的確是一項

具有很高價值的工作；只有歸納才能帶來科學。但我們還是要避免那種在基礎不牢靠、適應範圍不廣的條件下，所建立起的一般化。

　　在缺乏基礎的情況下，最大的一般化製造者，就是孩子。對他來說，長著羽毛的就是鳥，爬行的就是蛇，不論大還是小。一無所知，他就做最高層級的一般化，因為沒有能力看到複雜之處而把事物簡單化。以後，他會知道麻雀不是灰雀，朱頂雀不是翠雀，隨著觀察能力得到更好的鍛鍊後，他更會每日都進一步地把事物個別化。首先，他看到的只是相似處，現在他看到了相異點，但總免不了做一些不合適的歸類。

　　成年後，他就會犯一些類似我的園丁所犯的動物學上的錯誤，這種錯誤幾乎必定會發生。法維埃，這個目不識丁的老兵，這也怪不得他，他數數都只是數個大概，生活中對數字的需要比對閱讀來得多。在周遊四方後，他的思路開闊了，見多識廣，但當我們談及動物時，他會發表一些最荒誕無稽的斷言。對他來說，蝙蝠是一種有翅膀的老鼠，杜鵑是一種老實的鷹，蛞蝓是一種上了年紀失去了殼的蝸牛。夜鷹，他把牠叫作chaoucho-grapaou，那是一種老的癩蛤蟆，牠喜歡喝奶，披上羽毛是為了來到羊圈喝羊奶。法維埃是一個隨心所欲、天馬行空的演化論者。什麼也不能阻止他為動物聯姻。他對一切都有

定案：這個源自於那個。如果你問他為什麼？他說，你看看牠們多像啊！

　　當我們聽到這個人宣稱人類的祖先──猿人被雌猴的體形所吸引，我們能指責他在胡言亂語嗎？當有人認真地對我們說，當前科學的狀況已經完美地證明，人是從一種冥頑不靈的獼猴變來的，我們可以拋棄關於chaoucho-grapaou的演化論嗎？在我看來，這兩種關於演化的說法，法維埃的似乎更可被接受。我有一位畫家朋友，是大作曲家費利西安・戴維[3]的兄弟，有一天他向我說起他對人體結構的看法。他對我說：「是的，我的好朋友，人具有豬的內部器官，以及猴子的外表。」當獼猴不再時髦的時候，我把畫家的俏皮話贈予那些希望人從野豬變過來的人。在戴維看來，親緣關係顯示於內部器官的相似：人具有豬的內部器官。

　　創造祖先的人只看到器官的相似，而不顧及才能上的區別。只需參照骨骼、皮毛、翅脈、觸角，就可以在想像中繪製出我們體系中所要求的那種樹狀圖。因為最概括地講起來，動物都是經由一根消化道形成的。根據這個共同的因素，路向各個流浪的分支敞開。一部機器的價值不在於它的齒輪是什麼樣

③ 費利西安・戴維：1810～1876年，法國作曲家。──編注

子，而是在於其成品的性質。一個馬車夫旅館裡烤肉用的旋轉鐵叉和布黑蓋[4]馬錶用的齒輪，咬合方式幾乎一樣。那我們就要把這兩種機械放在一起嗎？我們會忘記一個是用來在爐火上翻動四分之一隻烤羊，而另一個是將時間以秒計位的嗎？

同樣地，動物的器官是由更上層的能力所控制，尤其是精神上的能力，這是最高等的特徵。狒狒和可怕的大猩猩與我們在結構上有著深刻的相似，這是顯而易見的，但是讓我們考察一下能力吧。多麼巨大的差別，多麼巨大的鴻溝啊！我們不必提升到巴斯卡[5]所說的脆弱的蘆竹人，這個蘆竹人只是因為脆弱才被壓倒，但他高於壓倒他的世界。至少我們可以看到，除了人類還有什麼動物為自己製造了工具，使力量和靈敏度倍增，並且懂得取火，而火是進步的最初元素。掌握工具和火！這兩種能力，雖然很簡單，但比脊椎骨和臼齒數目更能成為人類的特徵。

你們對我們說，人一開始是弱小的野獸，用四條腿走路，後來用兩條後腿直立起來，體毛褪去；你們還得意地向我們出

④ 布黑蓋：1747～1823年，十八世紀末至十九世紀初法國第一流鐘錶製造家。他發明的擒縱機構成為現代機械表的基礎，也是第一個製造扁平錶的人。——譯注

⑤ 巴斯卡：1623～1662年，法國數學家、物理學家、哲學家、作家。曾有過「人是思想的蘆竹」的說法。——譯注

示了濃密的體毛是如何消失的。也許更合適的並不在於建立一個體系，來闡述哪些毛失去了，哪些毛留下來了；而是建立一種體系，說明原來的野獸是如何獲得了工具和火。能力比毛更重要，你們忽視了，是因爲這裡存在著難於逾越的障礙。看一看演化論的大師是如何躊躇不前、語無倫次，當他生硬地把本能拉進他的模式中時。這並不像編造體毛顏色、尾巴長短、耳朵是下垂還是豎起的那麼方便。大師知道，這就是他的致命弱點。本能背離了他，並使他的理論分崩離析。

再看看土蜂在這個問題上給我們的啓示，這個問題拐彎抹角地牽涉到我們自己的起源。根據達爾文主義者的看法，我們已經接受了一個未知的祖先，牠歷經一次次的實驗，把金龜子的幼蟲當作自己的食物。這個祖先，隨著環境的變化而改變，就會分成許多分支，其中一支挖掘著腐質土，在土堆的棲息者中，牠喜歡花金龜更甚於其他獵物，便變成了隆背土蜂；而另一支也挖掘土堆，但所選擇的是犀角金龜，便留下了花園土蜂作爲後代；而第三支則在沙土上生活並發現了細毛鰓金龜，牠們便是沙地土蜂的祖先。除了這三支，毫無疑問還要加上別的，才能完成整個土蜂的類群。牠們的習性在我看來大體類似，便不再贅述。

從一種共同的祖先，演化出至少三種我熟悉的物種。爲了

跨越從起點到終點間的這段距離，這三種都要戰勝一些困難，這些困難單獨看就很巨大，而且當其他困難得不到很好的解決時，光克服其中的一個也是徒勞無功。這樣，難度就愈發提高。爲了成功，需要一連串的條件，但實現每個條件的機會都幾近於零，如果只看機率，全部要實現，在數學上純屬荒謬。

　　首先，古代土蜂爲什麼單單選擇那些神經系統集中，在昆蟲界如此特殊、有限的幼蟲作爲食物？牠需要什麼樣的運氣，才能取得這種獵物，這種因爲易受傷而顯得最爲合適的獵物？唯一的機會所面對的是昆蟲界無數的種類。正確的選擇只有一個，錯誤的選擇卻是無數個。

　　讓我們繼續下去吧。第一次，金龜子的幼蟲在地底下被捉住。被攻擊者反抗，以自己的方式防衛，全身蜷縮起來，只留下一處螫針螫過但並無大礙的地方。因此，膜翅目昆蟲新手必須選擇這唯一的一點插入牠那帶毒的武器，這一點的範圍很狹小並隱藏在昆蟲身體的皺摺處。如果牠弄錯了，也許就會完蛋，大蟲子被毒針激怒之後，必然想用大顎的鉤子將牠開腸剖肚。就算牠從險境中逃脫，至少也不會留下後代，因爲缺少必要的食糧。大蟲子是牠和牠種族的救星，第一次出擊就要觸及大蟲子的神經中樞，但它只有半公釐長。要是沒有任何指引，螫針要刺入那裡需要什麼樣的運氣啊！唯一的機會面對的是犧

牲者體表無數的點。正確的選擇只有一個,錯誤的選擇卻是無數個。

我們再繼續下去吧。就算針戳對了位置,大蟲子被麻醉得不能動彈。現在該在什麼地方產卵呢?前面,後面,側面,背部,還是腹部?不同的選擇結果也不盡相同。小蟲子要在卵固著的那一點穿透食物的皮膚,傷口一旦打開,牠就不顧一切地勇往直前。要是進攻點選錯了,小蟲子得冒可能很快就刺傷主要器官的風險,而牠要吃新鮮的食物,就必須直到最後都不損壞主要器官。當我們把小蟲子從母親選的那一點挪開後,我們就能想到,要完成養育有多麼困難。獵物的腐爛迅速蔓延,隨後土蜂也會死去。

我無法精確地說明選定此點產卵的動機,我只看到了大致的理由,卻疏漏了細節,因為我對解剖學和動物生理學最微妙的問題並不在行。我完全確切了解的是,產卵的選點是不可改變的。所以,在從土堆裡取出的眾多犧牲者中,卵都是固定在腹面的後方,在那個因為消化物而呈現褐色斑點的地方,沒有一個例外。

假如沒有任何引導,母親要有何等的運氣才能將牠的卵附著在這一點,而且始終是這一點,因為這一點對於養育的成功

最有利？這一點真是太小了，在整個獵物身體上只占了二、三平方公釐的大小。

這就夠了嗎？還沒有。蟲子孵出來後，從指定的點上戳破花金龜的肚子，把長長的頸部鑽進獵物內臟裡，挖掘進食。如果牠隨意亂咬，只憑一時之偏好和腹中飢餓的驅使來選擇進食的地方，毫無疑問牠會被腐爛的食物毒死；獵物能存有生息的器官一旦受損，就會迅速死去。因此，必須以一種謹慎的技術來吃這道豐盛的佳肴，這一點先於那一點，然後是其他的點，始終井然有序，直到最後幾口的到來。於是，花金龜的生命終結，而土蜂的進食也告一段落。如果蟲子是個新手，如果特殊的本能不能引導牠的大顎伸入獵物腹中，牠要有何種運氣才能完成這麼危險的進食？這種運氣使牠能像一隻餓狼將綿羊貪婪地拖到一邊，精細地剖開牠，把牠撕成一片一片，再狼吞虎嚥下去。

這四個成功的條件必須同時實現，否則養育就不能完成；而每個條件實現的機會都幾近於零。如果土蜂還不會把針戳入這唯一的致命點，就不會去捕獲一隻神經系統集中的幼蟲，比方說花金龜的幼蟲。如果牠不懂得在何處固定蟲卵，就不會對刺傷犧牲者的藝術瞭如指掌。找到了合適的地點後，如果小蟲子不會一邊吃獵物一邊使之鮮活，那麼什麼也進行不下去。四

個條件不是全都具備，就是一項都沒有。

誰能估算一下，這種維繫著土蜂或者牠祖先命運的最終機率是多少？這種複雜的機率，其因數是四件可能性極其微小的事，或者就說是四件幾乎不可能辦到的事。要是這種巧合是一種偶然的結果，那麼現在的昆蟲從何而來？讓我們繼續吧！

從另一方面講，達爾文主義也會與土蜂及其獵物產生矛盾。在我為寫這段故事而挖掘的土堆裡，生活著三種金龜子幼蟲：花金龜、犀角金龜、玉米金龜。牠們的內部結構差不多一樣，吃的食物也相同，都是腐爛的蔬菜。牠們的習性一致，在常常更新的地道中生存。蟲蛹都是在土質裡，呈大大的卵形。環境、食物、活動方式、內部結構，一切都差不多，但是其中的一種——花金龜的幼蟲，和牠的同類們相比，在某個方面與眾不同：牠以背部行進，這在金龜子類，甚至在昆蟲界裡都是獨一無二的。

如果說結構上只有一點小小的區別，分類者自然會毫不猶豫地不予理睬。但是一隻有腳，而且腳很健全的昆蟲，腹部朝天地仰翻過來行走，並且永遠只保持這一種前進姿勢，的確該被研究一下。蟲子是如何掌握這種奇怪的前進方式，為什麼牠要刻意與其他的昆蟲不同呢？

　　對於這樣的問題，時髦的科學總有一套預先準備好的答案：適應環境。花金龜的幼蟲生活在土堆裡坍塌的地道中。就像通煙囪的工人用背、腰、膝作支撐，鑽進煙囪狹窄的管道中一樣，牠蜷縮起來，貼著地道的壁面，支撐點一面是牠的肚子底部，一面是強健的背脊，藉由這兩個有力的槓桿，牠才得以前進。腳的用途非常有限，幾乎為零，於是退化變得無力，而且很可能像任何無用的器官那樣消失；背部則相反，作為主要的動力來源，它不斷強化，布滿強壯的皺褶，並豎起一些鉤子或毛。逐漸地，為了適應環境，蟲子因為不行走而喪失了行走的能力，改以背部匍匐前進，這樣也許更能適應地下的通道。

　　這還說得過去。但是請你們告訴我，為什麼在腐質土內的犀角金龜、沙土裡的細毛鰓金龜、植物土裡的鰓金龜幼蟲就沒有掌握這種用背部行走的能力呢？在通道內，牠們也像花金龜那樣，仿照通煙囪工人的方法，前進時用背脊當作支柱，但並不仰面朝天。牠們忽略了去適應環境的要求嗎？如果當中一種蟲子仰面行走的原因是演化和環境，我至少可以負責任地說，其他各種金龜子也必須如此；既然牠們的組織構造是如此相近，生活習性也應幾近一致。

　　我對理論不太尊敬，這些理論對相同的情況出現兩種不同的結果無法自圓其說。這些理論令我發笑，它們近於童言稚

的結果無法自圓其說。這些理論令我發笑，它們近於童言稚語。比方說，爲什麼老虎皮上有黑色條紋？這也是環境使然，一個演化論者說道。在竹林中陽光被竹葉的影子切割，動物爲了更佳的隱蔽效果，便採用了環境的色彩。光線爲野獸提供了皮毛，陰影提供了黑色線條。

就是這樣，不接受這種解釋的人實在難纏。我就是一個難纏的人。如果這是茶餘飯後的閒聊，我還能心甘情願地接受。但是，可嘆！可嘆！可嘆！這不是玩笑，它很正式、嚴肅，就像是科學裡的王牌。圖塞內爾在他那個時代對博物學者提出了一個陰險的問題：「爲什麼鴨子的屁股上有捲毛？」據我所知，沒有人能回答這個惡意的提問，那時還沒有演化論。而今天立刻清楚了，這就像老虎的皮毛一樣清楚明白，一樣是有理由的。

稚語夠多的了。花金龜的幼蟲用背部行走，是因爲牠始終是這樣行走。環境不能造就昆蟲，是昆蟲生來與環境適合。對於這種簡單的哲學，雖然是老生常談，但我還是要加上蘇格拉底[6]的一句哲言：「我知道得最清楚的，就是我一無所知。」

---

[6] 蘇格拉底：約西元前470～前399年，古希臘三大哲人之首，他和柏拉圖、亞里斯多德共同奠定了西方文化的哲學基礎。——譯注

第五章

各種寄生蟲

　　八、九月的時節，讓我們找一個斜坡上被太陽強烈照射的溝渠。如果看到一個斜坡被驕陽炙烤，一個安靜的角落悶熱難當，就讓我們歇一下腳吧，這裡有豐富的收穫等著你採摘。這個小小的塞內加爾①是膜翅目昆蟲的國度。有的把象鼻蟲、蝗蟲、蜘蛛收入倉庫，作爲一家老小的口糧；有的儲存各種蒼蠅、蜜蜂、螳螂和毛毛蟲；另一些蟲子則堆積著蜜，裝蜜的工具有羊皮袋，有黏土罐，還有棉布包和墊著薄墊圈的甕。

　　這個勤勞的民族和平地砌磚、結網、織布、黏合、採集、狩獵、儲存，但其間混雜著一些寄生蟲類。牠們四處遊蕩，從這一家到那一家，在門外監視，觀察在別人身上繁衍自己家族

---

① 塞內加爾：非洲最西端的國家，非常炎熱。——譯注

的合適機會。

　　事實上，昆蟲界和人的世界裡都存在著悲慘的鬥爭！勞動者筋疲力盡地爲自己的家人積累糧食。只要牠一死，不勞而獲者便跑來爭奪財富。一個積累者，有時有五、六個甚至更多的外人覷覦著牠的遺產。這樣的結果比偷竊還要糟，而且很殘忍。勞動者的家庭被如此悉心照料，房子也建了，糧食也存了，卻在年輕一代成長時被外人吞食。幼蟲被關在一個四處封閉的小房間裡，以絲質的外殼作爲保護，牠完成進食後，陷入深沈的睡眠中，進行著未來蛻變所必須的身體重組。爲了讓幼蟲孵化成成蜂，爲了這種需要絕對休息的全面改造，一切維護安全的預防措施都採用了。

　　但這些預防措施被破解了。敵人們個個都有精妙的戰術和戰略，牠們將會進入這密封的城堡。在沈睡的幼蟲身旁，一個卵透過鑽頭被放了進來；或者，在沒有同樣的工具的情況下，一隻不起眼的小蟲，像一個生氣蓬勃的原子，匍匐前進，溜到沈睡者面前；於是後者便再也不會醒來，而成了野蠻造訪者豐盛的食物。在犧牲者的窩和蛹室裡，入侵者建自己的窩，織造自己的蛹室。第二年，這個侵占住宅、吃掉屋主的強盜，便代替屋主，從土裡出來。

　　看這個傢伙，身上交織著黑、白、紅三色，外表如同一隻
多毛、胖嘟嘟的螞蟻。牠步行在斜坡上，來到最隱蔽的角落，
用觸角尖輕叩土地。這是一隻雙刺蟻蜂，是那些嗷嗷待哺的幼
蟲的災星。雌蟲沒有翅膀，但是做為膜翅目昆蟲，牠有一支厲
害的螫針。在新手的眼中，牠很容易被誤認為是一種大型螞
蟻，但那炫目的如丑角服般的體色，使牠顯得與眾不同。雄蜂
有大大的翅膀，體態更為優雅，在沙土層上方幾法寸處，牠不
停地飛來飛去。同一條路線牠會飛上好幾個小時，就像土蜂一
樣，監視著從沙土中出來的雌蟲。如果我們監視的時候有足夠
的耐心，就會看到母親在奔跑一陣後，會在某處停下來，掏掏
挖挖，最後清理出一條地下通道；但入口在哪無從得知，牠的
火眼金睛可以明察我們肉眼無法看到的東西。

牠進入居所，在裡面待上一段時間，然後再度
出現，將清出的雜物放回原處，關上房門。卵
就這樣罪惡地產了下來。雙刺蟻蜂的卵產在別
人的蛹室裡，就在沈睡著的幼蟲旁邊，牠的新
生兒將以這隻幼蟲為食。

雙刺蟻蜂
（放大1½倍）

　　這裡還有其他一些閃耀著金屬般光澤的蟲子，身上帶著金
色、翠綠色、藍色、紫色。牠們是昆蟲裡的蜂鳥──青蜂，是
另一種將沈睡的幼蟲扼殺在蛹室裡的殺戮者。在耀眼的外表
下，牠們卻是刺殺幼兒的殘忍殺手。其中一種──肉色大青

蜂，體色一半翠綠一半胭脂紅。牠大膽地進入長喙泥蜂的地下室裡，當鐵爪泥蜂母親還在房裡一天天地餵養幼蟲的時候，對於這個不會鑽探的惡棍來說，這是發現門開著的唯一機會。只要母親不在，房門就會被關上，穿著王袍的強盜就無法進入；於是這個傢伙便在此時進入巨人的家裡。牠一路溜進深宮，而不擔心鐵爪泥蜂的螫針和大顎。屋子裡有人又怎麼樣呢？不是無所畏懼，就是已經嚇得呆若木雞，而泥蜂母親居然任憑其登堂入室。

肉色大青蜂（放大1½倍）　　　　　鐵爪泥蜂

　　被入侵者的漫不經心只有入侵者的大膽足以相提並論。我見過條蜂在自家門口，一邊打點行裝，一邊讓出自由活動的空間給毛斑蜂。後者把這個可憐蟲的家當作自己的家，占據了滿是蜜的小屋！那場景看上去就像是兩個朋友在門檻處相遇，一個進去，另一個出來。

　　一切沒有阻撓地在鐵爪泥蜂的地道裡進行著，好像是註定的。第二年，當我們打開這個虻的掠食者的外殼，就會發現裡面多了一個紅絲狀的蛹室，形狀像個頂針，開口處被一個水平

的蓋子堵著。在這個有絲質外殼保護的房間裡，生活著肉色大青蜂。至於鐵爪泥蜂的幼蟲，曾幾何時還在紡絲，並為蛹室的表面鑲嵌沙土；但現在卻完全消失了，只剩下一層殘破的表皮。消失了，怎麼回事？原來是青蜂的幼蟲把牠給吃了。

還有一種色彩斑斕的惡棍。牠胸部是青色，腹部則是金色夾雜著類似佛羅倫斯塔夫綢[2]的亮銅色光澤，尾部還有一道天藍色橫帶，叫做蟻小蜂。阿美德黑胡蜂在岩石上建了一座由許多房間構成的圓頂蜂巢，外面還嵌著一些小石子。當儲存的毛毛蟲被吃光，隱居者為自己的房間鋪上絲毯時，我們看到青蜂在這個不可侵犯的城堡裡安下了營地。一些難以察覺的縫隙，水泥黏合處的一些缺漏，使牠可以將產卵管伸入探測，並產下卵來。總是在翌年五月底，黑胡蜂的房間內又有了一個形狀似頂針的蛹室。從這個蛹室裡羽化出來的是蟻小蜂。而黑胡蜂的幼蟲，則什麼都沒有留下，青蜂用牠填飽了肚子。

雙翅目昆蟲大部分屬於強盜。儘管看上去弱不禁風，有時脆弱得令收集者不敢用手指去抓，深怕會把牠們捏碎，但牠們非常可怕。有一些身上穿著極細的絲絨，一碰就掉；這是一些絨毛團，就像雪花落地之前那樣輕柔，人們叫牠們蜂虻。這麼

---

② 塔夫綢：一種有光澤的平紋綢。——編注

纖細的結構卻有著難以想像的搶劫能力。看這個傢伙，牠在離地數十公分處動也不動地滑翔。翅膀振動得極快，讓人誤以爲牠正在休息。昆蟲就像被一根無形的線懸在那裡。您動一步，蜂虻立即消失。您向周遭、遠方四處尋找，設想一段激烈的飛行後，牠會飛多遠。不在這裡，也不在那裡。牠在哪裡呢？就在您的身旁。看看起點，蜂虻還在那裡，身體動也不動地在滑翔。對於空中的觀察者來說，牠重回原地和離開一樣突然。牠正勘察著地面，等待良機摧毀別人的家，產自己的卵。牠要給家人什麼呢？蜜庫、儲存獵物、蛻變中昏沈的幼蟲？我還不知道。我只知道，牠纖細的小腳，迅速剝落的絲絨外套，是不允許牠進行地下挖掘的。一旦確定有利的地點，牠就發動突襲，腹部尾端觸地的同時，在地面上產下牠的卵，再很快地起飛。

我懷疑，如果考慮到前面講述過的理由，從蜂虻卵裡出來的小蟲應該要冒著風險，自己艱辛地來到附近母親指定的食物前。母親那麼弱小，無法做得更多，新生兒要自己溜進餐廳。

蜂虻（放大1¼倍）

　　我對彌寄生蠅的行動更清楚。那是一種孱弱的灰色小蠅蟲，在陽光下蜷縮在沙土上，耐心地守在鄰居的一個窩旁，等待做壞事的時機。等到泥蜂帶著虻、大頭泥蜂帶著蜜蜂、節腹泥蜂帶著象鼻蟲、步蚓蜂帶著蝗蟲捕獵歸來時，寄生蟲馬上出

現，圍著狩獵者打轉，始終跟在牠的身後，並不會被牠躲藏、轉圈的謹慎戰術所迷惑。就在狩獵者帶著獵物回家的那一刻，牠們撲向即將消失到地底下的獵物，敏捷地產下卵。一眨眼的工夫，這一切便完成了，在跨越門檻之前，獵物身上就有新的客人入席。這些客人將以並非為牠們準備的食物為食，並在飢餓的時候殺死屋主的兒子。

彌寄生蠅（放大3倍）

另一種在炙熱沙地上休息的昆蟲，也屬於雙翅目，是一種卵蜂虻。牠的翅膀很大，平張開來，一半有黑邊，一半透明。牠像鄰屬蜂虻一樣穿著絲絨外套，如果說兩者輕軟的外套都一樣精細，色彩卻大不相同。卵蜂虻在希臘語是「炭疽」的意思。這是一個有趣的命名，讓人想到這種雙翅目昆蟲恐怖的外貌：炭黑的體色加上銀白的淚珠狀裝飾。而膜翅目昆蟲的寄生蟲，如盾斑蜂和毛斑蜂，就像是穿著一身隆重的喪服；我從來沒有見過如此強烈的黑白對比。

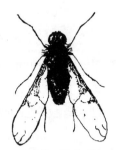

卵蜂虻（放大3倍）

今天，人們可以很自信地解釋一切，把獅鬃說成是非洲沙漠染色的結果，老虎的深色條紋則源於印度竹林裡的陰影帶，

其他神奇的東西都可以從未知的黑暗中得到清楚的澄清。我希望別人對我說說毛斑蜂、盾斑蜂、卵蜂虻，說說牠們如此特殊的穿著打扮。

擬態這個詞匆匆忙忙地被創造出來，它是指動物適應環境和模仿周圍事物的能力，至少從顏色上看是如此。人們說，這樣對迷惑敵人或者接近獵物而不使其警覺非常有用。

這種隱蔽是種族繁衍的泉源，每個種族都要在生存競爭中去蕪存菁，因此就會保持具有最好擬態效果的一類，而讓其他類別消失，以便逐步將一種起初只是偶然獲得的東西，變成固定的特性。

雲雀變成土色，是為了在休耕田裡啄食時，避免成為猛禽類的目標；普通蜥蜴是草綠色，是為了和牠隱蔽處四周的樹葉相混淆；甘藍上的毛毛蟲採用所食植物的顏色，是為了防止鳥類的啄食。其他的動物也是如此。

在我年輕時，這些比較使我興致盎然，我對這種科學已經了然於胸。我和朋友們晚上在打穀場說起德拉克這個魔鬼，為了捉起人來更有把握，他和岩石、樹幹、柴火堆混為一體，以此來迷惑人。在起初這種天真的信仰之後，懷疑論開始令我的

想像凍結。為了和上面的三個例子對照，我思索到這個：為什麼灰鶺鴒鳥鴿和雲雀一樣在犁溝裡覓食，但牠卻是白色的胸、黑色的頸呢？這套行頭使人很遠就能將牠和環境的底色——土地的紅棕色區分開來。牠為什麼漫不經心地沒有採取擬態呢？可憐的小傢伙，牠可是需要擬態的，和牠在休耕田裡覓食的同伴一樣。

為什麼普羅旺斯的眼狀斑蜥蜴和普通蜥蜴一樣是綠色，但牠避開綠地，在陽光下，在崎嶇不平、光禿禿的岩石上覓食，這裡可是連苔蘚都不長呀！為了捕食小獵物，牠在樹林裡和籬笆下的同類覺得有必要隱蔽，於是穿上繡著珠子的衣裳。可是，為什麼岩石上的宿主頂著烈日，卻依然穿著青綠色的衣服，這樣會使牠在白石上很快就暴露無遺的呀？沒有擬態的金龜子掠食者會變得遲鈍，牠的種族會因此趨向衰亡嗎？因為經常看到，我可以確認，牠的數目絕對可以保證牠的種族繁榮。

為什麼大戟毛毛蟲選擇最耀眼、與常去的綠色樹林最不協調的顏色——紅、白、黑，並且對比極為強烈地分布在身上？對牠來說，像甘藍上的毛毛蟲那樣模仿綠色的植物沒什麼必要嗎？牠沒有敵人嗎？啊！有的，不論是人還是動物，誰沒有敵人呢？

　　類似的一連串「為什麼」可以無休止地進行下去。時間允許的話，我可以做一個遊戲，對於每一種擬態的例子，都找一堆反例來駁斥。因此，這種一百個例子裡面有九十九個特例的法則算什麼呢？啊！可憐的我們！一些人荒謬的解釋令我們上了當。我們在茫然無知中看到了真理的幽靈，一道陰影，一個騙局。解釋一個小東西也就罷了，但我們卻以為掌握了對宇宙的解釋，我們不斷地喊道：「法則，這是法則！」而無數與之不協調的事實在這個法則門口大叫，卻尋覓不到自己的位置。

　　在這個過於狹窄的法則門口，青蜂家族也叫喊著。牠們鮮豔的體色，可與印度戈爾孔達城③城裡的珠寶媲美，這與牠們常出沒的地方那灰暗的色彩，對比實在太大。為了欺騙牠們的暴君——雨燕、燕子、石鵰和其他鳥類，青蜂確實與沙土和土坡極不協調，牠們就像寶石一樣熠熠發光，彷彿是灰暗脈石中的一個天然金塊。有人說，綠色螳螂兒為了騙過敵人，和牠居住的草地保持同色。膜翅目是昆蟲的大類，精於作戰，卻任憑笨蝗蟲比牠們更為先進！牠不但不像對方那樣與環境協調，而且固執地披紅掛綠，遠遠地就對任何吃昆蟲的動物昭告自己的存在；特別是在牆垣下曬太陽的灰蜥蜴，正興致勃勃地監視著

③ 戈爾孔達城：印度安得拉邦海得拉巴市的一個古城堡和廢墟，附近丘陵在歷史上曾以出產鑽石著稱。——譯注

牠。牠依然是鮮紅、翠綠、青綠，和周圍的灰色形成鮮明的對
比，而牠的種族並沒有因此而衰敗。

　　不是只有你要吃的對象才會欺敵，聰明的色彩擬態是要騙
被吃的。看看叢林裡的老虎，看看在綠樹枝中的修女螳螂吧。
想要誘使寄主上當，以使其養活寄生蟲的家庭時，奸詐的模仿
是必須的。彌寄生蠅似乎證明了這一點。牠們是灰色的，顏色
就像生活環境中的塵土一樣。牠們等待著載有獵物的掠食者到
來。但牠們遮遮掩掩是沒用的，大頭泥蜂和其他的蜂在落地之
前，便居高臨下地看見了牠們，就算牠們穿著灰外衣，也能遠
遠地就認出來。因此，那些蜂在沙土上方謹慎地滑翔，藉由猛
然的衝刺，迷惑這些奸詐的小飛蟲。牠們很清楚彌寄生蠅要幹
什麼，便兜來繞去，甚至離開必然要被搔擾的地方。不，絕對
不，彌寄生蠅的體色儘管和土地一樣，為了達到目的，並不比
同樣環境中其他不是灰色的寄生蟲有更多的機會。看看鮮豔的
青蜂，看看毛斑蜂和盾斑蜂，牠們都是黑底白毛。

　　人們還說，為了更容易欺騙，寄生蟲採取和寄主一樣的姿
勢和協調的色彩。這樣從表面上看來，牠就像一個無害的鄰
居，同類的工作者，比如依靠熊蜂維生的擬熊蜂就是這樣。可
是請問，肉色大青蜂和泥蜂像嗎？毛斑蜂和條蜂像嗎？但條蜂
卻在門檻旁收拾著，讓客人走進自己的家門。服飾的對比是非

常清楚的。毛斑蜂的隆重喪服和條蜂的紅棕色外衣一點都不相同。綠色夾著胭脂紅胸腔的肉色大青蜂也和泥蜂黑黃的體色大相逕庭。還有青蜂，從身體大小上看，比起大個子的虻的掠食者來，還真是小不點。

毛斑蜂　　　　　　　　低鳴條蜂

　　把寄生蟲的成功歸於一種與寄主或多或少的相似，這是多麼奇怪的想法。確切地說，實際情況恰恰相反，除了群居的膜翅目昆蟲之外，模仿並與其共同工作是必然不會成功的。因為，就像人類一樣，最大的敵人就是最親密的朋友。啊！壁蜂、條蜂是不會冒失地把頭探進鄰居的家門口！即使是一個不小心，牠們也會在強烈的反擊下，很快恢復正常。也許這種拜訪並無絲毫惡意，但肩膀脫臼、腳殘廢就是這種簡單訪問的代價。同類間個個老死不相往來，個個只為自己。但如果換成了寄生蟲，那就是另一回事了。不論牠打扮多麼奇異，穿得像教堂衛士；不論牠是朱紅色鞘翅、裝飾著藍色玫瑰花的喇叭蟲，或是黑腹上一道紅帶的雙齒蜂，蜜蜂對牠們的造訪並不介意。如果實在太擠，便用翅膀趕牠一下。牠們之間不會有認真的打鬥，不會有激烈的拼殺。打架只是同類中才會有的現象。因

此，如果擬態的話，牠還會受到條蜂和石蜂
的歡迎嗎？只要和昆蟲們一起相處幾個小
時，您就可以毫無內疚地對這些天真的理論
付諸一笑。

喇叭蟲（放大2倍）

　　總之，在我看來，擬態是一種稚語。用
不禮貌的說法，我會說，這是一種蠢話，這
最貼切地表達了我的想法。在可能的範圍裡，會出現無窮多的
方法。確實，到處都會有動物在外觀上與環境協調的情況，這
是無庸置疑的。如果將這些情況排除在事實之外，是很奇怪
的，什麼都是有可能的。但是與那些明顯的協調相反，在相同
環境下也有不協調的情況發生，而且為數眾多，頻率如此之
高，從邏輯上講，可以作為基礎推導出法則。這裡有一個例子
說是，那裡有一千個例子說不是，我們該聽哪個證詞呢？為謹
慎起見，都不去聽，什麼體系都不建立。我們不去管事情的如
何和為什麼，我們只把法則看作思維中看問題的一種方式，一
種很模糊的方式，被湊合地用於我們事業上的需要。我們設想
的那些法則只是事實中小小的一個角落，它們常常充滿了許多
無謂的想像。這就是擬態，它向我們解釋綠色蟈蟈兒用綠葉建
造居所，但面對負泥蟲就只能靜靜地走過，因為牠在同樣的綠
葉上生活，卻是珊瑚紅的體色。

　　這不僅僅是一種過分的表述，而且是一種粗俗的圈套，任憑新手輕易上鉤。我要向新手說些什麼呢？資深的專家也會陷入陷阱。我們的一位昆蟲學專家紆尊降貴地來參觀我的實驗室。我給他看了一系列的寄生蟲，其中一個穿黑黃色外套的傢伙引起了他的注意。

　　「這個，」他說，「這一定是胡蜂的寄生蟲。」

　　他的這種肯定讓我驚訝，於是我插話道：「您怎麼認出來的？」

　　「請看，這就是胡蜂的體色，黑黃相間，擬態很明顯。」

　　「確實很像，但我們這個穿著黑黃衣服的傢伙是高牆石蜂的寄生蟲，後者的形態、顏色與胡蜂毫無共通之處，牠是褶翅小蜂，沒有哪一隻會進入胡蜂的巢。」

　　「那麼，擬態是怎麼回事？」

　　「擬態是一種幻覺，我們最好把它忘掉。」

　　這種在他眼裡不正常的例子，數目眾多，具有說服力，令我淵博的訪問者心悅誠服，他承認自己起初的確信是基於一種可笑的基礎。這是我對初學者的忠告：如果你們以擬態作為嚮導，想以此來提前知道一種昆蟲的習性，那麼在成功一次之前，會先走錯路一千次。當它證明這是黑的時候，一定要先弄清楚這不會偶然變成白色。

　　讓我們提升到更重要的主題，將昆蟲的穿著拋在一邊，來看看寄生現象。按照詞源學，寄生者就是吃別人食糧的人，以別人的儲備爲生的人。昆蟲學常常會偏離這個詞的眞正含義，因此它把青蜂、雙刺蟻蜂、卵蜂虻和褶翅小蜂稱爲寄生蟲時，這些蟲子並非用別人儲備的糧食餵養家人，而是用食用這些存糧的幼蟲本身，也就是牠們眞正的寄主。當彌寄生蠅成功地在泥蜂儲存的獵物身上產卵時，供食者的家就被眞正的寄生蟲占據了，這裡的詞義是嚴格的。在僅僅爲家中孩子準備的蚜堆旁，現在又多了霸道的客人，數目眾多，個個都是餓殍，毫不客氣地朝蚜堆裡亂戳。牠們占據了並非爲牠們準備的餐桌，而和眞正的主人面對面地進食。後者很快便被餓死，而那些闖入者卻吃得腦滿腸肥。

　　當毛斑蜂用牠的卵代替條蜂的卵時，這也是一個名副其實的住在被入侵者家中的寄生蟲。蜜堆是母親辛苦工作的成果，還沒有給孩子吃過，另一個便過來享用，並且毫無競爭對手。彌寄生蠅和毛斑蜂，牠們是名副其實的寄生蟲，是享受他人工作成果的傢伙。

　　我們也可以這樣稱呼青蜂和雙刺蟻蜂嗎？不可以。土蜂的習性我們現在已經知道，的確，牠們不是寄生蟲。誰也不能指責牠們偷食別人的食物。牠們辛勞工作，在地下尋找能養家餬

口的大幼蟲。牠們和最有名的獵人，如節腹泥蜂、飛蝗泥蜂、砂泥蜂一樣捕獵，只不過不把獵物帶到特設的巢穴中，而是將其放在原處，放在土堆裡。牠們是沒有家的偷獵者，讓孩子就在原地進食獵物。

雙刺蟻蜂、青蜂、褶翅小蜂、卵蜂虻和許多別的蟲子，牠們在生活方式上與土蜂有何不同？在我看來，沒有什麼不同。看吧，的確是這樣。母親不同的才能決定了不同的手法，牠們的幼蟲不論在卵裡還是已經出生，都和養活牠們的獵物放在一起。因為牠們大部分沒有螫針，所以這些獵物沒有傷口，但是活的獵物已經陷入麻痺，因此毫無抵抗能力地落到要吃牠的小蟲子手裡。

狩獵者就像土蜂一樣，按照規則窺伺獵物，不費力氣地得到牠，然後就地讓孩子們進食，只是所需的獵物已無力反抗，因此也不需要用螫針戳入。尋找並發現一個已被麻痺、沒有反抗能力的獵物作為自己儲存的食物，這比起勇敢地用大顎戳花金龜和犀角金龜的功績當然要小；但是對於一個殺死無辜野兔的人，一個並非堅定地等待野豬跑來、打不過時再插入獵刀捅破牠肚子的人，人們什麼時候拒絕過給予他狩獵者的稱號？而且如果說攻擊沒有危險，偷獵本身也存在困難，這便是這些二流偷獵者的功夫。覬覦的獵物是看不到的，牠在堅固的城堡

裡，房間還有殼保護。爲了確定小蟲所在的地點，爲了把卵產在其體側或至少在附近，母親所做的，難道算不上是英勇的行爲？基於這些考慮，我大膽地將青蜂、雙刺蟻蜂和牠們的對手列爲唯利是圖者，而把彌寄生蠅、毛斑蜂、盾斑蜂、芫菁歸入寄生蟲類，因爲牠們的確是以別人儲存的食物維生。

看過上面的例證，能說寄生現象是不名譽的嗎？的確，在人類世界中，吃別人的東西無論如何都是偷懶，但動物必須承擔我們從自己生活中得出的這種憤怒嗎？我們人類的寄生蟲，沒有羞恥之心的寄生蟲，吃他們同類的食物，但動物界永遠沒有這種情況。這就把問題的面貌改變了。除了人類，我不知道有其他寄生蟲會吃自己同胞儲存的糧食，哪怕只是一例。我要承認，動物界偶爾也有各種搶劫同類成果的情況，但並不能據此得出結論。重要的是，我要正式否認的是，動物會爲了存活而以牠的同類爲生。我查閱了自己的回憶錄和筆記，在我漫長的昆蟲學生涯中，沒有出現一個昆蟲寄生於同類的特例。

當棚簷石蜂成千上萬地同在一個龐大的村落工作時，牠們個個都有家，雖然一派繁忙，但神聖的家裡除了屋主，誰也不能動裡面的一點點蜜。鄰居之間相互尊重，似乎是一種默契。如果有冒失鬼走錯了家門，到了不屬於牠的地盤，屋主就會粗魯地訓斥牠，讓牠守秩序。但是如果蜜庫是某個亡者或迷路不

歸者的遺產，那麼只會有一個鄰居將其占為己有。財產丟失了，便利用他人的，這是為了經濟。別的膜翅目昆蟲也是這樣，在牠們當中，從來沒有懶惰的成蟲妄想吃別人的成果。沒有什麼昆蟲是自己種類的寄生蟲。

因此寄生是什麼，需要在不同種動物中尋找嗎？概括地說，生活就是一種廣義的搶掠。自然進行著自我吞噬，物質從一個胃轉到另一個胃中，保持著生機。在生存的宴會中，每個生物都輪流地成為食客和菜肴，今天吃，明天被吃。活著的都以活著的或曾經活著的為生，一切都是寄生現象。人是大的寄生蟲，強占一切可以吃的東西。人類竊取羔羊喝的奶，搶劫蜜蜂孩子要吃的蜜，就像毛斑蜂搶條蜂孩子的食物那樣，兩種情況極其類似。這是我們才智的錯嗎？不是，這是殘酷的生存法則，這一個的生存要求那一個的死亡。

在這種吃者與被吃者、搶劫者與被搶劫者不共戴天的鬥爭中，毛斑蜂並不該比我們有更多的壞名聲。牠毀了條蜂，但與我們相比，那又算得了什麼，我們可是毀了無數的東西啊！牠的寄生並不比我們的陰險，牠要哺育下一代，但沒有狩獵的工具，又不懂收穫的藝術，便利用其他生物儲存的糧食。這是才能和工具的最好分配。在餓殍之間的殘酷鬥爭中，牠做了牠能力所及的；這是牠天賦的能力。

第六章

寄生理論

　　毛斑蜂根據牠的天性，做牠能力所及之事；我沒有對牠大加指責，只能這樣說罷了。但是，有人指控牠既無用又偷懶，毀棄了牠起初做為工作者所具有的生產工具。牠樂於無事可做，喜歡藉著損人利己來供養家室；逐漸地，牠這個種族便視工作為一種可怕的東西。收穫的工具越來越少使用，就會像無用的器官那樣退化、消失；這樣整個種族就會異化，最後，毛斑蜂從一開始的誠實工匠，變成了懶惰的寄生蟲。我現在說的是一種寄生理論，非常簡單，很吸引人，而且值得討論。首先，詳細說明一下這個理論吧。

　　某個母親在工作之後，急著產卵，就近發現了同類的巢，便把自己的卵託付在這裡。對於沒有時間築巢和收穫的昆蟲來說，強占別人的成果便成了一種需要，而這也是為了救牠的家

人。這樣牠就不必再耗費時間辛苦工作，只需專心地產卵，並且讓後代也同樣繼承母親的懶惰。隨著世代繁衍，這種特性一代比一代加強。因為生存的競爭，需要用這樣簡捷的方式，為傳宗接代的成功提供最好的條件。同時，工作的器官既然不用，就會廢棄、消失；而為了適應新的環境，外形和體色的某些細節多多少少都會有所變化。這樣，寄生家族最終便確定下來。然而，如果將這個族系一直溯源上去，有些方面並沒有人們想像中變化得那麼多。寄生蟲保存了不止一種祖輩的工作特徵。因此，擬熊蜂與熊蜂非常相似，前者便是後者的寄生蟲和變種；臍蜂保持了祖先黃斑蜂的外貌特徵；尖腹蜂也會讓人想到切葉蜂。

尖腹蜂（放大1½倍）　　　　切葉蜂（放大1½倍）

　　演化論有許多隨手可得的例子，不僅有外觀上的一致，也有在最細微特徵上的相似。我和任何人都一樣確信，這種相似沒有大小之分，我更傾向於以最細微特徵的相似作為理論的基礎。我被說服了嗎？不論有理沒理，我的思維方式並不滿足於結構上的細微相似，一根觸鬚不會激起我的熱情，一簇毛也不

會使我覺得是無可指摘的論據。我寧可直接向昆蟲提問，讓牠們說說自己的愛好、生活類型和能力。聽到牠們的證詞，我們就會看到寄生理論變成什麼樣子。

在讓蟲子說話之前，為什麼我不說出縈繞在心頭的話呢？聽著，首先我不喜歡「懶惰」的說法，這種所謂的對昆蟲繁衍有利的懶惰。我過去始終相信，現在也還堅持相信，只有活動才能使現在強大，使未來得到保證，不論是動物還是人。行動，才是生命；工作，才能前進。一個種族的能量與牠們行動的總和成正比。

不，我一點也不喜歡這種在科學上鼓吹的懶惰。我們已經聽到了許多動物學上的胡言亂語，比方說：人是猩猩變的、有責任心的人是蠢貨、良心是對天真者的誘餌、天才是神經質、愛國是沙文主義、靈魂是細胞能量的產物，上帝則是童話中的人物。吹起戰歌，拔出軍刀，人只是為了互相殘殺而存在的；芝加哥販賣醃豬肉商人的保險箱就是我們的理想！夠了，這樣的東西夠多的了！演化論現在還不足以摧毀工作這個神聖的法則，我當然不能讓它對我們廢棄的精神家園負責；它沒有足夠強健的肩膀來支撐這個即將坍塌的建築，只會盡可能加速它的坍塌。

　　不，我再說一次，我不喜歡這種暴行，它把一切在我們可憐的生活中具有尊嚴的東西全部否定，將我們的生活籠罩在物質那窒息的喪鐘下。啊！不要禁止我思考，即使這是一個夢想，我也要思考人性、良心、責任和工作的尊嚴。假如動物為了自身和牠的種族，覺得什麼也不做、剝削別人最好，為什麼作為其演化後代的人類，卻顯得最為謹慎？母親為了順利繁衍後代而懶惰的準則應當發人深省。我覺得自己已經說得夠多了，現在讓動物來說話，牠們的話更加有說服力。

　　寄生習性的根源真的是對懶惰的喜好嗎？寄生蟲變成現在這樣，是因為牠覺得什麼都不做最好嗎？休息對牠是這麼重要，讓牠寧可放棄古老的習慣嗎？從經常觀察到膜翅目昆蟲用別人的財產來供養自己的家庭以來，我還沒有從牠身上看出什麼能說明牠的懶惰。相反地，寄生蟲過著一種辛苦的生活，比工作者更為艱辛。讓我們跟牠來到一處曝曬在炙熱豔陽下的斜坡。牠是多麼忙碌啊！牠那麼辛勞地在酷熱的地面上走著，無休止地尋找，而牠的探察常常是無功而返！在遇到一個合適的巢之前，牠要一再鑽進無價值的洞裡，鑽到還沒有食物的通道中。然後，儘管寄主心甘情願，寄生蟲並不一定在寄宿處受到熱烈歡迎。不，牠的工作並非一直那樣順利。產卵時所需要耗費的時間和精力，與工作者築巢儲蜜比起來，只會多不會少。後者的工作規律，並且一直持續進行，牠的產卵有著最好的保

證條件，而前者的工作常常徒勞無功，指望運氣，依靠一連串
的偶然才能產下自己的卵。只要看看尖腹蜂，牠在尋找切葉蜂
的巢時，爲了確認占據別人的巢會不會有困難，而顯得猶豫萬
分。這樣我們就能理解，如果牠眞想讓養育更加容易，後代更
加興旺，牠的確有些考慮欠周。牠不要休息，而要艱難的工
作；牠不要子孫滿堂，反而要一個不斷縮減的家族。

　　對於這些必然模糊的概論，讓我們再加上一些更精確的事
例。臍蜂是高牆石蜂的寄生蟲。當築巢蜂在卵石上築成圓頂蜂
巢時，寄生蟲便突然出現，長時間在蜂巢的外部探勘。孱弱的
牠，試圖要把卵殖入這座水泥城堡中。整個蜂巢以最嚴密的方
式封閉起來，外層塗著一層粗灰泥漿，至少有一公分厚，而且
每個蜂房的入口也以一層厚厚的砂漿封住。巢室中的蜜護衛得
如此森嚴，牠若想觸及，就要穿透和岩石一樣堅硬的牆壁。

臍蜂（放大1½倍）　　　　　　　　　　高牆石蜂

　　寄生蟲勇敢地開始工作，遊手好閒的傢伙變成勤勞的工作
者。一點一點地，牠在外殼鑽洞，挖出一個恰恰能讓牠通過的
通道來；牠來到蜂房的封蓋上，一下一下地啃咬著，直到覷覦

的食物出現。這種挖掘是一種緩慢而艱難的工作，虛弱的臍蜂累得筋疲力盡，因為砂漿外殼幾乎就像天然水泥一樣堅硬。我用刀尖把它切開，都還有些勉強費力，寄生蟲用那小小的鑷子，要多麼耐心地工作才能成功啊！

我並不確切知道臍蜂挖掘通道所需的時間，因為我從來沒有機會，或者說從來沒有耐心從頭到尾地看完牠的工作。我只知道，高牆石蜂比起牠的寄生蟲，不知粗壯了多少倍，但我親眼看牠用了一個下午的時間，都還毀壞不了一個前一天用砂漿封住的蜂房頂蓋。我只好在白天快結束時，幫牠一把，才使牠達到了目標。石蜂築巢用的砂漿，硬度可與一塊石頭相比。然而臍蜂不僅要穿透蜜庫的封蓋，還要穿透整個蜂巢外表的保護層。牠需要多少時間才能完成這樣的工作啊，對於工作者來說，工程實在是太浩大了！

努力終於得到了回報，蜜露了出來。臍蜂溜進去，在食物的表面，產下自己數量不定的卵，那些卵和石蜂的卵並排著。對於所有的新生兒，包括外來者和石蜂自己的孩子，食物都是共同享用的。

被入侵的房子不能就這樣向外界的偷食者敞開，寄生蟲還得自己把挖開的缺口堵死。於是，臍蜂從破壞者變成了建設

者。牠在蜂巢的下方，採集了一點適合薰衣草和百里香生長的
紅土，這種紅土來自多石子的高原。牠用唾液將土混合成砂
漿，準備好以後，牠就像一名眞正的泥水匠那樣，非常細心
地、技術高超地把通道的入口堵住。不過，由於顏色的關係，
牠做的封蓋在石蜂的蜂巢上顯得頗爲突出。石蜂很少用巢下的
紅土，牠在附近的大道上尋找水泥，大道的碎石路面上布滿了
石灰質的小石塊。顯然，這種選擇是考慮到其化學特性較能符
合建築在堅固上的要求。大道上的石炭岩與唾液混合後所生產
出來的水泥，會具有紅黏土達不到的硬度。因爲材料的緣故，
石蜂的巢始終呈灰白色。在這個蒼白的底上，出現了一個紅
點，大約有幾公釐寬，這必定是臍蜂通過那裡留下的記號。打
開紅點下的蜂房，我們會發現無數寄生蟲的家庭。鐵紅色的斑
點是石蜂住所遭到侵占的無可否認的標誌，至少在我家附近的
地面是這樣。

因此，可以說臍蜂一開始是發憤工作的挖道工，牠用大顎
來迎擊岩石，接著變成黏土攪拌工和用砂漿修復天花板的泥水
匠。牠的職業也是非常辛苦的。然而，在沈湎於寄生生活之
前，牠在做些什麼呢？根據牠的外觀，演化論使我們確信，牠
過去是黃斑蜂，從被絨毛的植物乾枯的莖上採摘一些軟的絮狀
物加工成囊狀，然後用腹面的花粉刷將花上的花粉收集在囊
裡。或者，這個出身接近棉布工的傢伙，就在一隻死蝸牛的螺

殼上建造幾層樹脂隔牆。這便是牠們祖先的職業。

　　什麼！為了避開耗時費力的工作，為了過舒適的日子，為了有空閒時間建造自己的家，古代的整經工或者說古代的樹脂採集工會來啃咬堅硬的水泥，舔花蜜的牠會決定來嚼凝灰岩！可憐的傢伙在用牙尖磨石頭時，被這苦差事弄得筋疲力盡。為了打開一個蜂房，牠花的時間可比加工一個棉囊再把它裝滿花粉的時間要多得多。如果牠是想進步，為了自身和家人的利益著想，才放棄過去纖巧的工作，那麼我們要承認，牠真是大錯特錯了。這種錯誤就像是碰慣了高級織物的手離開絲絨，到大路上敲打石頭一樣。

　　不，動物不會如此愚蠢，心甘情願地加重生活的負擔；如果按照懶惰的說法，牠就不會去從事一種更為辛苦的工作；如果牠弄錯了一次，也不會讓子孫後代繼續執迷不悟地犯這種代價慘重的錯誤。不，臍蜂不會放棄棉布工的精巧藝術，而去敲打牆壁，搗碎水泥。這種工作比起在花上採集的快樂，真是一點吸引力都沒有。根據懶惰的理論，牠不會從黃斑蜂轉變過來。牠的過去應該和現在一樣，就是這種特殊的有耐心的工作者，固執地做著苦差事的工人。

　　你們會說，古代忙著產卵的母親，第一次闖入同類的巢裡

放置自己的卵，發現這種不正當的方法非常有利於種族的繁衍，因為這既省精力又省時間。這種新策略的烙印如此之深，不斷開枝散葉的後代將其繼承下來，最終使寄生成為習性。棚簷石蜂和三叉壁蜂將會告訴我們，該如何對待這個猜測。

我讓一群石蜂定居在朝南方一個門廊的牆上。在大約一人高的地方，易於觀察的位置，吊著冬天時從附近屋頂搬過來的瓦片，瓦片上有著數量龐大的蜂巢和蜂群。五、六年來，一到五月，我就聚精會神地觀看石蜂工作的情形。在我對牠們做的觀察日記中，我選出了與主題有關的下述內容。

當我使石蜂離鄉背井，以此來研究牠們重尋自己巢穴的能力時，我發現，如果牠們離開時間太久，回來後就會發現自己的蜂房已經門戶緊閉。一些鄰居利用這些舊巢，完成建造和儲糧的工作以後，將自己的卵產在裡面。丟棄的產業造福了其他的人。看到自己的家被別人闖入，遠道歸來的石蜂很快就恢復平靜。牠在自家附近隨便找一個蜂巢，開始破壞它的封口；而別的蜂也任憑牠這麼做，牠們也許太過專注於自己手邊的工作，而沒有時間和闖入牠們先前工作成果的傢伙打架。蓋子被破壞了，帶著一種以偷制偷的瘋狂，石蜂開始築一點巢，儲一點糧，彷彿要重尋之前中斷了的工作脈絡。牠毀掉了裡面的卵，將自己的卵放進去，並把蜂房關了起來。這裡倒是有值得

深入研究的特殊習性。

　　將近上午十一點，石蜂的工作正如火如荼的進行著。這時，我將十隻石蜂分別塗上不同的顏色，以示區別。牠們正忙著築巢或吐蜜。我把相對應的蜂房也同樣標上標識。等到塗上顏色的記號一乾，我便抓起那十隻石蜂，將牠們分別放進紙袋裡。所有的石蜂都被關在一個盒子裡直到第二天。經過二十四小時的監禁之後，我把牠們放了出來。牠們不在的時候，牠們的蜂房或是隱沒在一層新建築中；或是，如果依然存在，也被封閉起來，別人已把它們據為己有了。

　　十隻當中，除了一隻例外，其他都沒有阻礙地馬上回到各自的瓦片。儘管長時間的囚禁製造了一些困擾，牠們還是按照自己可靠的記憶力繼續做下去。牠們重新來到自己築巢的地方，那個珍貴的蜂房現在已被侵占。牠們在外部仔細地探勘。如果原來的蜂房已經隱沒在新建築中，牠便勘察最鄰近的一個。如果房子尚存，無論如何，裡面已經有了別的卵，而且大門被牢牢地關了起來。面對這種悲慘的命運，這些被剝奪者以粗暴的同等報復來反擊：以卵還卵，以窩還窩。你偷了我的蜂房，我就偷你的。牠並不多加猶豫，找到一個中意的蜂房，便強行打開它的蓋子。如果原有的住宅還可以進去，那牠就回到自己家裡；但更常見的是，牠將別人的住宅據為己有，有時這

住宅離原來的家還很遠。

　　牠們耐心地啃咬著砂漿做的蓋子。整個粗糙的灰泥層只有在所有蜂房全部築好後才會被塗上，牠們只需破壞封蓋就夠了。這是艱苦而緩慢的工作，但與牠們大顎的力量相比還算相稱。牠們弄碎了大門──小小的圓形水泥薄片。整個撬門工作在極安靜中完成，牠的鄰居們，雖然當中不乏當事人，但沒有一個會來干涉或抗議這一目的可憎的行為。石蜂越是珍惜眼前的居所，就越發忘記昨天的家。對牠來說，現在就是全部；過去不具任何意義，未來就更不用說了。瓦上的居民平靜地任這個破門而入者為所欲為，沒有一個會跑過來保衛本來很可能是牠自己的家。啊！如果蜂房仍在建造中，事情又會是什麼樣子啊！但那已經屬於昨天、前天，沒有人再想得起來。

　　好了，蓋子被毀了，可以自由地進入了。有時，石蜂斜倚在蜂房上，頭就像在沈思一樣半垂著。牠離開，然後又猶豫不決地回來。最後，牠打定了主意，牠抓住蜜表面的卵，將它丟到一旁，一點禮貌都沒有，石蜂容不得自己的窩有污點。我不止一次看到這種可憎的惡行，我承認我甚至多次引誘牠這麼做。為了產自己的卵，石蜂變成一個沒有同情心的惡棍。牠不關心別人的卵，儘管那是牠的同類的。

　　之後，我看見牠們當中有的正在儲備食物，在糧食已經裝得滿滿的蜂房裡，吐出花蜜、刷落花粉；有的用抹刀抹上一點砂漿，修補開口處。儘管食物和房子都已臻於完美，石蜂還是從牠二十四小時前中斷的地方重新做起。最後，卵產了下來，開口處也被填上。在我那些囚徒當中，有一隻不如別的有耐心，牠等不及封蓋緩慢的磨損，便決定根據弱肉強食的法則來硬搶。牠將一個儲存了一半食物的蜂房的屋主趕了出去，然後在房門口守了好長一段時間，當牠覺得自己已成了房子的主人時，便開始儲藏食物。我一直盯著那個被剝奪者。我看到牠撬門而入，占據了一個關著的蜂房，牠的舉止行為從各方面看，都像那些被長期關禁閉的石蜂們。

　　我的這種經驗實在太多，從這麼多重複的事例中，想不得出一個結論都難。幾乎每一年，我都會讓這個現象重演，而且總是成功。我只想補充一點，那些因我略施小計而不得不去彌補流逝時光的石蜂，有些性情非常隨和。我見過有的重新築巢，彷彿什麼異常的事都不曾發生過；有的沒有那麼大的決心，便去另一片瓦定居，彷彿是為了躲避強盜的世界一樣；其他的則帶著砂漿團，熱情高漲地完成自己蜂房的蓋子，儘管裡面是外人的卵。然而最常見的情況還是撬鎖。

　　還有一個細節也有一些價值。不一定要親自介入或把石蜂

關起來一段時間，才能看到我剛才描述的那種暴行。如果我們細心地觀察石蜂的工作，一件意想不到的事會讓您省去許多麻煩。有一隻石蜂突然出現，原因您並不知情，但牠撬開一扇門，並在擅自闖入的蜂房裡產卵。根據這段經過，我判斷罪犯是個遲到者，因為有事遠離了工地，或者被一陣風吹到了遠處。一回來，因為缺席了一段時間，牠發現自己的位置已經被占據，房子已經被別人所用。牠就像那些被關在紙袋裡的石蜂一樣，成為一宗竊占的犧牲者，於是牠的行為也像牠們那樣，強行撬開別人的門來彌補自己的損失。

最後，我想知道的是，在強占了別人的家之後，石蜂如何行動呢。牠們剛剛破門而入，粗暴地把裡面的卵攛出去，用自己產的卵取而代之。蓋子翻修一新，一切又變得井然有序。石蜂會繼續牠的強盜行徑，再用自己的卵取代別的卵嗎？絕對不會。報復，這種屬於神祇所獨享的樂趣，石蜂可能也有，但在一個蜂房被強行破開之後便足夠了。當自己操心的卵有地方安置，一切怒火都會熄滅。此後，那些囚徒，還有那些因故遲到者，和其他人混雜在一起，重新開始正常的工作。牠們老實地建房、儲糧，沒有任何惡意。不到新的災難降臨，過去都會被徹底地遺忘。

讓我們再回到寄生蟲吧。一位母親偶然成為別的巢的主

人，牠利用它來產自己的卵。這簡捷的方法，對於母親來說如此方便，對牠的種族來說如此有利，影響如此深遠，以致後代都接受了母親的懶惰。一步步地，工作者便成了寄生蟲。

　　真是奇妙。說得如此頭頭是道，而且順理成章，因為我們的設想只要寫在紙上就可以了。但是，請參考一下事實，在論證可能性之前，請了解一下現實是什麼。棚簷石蜂告訴我們一些特例。撬開別人房屋的蓋子，把卵扔出門去，並用自己的取而代之，是牠們永遠的習性。我沒有必要介入來迫使牠撬鎖，在由於長時間缺席而權利受損的情況下，牠自己會那麼做。自從牠的種族用水泥築巢，牠便了解一報還一報的法則。對於演化論者來說，需要多少個世紀才能使牠養成強取的積習。此外，強占對於母親來說是無與倫比的方便。不必用大顎在堅硬的小路上刮水泥，不必攪拌砂漿，不必砌牆，不必在無數次來回中採集花粉。一切食宿都準備好了，再也沒有比這更好的機會可以讓自己享一點福。沒有人來反對，其他那些工作者是如此善良，牠們對蜂房被強占完全無動於衷。不必擔心會打架，也絲毫沒有抗議。讓自己耽於懶惰，再也沒有比這更好的了。

　　後代的生長便有最優越的條件。選擇的地方是最溫暖、最乾淨的；母親用本來要花在其他繁重事情上的時間，來全心全意地照顧卵。要是強占別人財產的印象是如此強烈，可以代代

遺傳下去，那麼石蜂做壞事的時候，那種印象是多麼深刻啊！
那些優越的條件在記憶中歷歷在目，母親要做的只是為自己和
後代找一種最好的安居方法。來吧！可憐的石蜂，放棄使你勞
累不堪的工作，遵照演化論者的意見，既然你有辦法，就變成
寄生蟲吧！

　　但是牠們沒有。小小的復仇完成後，石蜂就又重新開始築
巢，收穫者重新以一種不屈不撓的熱情來採集。牠忘卻了一時
發怒犯下的罪過，防止傳給牠的後代懶惰的惡習。牠知道得很
清楚，活動才是生活，工作是這個世上最大的快樂。為了擺脫
疲勞，牠築巢以來有無數的蜂房都沒有去撬；那麼多的好機
會，絕對的好機會，牠都沒有加以利用。什麼都不能說服牠，
牠生來就是為了工作，牠會繼續勤勞的工作。至少，牠沒有產
生一個分支，破門而入的蜂房入侵者。臍蜂倒有點像這樣，但
誰敢斷言牠和石蜂之間有親緣關係呢？兩者之間沒有任何共同
之處。我需要一種棚簷石蜂的分支，是依靠撬開天花板的技術
為生。在看到牠之前，那種古代的工作者放棄自己的技能而變
成懶惰的寄生蟲的理論，只會讓我一
笑置之。

　　同樣的理由，我還要說一種三
叉壁蜂的分支，也是會毀壞隔牆的變

三叉壁蜂（放大1½倍）

種。我在下面將要說明，我是以何種方式使一群這樣的壁蜂在
我的工作桌上和玻璃管裡築巢的，我就是這樣看到了偷盜者的
工作。在三、四個星期裡，每隻壁蜂都很謹慎地待在自己的管
子裡，當中布滿了牠辛辛苦苦用土質隔牆分開的臥室。胸腔上
不同顏色的記號使我能將牠們區分開來。每個水晶通道都僅是
一隻壁蜂專屬的財產，別人不可以進入，不可以築巢，也不可
以儲存食物。如果有個冒失鬼，在喧鬧的蜂城裡忘了自己的
家，而跑到鄰居門前張望，屋主會馬上將牠趕走。這樣的魯莽
行為是不被容忍的。居者有其屋，而且是每人一屋。

　　直到工作將近結束之前，一切都以最佳方式進行著。這
時，管口被一個厚土蓋封上，差不多所有的蜂群都消失了。留
在原地還有二十多隻衣衫襤褸者；由於一個月的辛苦工作，牠
們的毛脫落很多。這些落後者還沒有完成產卵。空著的管子還
多的是，因為我故意拿掉了一部分滿的，將其他還沒有用過的
補充上去。只有很少的壁蜂決定占據這些新家，儘管它們與原
來的家根本沒有不同；而且，牠們只在那裡建了少量的蜂房，
常常只是一些隔牆的雛形。

　　牠們需要別的東西，那就是別人的巢。牠們來到那些住著
鄰居的管子邊，用力破壞末端的軟塞。這工作並無多大困難，
因為它不像石蜂的水泥那樣堅硬，而只是一個乾泥蓋。打開入

口後，房子連食物帶卵都呈現了出來。壁蜂用牠那粗壯的大顎抓起卵，將卵剖開，並把它扔到遠處。還有比這更糟的情況，牠就在原地把卵吃掉。我必須看上好幾次這種恐怖的場面，才能對此深信不疑。要注意的是，被吃掉的卵很可能就是罪犯自己的。一心一意想著現在這個家的需要，壁蜂已忘記了牠以前的家。

　　犯下殺子的惡行之後，惡棍開始做一點儲存。無論是什麼樣的蜂，都要退回到原先連續的活動中，來重新連接被中斷的事情的脈絡。然後，牠產下自己的卵，小心地重建毀掉的封蓋。損害可能還更多，對於這些落後者來說，一個居所還不夠，需要兩個、三個、四個。為了有最多的築巢空間，壁蜂把所有擋在前面的房間都清除掉。隔牆被推倒，卵被吃掉或者扔掉，食物被清除到外面，甚至常常一大塊一大塊地被搬到遠處。壁蜂身上常常滿布拆除房屋後的灰泥、搽上被劫花粉的粉末和黏著破碎的卵，因此牠在進行強盜行徑時令人難以辨認。霸占了一處地方後，一切又恢復正常。食物被搬進來，以取代扔到路上的那些；卵被產下來，每堆食物上各有一個；隔牆被重新建了起來，將整個蜂巢封閉起來的塞子也翻修一新。這種惡行發生得如此頻繁，以致於我不得不介入，來確保我希望不受打擾的蜂巢的安全。

　　還沒有什麼能向我解釋這種強盜行徑，這種像一個精神病人、一個躁鬱症患者的行為。如果是場地匱缺也就罷了，但管子就在旁邊，空空的，非常適於產卵。壁蜂不想要它們，牠寧願做強盜。這是經過一段疲於奔命的活動，牠開始變懶、討厭工作了嗎？不是，因為當牠把一群蜂房掃除之後，牠又重新開始正常的工作。勞累並沒有減輕，而是加重了。為了繼續產卵，牠最好選一個空的管子。可是，壁蜂卻另有想法。牠的行為動機令我不解。牠身上有毀壞別人財產的這種壞習性嗎？誰知道呢？倒是人身上鐵定有。

　　在壁蜂天然的小房間裡，我毫不懷疑，牠的所作所為和在我的透明管子裡一樣。工作接近尾聲的時候，牠搶奪了別人的家。牠如果就在第一個蜂巢裡，不清空它而繼續到下一個去，就可以利用現成的食物，並且省去最費時的那一部分工作。這樣的竊占有大量的時間養成習慣，並且傳到下一代身上。因此，我想壁蜂就會產生這樣一個變種——吃牠前輩的卵，來為自己的卵安家。

　　這個變種，我們無法證明，但我們可以說，牠正在形成。透過我剛才說的那種搶劫，一種未來的寄生蟲就要誕生了。演化論在過去得到了印證，在未來也會得到印證，但它對現在說得最少。演化現象發生了，演化現象即將發生，最煩人的是它

現在沒有出現。在時間的三個階段中，失去了一項，而這項是
我們最直接關心的，也是唯一能超越虛構的荒誕的。演化論對
於現在的緘默令我不快，就像在一個鄉村教堂裡看到那幅著名
的紅海的畫一樣。藝術家在畫布上畫了一道最鮮紅的色帶，如
此而已。

「是的，這就是紅海。」神父端詳了傑作之後，在付錢之
前說道：「這就是紅海，但是希伯來人在哪裡？」

「他們已經消失了。」畫家說道。

「埃及人呢？」

「他們屬於未來。」

一些演化現象已經過去，另一些演化現象即將到來。為什
麼不給我們看看正在進行的演化呢？是否過去的真實和未來的
真實，必須排除現在的真實呢？我不明白。

我說了一種石蜂和一種壁蜂的變種，牠們自從種族起源開
始，就興致勃勃地搶劫同類，並且熱情地製造一種寄生蟲，一
種喜歡什麼也不做的寄生蟲。牠們的目標實現了嗎？沒有。未
來將會實現嗎？人們會證明這一點。至於目前，不行。今天的
壁蜂和石蜂，與牠們過去毀掉最初的水泥或泥漿時一樣。那麼
牠們需要多少個世紀才能變成寄生蟲呢？太長了，我懷疑，這

會讓我們氣餒。

　　七月，我劈開三齒壁蜂用來築巢的樹莓枝。在一連串的蜂房裡，已經有了壁蜂的蛹室和剛剛吃完食物的幼蟲，還有一些附著壁蜂卵、仍原封不動的食物。卵是兩端呈圓形的圓柱體，白色，透明，長約〇‧四～〇‧五公釐。卵斜躺著，一端靠著食物，另一端豎起來離蜜有一段距離。當我頻繁地造訪後，我有了十幾次有意思的發現。在壁蜂卵沒被固定的那一端，固定著另一個卵。那個卵與壁蜂卵一樣白色透明，但形狀完全不同，比壁蜂卵要小得多、細得多，一端較鈍，另一端呈較尖銳的錐形；長二公釐，寬〇‧五公釐。這毫無疑問是一個寄生蟲的卵，牠那奇特的安家方式使我不得不注意牠。

　　牠比壁蜂卵要早孵化。剛一出生，小小的幼蟲就開始使對手的卵乾枯。牠占據了高處，遠離著蜜。消滅工作是非常迅速的。我們看到壁蜂的卵開始有了麻煩，牠失去了光彩，變得鬆軟而皺縮。二十四小時內，牠就只剩下個空殼，一張皺皮。此時一切競爭都排除了，寄生蟲成了此處的主人。毀掉了卵的小幼蟲很活躍，牠探勘著一樣危險的東西，必須盡快擺脫；牠抬起頭選擇並增加攻擊點；現在，牠豎躺在蜜的表面，不再移動；隨著消化管道呈波浪狀的起伏，牠吃掉壁蜂儲存起來的糧食。兩個星期之內，食物便吃光了，而蛹室也織了起來。它是

一個相當堅實的卵球形，像樹脂一樣呈深褐色，這種特徵使人能很快的將它與壁蜂灰白的圓柱體蛹室區別開來。這種蛹的羽化期是在四、五月。謎終於解開了，壁蜂的寄生蟲是寡毛土蜂。

寡毛土蜂（放大1½倍）

　　然而，這個所謂的膜翅目昆蟲應該歸於哪一類呢？牠實際上是真正的寄生蟲，也就是說以他人的食物為生的消費者。牠的外觀和結構使牠成為臍蜂的近鄰，即使是對昆蟲學沒有什麼研究的人來看也是如此。此外，對於特徵的比較如此謹慎的分類學者，也都同意把寡毛土蜂放到土蜂後面、雙刺蟻蜂的前面。土蜂以獵物為食，雙刺蟻蜂也是。而壁蜂的寄生蟲，如果真的是從一個多變化的祖先衍生出來，那源頭該是個食肉者，而牠現在卻是個食蜜者。狼變成了羊，牠成了嗜吃甜食的蟲子。從橡樹的橡實裡不會長出蘋果樹來，富蘭克林①曾經這樣說過。在這裡，對甜食的興趣卻是從對肉的喜愛演化而來的。如此錯誤論斷的理論，應該找不到一個能支撐的平衡點。

　　如果我願意繼續說出我的懷疑，我可以寫出一本書來，現

---

① 富蘭克林：1706～1790年，美國十八世紀名列華盛頓後的最著名人物，參與起草獨立宣言。——譯注

在先說這麼多吧。人這個永不知足的提問者，將追根就底的習性代代相傳了下來，答案接踵而至，今天說是眞的，明天說是假的，而愛西絲神②始終蒙著面紗。

② 愛西絲神：古埃及主要女神之一，主司眾生之事，也是喪儀主神，能治病，能起死回生。——譯注

第七章
石蜂的苦難

在對高牆石蜂的詳盡介紹中，一直把牠看成是強占別人財產的剝削者，以及掠奪工作者遺產的強盜，因此我很難正視高牆石蜂的苦難。在卵石上築巢的石蜂完全稱得上是辛勤的工作者。一整個五月，我們都會看到幾支黑壓壓的隊伍，在驕陽下，用牙齒挖掘附近道路上的砂漿。牠們充滿熱情，即使行人的腳步也不能使牠們離開。因如此專注於採集水泥，不止一隻會被踩死。

那些最硬最乾的地方，還保持著修路工用笨重滾筒壓過的密實度，這是上選的礦脈；要聚積成泥球因此也比較費力，必須一點一點地把沙土弄下來。刮下來的碎屑就地用唾液攪拌成砂漿，然後石蜂帶著充足的原料離開。牠充滿激情，沿著筆直的路，朝幾百步遠的卵石飛去。新鮮的砂漿很快就被用掉了，

不是爲了搭起一個外形像圓塔一樣的建築，就是爲了在牆壁中嵌進礫石，抹上水泥加以黏合，這會使整個建築更加堅固。於是尋找水泥的旅程又開始，直到建築達到要求的高度。在此之前，牠一刻都不休息，上百次地回到開採工地，始終去同一個地點，那個牠認爲質量最佳的地方。

現在要儲存糧食了，蜜和花粉。如果附近有開著花的鸕食草，那片玫瑰色的花海，便是石蜂最喜歡的採蜜地點，牠每次去那裡都要越過半公里長的路途。嗉囊裡的蜜滿得溢了出來，腹部也全沾著花粉。回到蜂房之後，牠慢慢地把巢內裝滿，然後馬上回到採集的地點。整整一天，牠也不顯得疲倦，只要有足夠的陽光，同樣的活動就繼續進行下去。天色一晚，如果蜂房尚未封閉起來，蜜蜂便躲進去過夜。牠低著頭，腹部的尾端還露在外面，這種習慣是棚簷石蜂所沒有的。高牆石蜂的休息是一種近似於工作的休息，牠這樣的姿勢是爲了堵住儲蜜倉庫的入口，防止黃昏或者夜晚時，有強盜搶劫牠的財寶。

爲了約略估計石蜂建一個蜂房和儲糧，總共飛了多少距離。我先計算從蜂巢到開採砂漿工地的路程，再算出蜂巢到鸕食草田的距離。我還以極大的耐心，先記下一個方向的旅程次數，再記另一個方向，然後把已完成的工作與留待要做的部分相比，補全所有數據。我這樣計算出的整個往返路程爲十五公

里。當然，我說出的這個數字只是個粗略的大概，要得到更確切的數字，需要我自覺力有未逮的勤奮。

這個距離可能在大多數情況下都比實際情況來得少，它只是用來確定我們對石蜂工作的看法。整個蜂巢共計約有十五個蜂房。此外，整個居所最後還要抹上一層厚達一指寬的水泥。這道防禦工事比工程的其他部分粗糙，但花費的材料更多，大約需要整個工程一半的材料；以致於為了建好這個圓頂，卵石上的築巢者在高原上要來回跑四百公里，這差不多是法國最南端到最北端的一半距離。也許正是這個原因，蜜蜂在精疲力竭之後，找一個隱蔽處獨自休息，然後死去。勇者可能心裡在想：「我工作了，我盡了我的職責。」

是的，石蜂的確是累了。為了家人的未來，牠毫無保留地耗盡了牠的生命，牠那只有五、六個星期的生命。現在牠心滿意足地死去，因為在牠親愛的家中，一切都上了軌道：充足精選的存糧，阻擋冬天風雪的庇護所，防止敵人入侵的城牆。一切都上了軌道，至少在牠看來是如此。

但是，唉，可憐的母親犯了多大的錯誤啊！命運是那麼的殘酷，可惡的命運毀掉了工作者，養活了不勞而獲者；愚蠢粗暴的法則使得工作者的辛苦是為了懶惰者的成功。我們做了些

什麼，我們和動物，要在上天這種無情的漠視中，被悲慘的命運碾得粉碎！啊，如果任憑自己悲觀的思想恣意馳騁，石蜂的不幸就會給我帶來這個可怕而悲慘的問題！還是讓我們遠離沒有答案的提問，只做個簡簡單單的自然史學家吧。

使溫和勤奮的石蜂遭受損失的傢伙，共有十來種，我不是全都認得。每種強盜都很狡猾，都有自己損人利己的辦法和掃蕩的戰術，使得石蜂的任何工作都逃脫不了被毀滅的命運。有的奪取糧食，有的偷吃幼蟲，還有的強占房屋。什麼都被侵犯：居所，存糧，剛剛才開始進食的小幼蟲。

偷糧食的有臍蜂和束帶雙齒蜂。前面我已經說過，石蜂不在時，臍蜂是如何鑽探蜂巢的圓頂，然後一個蜂房接一個蜂房地產下自己的卵；此後，牠又是如何用紅土製成的砂漿來修補缺口，讓人很快就能認出寄生蟲存在的痕跡。臍蜂比石蜂的體型要小得多，一個蜂房裡的食物，就足夠養育牠的幾隻幼蟲。臍蜂母親在一個還沒有受到任何侵擾的石蜂卵旁，產下一堆卵，我看到的數目在二至十二之間。

一開始情況還沒這麼糟。客人沈浸（這只是個用詞）在富裕之中；牠們就像親兄弟一樣地進食、消化。接下來，主人孩子的日子就不那麼好過了；食物在減少，最後變得稀少乃至消

失，而石蜂的幼蟲至多只長了四分之一。其他那些傢伙在餐桌
上的動作極快，牠們在主人發育到正常大小之前便已吃光了食
物。被搶劫的蟲子因斷糧而死去，而臍蜂幼蟲吃飽了之後，便
開始織造蛹室。褐色的蛹室，小小的，挺結實的。為了充分利
用擁擠居室中的狹小空間，蛹室一個緊貼著一個，連成一團。
如果稍後我們再看看蜂房，就會發現在隔牆和蛹室之間，有一
個乾枯的小屍體，這便是被石蜂媽媽悉心照料的幼蟲。那樣辛
勤工作的結果就是這種悲慘的結局。而且，當我發現蜂房原來
既是育兒的搖籃又是墳墓時，卻常常看不到小蟲子的屍體。我
想像臍蜂在產下自己的卵之前，已經毀掉石蜂的卵，把牠吃
了，就像壁蜂那樣；我還想像垂死的小蟲子，也許對織造蛹室
者在這麼狹窄的斗室中工作有所妨礙，便被劈得粉碎，讓位給
蛹室。已經有了這麼多黑暗的事實，我不想不小心再加上另一
件，我寧願接受小蟲子是被餓死的，只是沒有被我發現。

現在再讓我們說說束帶雙齒蜂的事蹟吧。這是一個冒失的
造訪者，牠大膽地挖掘棚簷石蜂的蜂城和卵石石蜂的圓頂。無
數的居民來來去去，嗡嗡作響，也不會把牠嚇倒。在我家門廊
牆上懸著的瓦片上，我看到了牠。牠身著紅色的披肩，躊躇滿
志地在蜂巢的圓形突起部分走來走去。牠的陰險計畫並沒有引
起蜂群的注意，沒有一個工作者去趕走牠，只要牠不是靠得太
近，讓牠們覺得煩。被牠撞到的工作者，頂多只表現出些許的

束帶雙齒蜂（放大1½倍）

不耐煩。沒有激動不安，沒有遇到死敵時會有的那種激烈追捕。牠們上千隻地在那裡，全副武裝，但沒有一隻去迎擊惡人，沒有一隻去抓強盜，彷彿毫無危險可言。

強盜參觀工地，在石蜂群中穿梭，等待時機。只要屋主一不在，我就會看到牠鑽進一個蜂房，一會兒功夫再出來嘴上已沾滿了花粉。牠剛剛品嚐了食物。牠精明老練地從一個倉庫到另一個倉庫，徵收一口一口的蜜。這是為了養活牠自己而收的什一稅[①]，還是為將來的幼蟲做的儲備？我不敢確定。我發現牠總是在品嚐過一定次數之後，在一個居所裡駐紮下來，腹部朝裡，頭朝開口。除非我弄錯了，否則這該是產卵的時刻。

寄生蟲走了以後，我參觀了住宅。我在食物的表面沒有發現任何不正常的東西。屋主回來之後，儘管牠的眼力非常敏銳，也沒有看到什麼。牠繼續存著糧食，沒有表現出絲毫的憂慮。如果糧食上有其他的卵，是逃不過牠的眼睛的。我知道石蜂儲糧時必須保持極端的清潔；我曾經將一個小小的其他蟲子的卵，用稻草包裹，放進蜂房，結果被牠一絲不苟地扔了出

---

① 什一稅：歐洲基督教會向居民徵收的一種宗教捐稅，現已廢除。──編注

來。因此，透過我的見證，以及更具說服力的石蜂的見證，證
明束帶雙齒蜂的卵如果產了下來，也沒有產在糧食的表面。

我懷疑，但沒有確認（我要譴責自己的不負責任），我懷
疑卵是埋在花粉堆裡。當我看到束帶雙齒蜂從蜂房裡出來，嘴
上沾滿黃粉時，牠也許才探詢過地點的狀況，並為牠的卵準備
好一個小小的藏身處；我起初以為牠只是偷食，但這可能才是
更重要的行為。卵就這樣被隱藏起來，躲過了石蜂敏銳視力的
偵查；因為卵如果露在外面，無疑是要死掉的，很快就會被屋
主扔到路上。當寡毛土蜂在刺莓上的壁蜂的卵上產卵時，牠是
偷偷摸摸進行的，在一口深井的黑暗處，連一丁點的陽光都照
不進去。壁蜂母親帶著牠的綠色黏合劑建外殼擋板時，是看不
到闖入者的後代，也意識不到危險的，但這裡卻是在光天化日
之下進行的，因此需要較為高明的安家方式。

此外，對於束帶雙齒蜂來說，這是唯一的好機會。如果等
到石蜂產卵的時候，那就太遲了；寄生蟲還不知道如何像臍蜂
那樣破門而入。卵一產下來，棚簷石蜂便走出居所，回來時大
顎攜帶著堅硬的砂漿，要把大門封起來。一次就做到了完全封
閉，因為材料的運用很有條理。此後，旅行時帶回來的其他材
料，都只是用來增加封蓋的厚度。抹刀抹的第一下起，束帶雙
齒蜂就無法進入房間了。因此，牠必須在棚簷石蜂產卵之前，

產下自己的卵，而且必須將卵隱藏起來，不讓石蜂有所警覺。

　　在卵石石蜂的蜂巢裡，困難沒有這麼大。卵被產下後，牠會有一段時間無法顧及，牠得去找封閉房門所需的水泥。就算牠的大顎裡已經有了一些材料，也不夠把門完全封閉起來，因為入口實在太寬了。因此，還需要其他的材料，才能將入口完全封閉。當石蜂母親不在的時候，束帶雙齒蜂便有時間做壞事。但一切似乎都表明，牠在卵石上和在瓦片上一樣，也是事先把卵產藏在食物裡面。

　　那麼，和束帶雙齒蜂關在一間蜂房裡的石蜂卵會變成什麼樣子呢？我在任何時候把蜂巢打開都沒有用，始終沒有發現什麼痕跡，無論是石蜂的卵，還是任何一隻石蜂幼蟲。無論是在蜜上或蛹室裡的幼蟲，還是成蟲，都只有一隻束帶雙齒蜂。牠的競爭者消失得沒留下任何蛛絲馬跡。於是，一個猜測出現了，這個猜測幾乎可以確信，因為事實使然。更早一些孵化的寄生蟲幼蟲，從牠藏身的蜜裡出來，用牙齒咬石蜂的卵，就像寡毛土蜂咬壁蜂的卵一樣。方法雖然毒辣，但效率很高。我們不必贅述這些新生兒殘酷的行為，我們此後還要遇上更殘酷的事。生活中的掠奪充滿著許多暴行，我們不敢追問過多。一個微不足道的小生命，一個剛好我們肉眼可見的小蟲子，在乳臭未乾的時候，就藉由本能知道該消滅打擾牠的東西。

　　石蜂的卵於是被消滅了。對於束帶雙齒蜂來說，這是必須的嗎？絕對不是。在棚簷石蜂的蜂房裡，食物絕對充足，在卵石石蜂的蜂房裡毫無疑問也是如此。牠差不多只需吃三分之一，或者一半，剩餘的糧食就放在那裡，毫無用處。除毀掉石蜂卵之外，因為浪費了糧食，束帶雙齒蜂又多了一條罪狀。若是缺乏食物，相互殘殺尚可以原諒，因為飢餓可以作為一切的藉口，但這裡的食物大大超過所需要的。既然食物已經過多，那麼束帶雙齒蜂毀掉對手的卵是出於什麼動機呢？牠為什麼不讓牠的同室者利用剩下的食物，擺脫困境呢？不，石蜂的後代始終會愚蠢地死於那些無用、發黴的食物的！如果我任憑自己順著寄生理論的斜坡滑下去，就可能變成另一個叔本華，說出一些陰鬱的胡言亂語來。

　　這便是兩類卵石石蜂寄生蟲的概述。這兩種傢伙是真正的寄生蟲，或者說以別人儲藏的食物為生的消費者。然而，牠們的惡行還並不足以給石蜂帶來最大的苦難。雖然一個吃牠的幼蟲，另一個使幼蟲在卵中便死去，但還有其他的傢伙給工作者一家帶來更悲慘結局的呢！當食物吃光以後，胖得活像個球似的石蜂幼蟲織完蛹室，在蛹室裡像昏死一般睡上一覺，為未來的生活做準備。這時，那些惡棍便跑到巢裡來，蜂巢的防禦工事在牠們精巧的戰術下，根本算不了什麼。很快地，在昏睡者的身旁，出現了一隻剛剛出生的小蟲，牠安全無虞地吃著那多

汁的食物。這些攻擊沈睡者的惡棍，總共有三類：卵蜂虻、褶翅小蜂，還有一個小小的佩劍蜂。牠們的故事我將在以後講述，此處只是順便提到這三種殲滅者。

食物被強占，卵被毀掉，剛出生的幼蟲餓死了，幼蟲被吞食了。結束了嗎？還沒有。工作者應該被徹底利用，無論是牠築的巢或是牠的家人都一樣。這些強盜現在開始覬覦居所了。

當石蜂在卵石上建一個新家的時候，牠會讓那些隨處安家的傢伙離得遠遠的；牠的力量和警覺性，讓那些想把牠的建築占為己有的傢伙畏懼。如果有些膽大者在屋主不在的時候來參觀，牠會馬上出現，並很不友善地把牠們趕走。因此在房屋是新建的情況下，屋主不必害怕什麼。然而，卵石上的蜜蜂也會利用舊的巢穴產卵，只要它還不是破爛不堪。當工程開始時，鄰居之間相互爭奪，從牠們的拼勁也能看出其後的代價。牠們面對著面，有時大顎相互糾結，一起騰在半空中，再一起落下來，然後著陸，在地上翻來滾去，再重新飛起。整整幾個小時，牠們為了留下來的房產展開大戰。

一個現成的巢，只要整修一下就能用的遺產，對於石蜂來說是非常珍貴、非常重要的。我懷疑，因為現成的住宅常常被整修，並住上新的居民，石蜂不到老巢缺少時是不會建新屋

的。因此，窠屋裡的蜂房遭到外人占據，對牠們來說就是嚴重的剝奪。

此外，有好幾種膜翅目昆蟲，勞累地採蜜，豎立隔牆，製造食物，卻不太會為自己準備一間斗室。對於石蜂來說，老房子由於門廳寬敞，而成為牠們最佳的住宅。牠要做的事就是搶先占據這些房子，因為第一個占據，就具有法律的效力。一旦安了家，石蜂就不許人家來打擾牠；同樣，牠也不會去打擾搶先一步占據老房子的外人。被剝奪繼承權的蜜蜂會讓破房子中的波西米亞主人耳根清靜，而到另一個卵石上建一個新家。

斑點切葉蜂
（放大1½倍）

在不勞而獲的房客當中，我要提到一種壁蜂──青壁蜂和一種切葉蜂──斑點切葉蜂。牠們和石蜂一樣在五月工作，兩種蜂都小到可以在石蜂的一個蜂房裡，築上五到八個蜂房。

壁蜂把這個空間分成一些非常不規則的小間，根據地方的需要，用斜的、平的或彎的隔牆相互隔開。因此，建這些小居所是不需要什麼藝術的，建築師的唯一工作就是精打細算地利用現有資源。隔牆的材料是一種綠色的黏著劑，從天然植物提煉出來的，壁蜂嚼一種植物的葉片就可以得到它。同樣的綠漿

也用來做封閉整個蜂巢的厚塞子，但是在這個部分，昆蟲並非單純只用綠漿。為了使房子更加堅固，牠將許多礫石顆粒摻入植物做的水泥裡。這些材料很容易就可以採集得到，母親因為擔心房屋的入口不夠牢固，而盡量地加以使用。在石蜂相當光滑的圓頂上，牠們建了一層礫石的簷角，粗糙的突起和嚼碎葉片後提煉出來的綠色砂漿，讓人很快就能認出是壁蜂的傑作。隨後，因為空氣的作用，綠色的黏著劑變成了褐色，就像枯葉的顏色，特別是在塞子的外部；這樣就很難辨認出它起初建好時的原始狀態了。

其他一些壁蜂似乎也喜歡卵石的老巢。我的記錄中有摩拉維茨壁蜂和藍壁蜂，牠們也是住在同樣的房子裡，而不是勤勞的房客。

在石蜂穹屋裡選擇住家的強盜中，我認識的還有斑點切葉蜂，牠在每個蜂房裡，都堆上半打甚至更多的蜜罐，罐子是用一些野薔薇葉片繞成的圓墊做成的；還有一種黃斑蜂，我不知道牠的種類，只看到牠有一些用白棉絮製成的袋子。

拉特雷依壁蜂
（放大1½倍）

棚簷石蜂為兩種壁蜂提供免費住宅，牠們是三叉壁蜂和拉特雷依壁

蜂，這兩種蜂常常形影不離。三叉壁蜂喜歡去群居的蜂窩處，比如棚簷石蜂和毛腳條蜂的窩。拉特雷依壁蜂差不多總是在石蜂的蜂巢裡與牠相伴。

　　蜂城真正的建造者和剝削他人的傢伙一起工作，一起形成蜂群，和諧地生活在一起。兩種蜜蜂都和平地、自顧自地工作，就像有一種默契，兩種蜂各有各的本份。壁蜂真的謹慎而沒有濫用石蜂的寬厚，只利用那些被遺棄的走道和蜂房？還是確實強占了那些真正的屋主也會使用的居所呢？我傾向於強占，因為棚簷石蜂清掃舊的蜂房，就像牠在卵石上的同類那樣去利用它——這樣的景象並不少見。無論如何，這個小小的世界裡沒有爭吵；一些建新房子，一些修老房子。

　　相反地，卵石石蜂的房客——各種壁蜂們，只占據了牠們要開墾利用的圓頂，但屋主不善交際的脾氣造成了疏遠。看到舊巢被別人侵占，這個舊巢便不再適合牠了。牠寧願在別處尋找一個可以獨自工作的居所，而不願將一個家一分為二。為了別人，牠自願放棄一個好的房屋，沒有對入侵者表示任何反抗。這表明壁蜂在牠們利用的對象身上，享有極高的豁免權。棚簷石蜂和兩種房屋租賃者之間形成了和平共處的蜂群，顯示了一種更為正式的豁免權。從來不想征服不屬於自己的東西，也不保衛屬於自己的，壁蜂和石蜂之間永不爭鬥。小偷和被偷

者以最好的鄰居關係生活在一起。壁蜂就像在自己的家中一樣，而另一位也不會去威脅牠。如果可怕的寄生蟲混雜在工作者當中，而不引起任何不安，那麼，對失去以前的房屋，石蜂就應該同樣冷漠。如果要我調解財產被徵用者的這種不安，和支配這個世界的無情競爭，我會很爲難。但壁蜂生來就是住在石蜂的家裡，牠受到的就是和平的歡迎。我狹窄的視線看不到更遠的地方。

我說了那些搶劫糧食和幼蟲的傢伙，還有那些破壞住宅向石蜂徵稅的傢伙；就只有這樣子了嗎？完全不是。舊巢是墳墓。那裡有一些蜜蜂，變成成蟲後，不能穿透水泥打開出口，只有在蜂房內乾死；還有死掉的幼蟲，變成黑色易碎的圓柱體；未碰過的糧食堆積如初，不論新鮮還是發黴，在上面的卵情況都只會變糟；還有蛹殼的碎片，一些殘蛻，是蟲子變態後留下的遺跡。

如果我們把棚簷石蜂的巢從瓦片上拿下來，有些蜂巢厚達兩公分，在薄薄的外層上沒有發現活的生命。留下來的是上幾輩的墳墓，都是一些可怕的無生命體的堆積，乾枯、毀壞、腐敗。在這個古城的地下室裡，有一些沒有解放的蜜蜂，一些還沒有變態的幼蟲，過去的蜜已經變酸，未吃過的食物已經成了腐質。

那些吃死屍的傢伙，三種鞘翅目昆蟲——喇叭蟲、蛛蚺、圓皮蠹吃這些殘留物。圓皮蠹和蛛蚺的幼蟲吃屍首；喇叭蟲那黑頭玫瑰色身體的幼蟲，則穿透這些過期的蜜罐頭。喇叭蟲的成蟲穿著藍邊鮮紅色的衣服，在石蜂的工作季節就常到這些土質蛋糕上來，並慢慢地在工地裡晃來晃去，舔一點從罐頭裡滲出來的蜜。儘管牠衣著耀眼，並且和工作者土灰的模樣不協調，石蜂也順其自然，彷彿牠們是維持衛生的下水道工人。

小圓皮蠹（放大6倍）

隨著時間的侵襲，石蜂的大宅最後成了廢墟。經歷風吹雨打，卵石上的穹屋剝落破碎，修復它的代價太大，而且無法達到起初的那種牢固。有屋頂掩蔽的保護得好一些，但棚簷裡的蜂城還是會破裂。一代代往上加疊的樓層，使建築物的重量和厚度以令人擔憂的比例遞增。瓦片的濕氣滲入了最老的那一層，根基開始遭到破壞，而且對下一次的修補構成威脅。到了永遠捨棄這座破房屋的時候了。

於是，在坍塌而無法擋風避雨的房屋裡，無論是在卵石上還是在瓦片上，都會有一群波西米亞族②匍匐前來。在那些變成斷壁殘垣、不成形的破房子裡，都會有一群占領者，因為哪怕只有一絲希望，石蜂工作的成果都應該被極盡可能地利用。

在老蜂房殘跡的死巷裡，一些蜘蛛織著白緞的頂篷，在頂篷後牠們監視著過往的獵物。在牠們用土製填方或黏土隔牆加固的角落裡，有一些小的得利者吃小蜘蛛，如蛛蜂、短翅泥蜂；有時還會有織毯蜂，牠們也是廢墟裡的房客。

我還沒有說灌木石蜂。我的沈默並非代表忘卻，而是缺少有關牠的寄生蟲的事實。爲了認識裡面的居民，我打開了許多蜂巢。到現在爲止，只有一個被外族侵犯。這個蜂巢和核桃差不多厚，固定在一棵石榴樹的樹枝上。裡面有八間居室，七間居住著石蜂，第八間被一個稱得上是蜂群禍害的小蜂占據著。除了這個並不重要的狀況，我沒有再看到任何能引起注意的東西。這些輕飄飄的、搖曳在枝頭頂端的蜂巢裡，沒有束帶雙齒蜂，沒有臍蜂、卵蜂虻、褶翅小蜂等其他兩種石蜂的可怕破壞者，也從來沒有壁蜂、切葉蜂、黃斑蜂這些老房子的房客們。

缺少後者很容易解釋，灌木石蜂的建築因爲根基不牢，無法長久。當樹葉凋落，冬天的寒風會輕易弄斷樹枝，那時它就像一根稻草一樣，由於負重太多而非常脆弱。就算還沒掉落在地上，爲了避免危險，去年的住宅也不會翻新給下一代用，同

---

② 波西米亞是捷克與斯洛伐克，歷史上稱波西米亞王國，大部份是高原西部的歷史地區。波希米亞族常用來借指流浪民族。——譯注

一個巢不會使用兩次。這樣，利用老蜂房的壁蜂和牠的同類便被排除了。

　　這一點澄清後，第二點也不會模糊不清了。只要蜂房設備齊全，我找不到任何理由來解釋，為什麼食物搶奪者和吃幼蟲的傢伙們不會來這裡。但是，樹枝的搖曳不定，使得束帶雙齒蜂和其他作惡者對空中建築不屑一顧！由於沒有更好的解釋，我只能這麼說。

　　如果我的想像不是天馬行空，就必須承認灌木石蜂把巢建在空中是很獨特的。請看，另外兩種蜂是多麼可憐地成了別人的犧牲品。如果我統計一下一片瓦上的蜂群數目，常常會發現束帶雙齒蜂和石蜂幾乎一樣多。寄生蟲把居民的一半都消滅了。為了完成掃蕩，常常還有一些吃幼蟲的傢伙──褶翅小蜂和牠的同類俾格米小蜂，殺戮了另一半的蜂民。我還時常看到變形卵蜂虻從棚簷石蜂的巢裡出來；牠的幼蟲襲擊石蜂的房客──三叉壁蜂。

　　雖然在石頭上很孤單，但似乎可以讓一些妨礙本族繁榮的禍害走開，不過卵石石蜂並未少受磨難。我的記錄上這種例子不勝枚舉：一個圓頂蜂巢裡的九個蜂房，三個被卵蜂虻侵吞，兩個被褶翅小蜂劫掠，兩個被臍蜂搶奪，一個被小蜂強占，第

九個才是石蜂的。彷彿四個壞蛋協力進行大屠殺似的，整個石
蜂家庭都消失了，只有位於蜂城中央的那個年輕母親逃過此
劫。在從卵石上取下的蜂巢中，我曾經發現，所有的巢都被其
他作惡多端的蜂侵占，常常是好幾種蜂一起作惡。一個絲毫未
損的蜂巢，我幾乎不曾發現過。在這些可悲的資料後面，我的
腦海裡縈繞著一個悲觀的想法：一些人的財富是建立在另一些
人的貧困上。

第八章

卵蜂虻

　　我認識卵蜂虻是在一八五五年。那時我在卡爾龐特哈，蕪
菁的故事使我正探尋著條蜂喜愛的高坡。卵蜂虻的蛹很獨特，
牠們強壯得可以為毫無力氣的成蟲打開一道出口。這些蛹前面
有複雜的犁頭，後面有三齒叉，背上還吊著幾排鐵鉤，能夠切
開壁蜂的蛹室，穿透坡上堅硬的地表，在在讓我感到這是一處
值得開採的礦脈。我當時對其語焉不詳，現在則有重新提起的
迫切需要；對於這個奇怪的雙翅目昆蟲，似乎得用一整章來詳
盡說明。由於生活上總是舉步維艱，我那珍貴的研究很可惜地
亦為之中斷。三十年過去了，我終於有了一點空閒，可以在我
的村舍，帶著一種未老的熱情，重新開始過去的計畫，就像灰
燼下面復燃的炭一樣。卵蜂虻對我說了牠的秘密，現在我想將
之公諸於眾。我多想告訴在這條路上鼓勵過我的所有人，特別
是隆德那些可敬的師長們！但是他們已駕鶴西去，許多人先走

了一步；遲到的學生只能在懷念故人的同時，描述這個身著喪服的昆蟲的故事。

　　七月，我猛烈地敲動卵石兩側，讓高牆石蜂的巢與它們的支撐物分開。隨著震動，穹頂屋整個從卵石上鬆脫下來。一個非常有利的條件是：在巢的底部，蜂房毫無掩蔽地敞開著，因爲這裡的隔牆就是石頭表面。不需藉助侵蝕的作用──那種方式對操作者而言很費力，對穹頂屋內的居民也很危險，所有蜂房就這樣盡收眼底。蜂房裡有一個個絲質的蛹室，琥珀色，小小的，半透明，就像一層洋蔥皮。我用剪刀剖開精細的外殼，一個蜂房又一個蜂房，一個巢又一個巢。只要運氣不錯，加上和往常一樣的耐心，我們終會發現一些寄宿了兩種幼蟲的蛹室，一隻多少已經乾枯，另一隻鮮活渾圓。我們還發現，這樣的情況也很常見：在一隻乾枯的幼蟲身旁，圍著一家子小蟲，焦慮地活動著。

　　從第一次觀察開始，我就發現了蛹室下的這幕悲劇。乾枯無力的幼蟲是石蜂的幼蟲。自六月起，吃完了蜜，牠便織起絲袋。在完成變態前那段昏沈不醒的準備階段，牠就在這絲袋內昏睡。胖胖的牠對於攻擊者來說，形同一個沒有設防的肉球。於是，在這隱蔽的斗室裡，儘管砂漿圍牆和沒有開口的帳篷形成了重重障礙，看似難以逾越，但還是出現了一些食肉幼蟲，

打算拿沈睡者飽餐一頓。這些食肉者有三種，常常分布在同一
個巢裡，相互毗連的蜂房內。牠們外形上的不同告訴我們，敵
人有許多個，最後的演變則讓我們知道這三種入侵者的名字和
特性。因為當中的來龍去脈將來會有更清楚的說明，讓我先陳
述事實，然後立即導向結論。當幼蟲殺手單獨在石蜂身旁時，
要不是三面卵蜂虻，就是巨型褶翅小蜂。但如果是一大群小
蟲，通常二十幾隻甚至更多，擠在犧牲者四周，那我們看到的
就是小蜂科家族。每種入侵者都有自己的故事，讓我們從卵蜂
虻開始說吧。

　　首先，牠的幼蟲吃完了犧牲者，便獨占了石蜂的蛹室。這
是一隻全身沒有被毛的蟲子，光滑、無足、無目、灰白色、奶
油狀，分節處渾圓，休息時身體彎曲得很厲害，但奔跑起來很
快就拉直了。用放大鏡
能透過半透明的表皮看
出脂肪層，因為脂肪層
的顏色很特別。在牠更
小、只有幾公釐時，身
上具有不透明、奶油狀
的白斑，還有一些半透

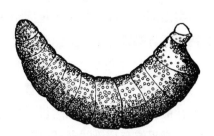

三面卵蜂虻的二齡幼蟲

明、略呈琥珀色的斑點。前者是發育時便有的脂肪堆，後者則
是提供養分的體液或血流經脂肪堆時所形成的。

把頭包括在內，我計算出牠有十三個體節，在身體中間部位，節與節間以一道精細的溝爲界，分隔得很清楚，但在前端部分，計數變得困難重重。頭很小，像其他部位一樣柔軟，即使用放大鏡看，也看不出口腔內有什麼。它是一個白色的球體，大小像一根大頭針的頭，後方連接著稍寬一點的贅肉，分開兩者的溝不太明顯。它們整個形成了一個上方微突的突起，因爲兩段之間難以清楚地區隔，一開始會讓人把這整個都當成幼蟲的頭，實際上則是同時包含了頭和前胸。

中胸的直徑要長出兩、三倍，它前端扁平，一道以短而窄的孔穴構成的深裂，將它與胸頭突起分開。在它的前面，有兩個灰褐色的氣孔開口，彼此靠得很近。後胸的直徑又更長一點，且向上隆起。經過這些變化不大的過渡後，出現了一個高聳的突出部分，坡度很大。包括頭在內的那個突起，就嵌在這個突出部分的底部。

後胸以下，呈規則的圓柱體，但是最後兩、三節的寬度漸減。在最後兩節的分隔線附近，我費力地辨認出兩個非常小、且顏色幾乎沒有變深的氣孔斑點。它們屬於最後一個體節。整個身體有四個呼吸孔，兩個在前，兩個在後，雙翅目昆蟲都是如此。幼蟲發育完成後的體長是十五至二十公釐，身寬五至六公釐。

卵蜂虻幼蟲的胸部突起和頭部窄小已經很奇怪了，牠的進食方式更是與眾不同。我們首先要注意，牠沒有任何行走工具，甚至最原始的都沒有；蟲子應該是絕對移動不了的。如果我驚擾了牠的休息，牠便藉由身體的收縮，時而彎曲，時而伸直，牠在原地動得很起勁，但無法前進。牠扭來扭去卻一點都走不動。以後我們會看到這種毫無活動力，會導致什麼樣的大問題。

目前，有一件最出乎意料的事引起了我的注意，那就是卵蜂虻的幼蟲離開並再次進食石蜂幼蟲的速度極為敏捷。食肉幼蟲的用餐情形，我看過成千上百次，現在突然發現了一種進食方式，與我先前所知的毫無關聯。我感到自己處在一個往昔經歷已經無效的世界裡。回想一下，一隻以獵物為生的幼蟲究竟如何進食，例如砂泥蜂的幼蟲如何吃毛毛蟲：在犧牲者的體側開著一個洞，幼蟲的頭、頸從傷口處深深地扎入，以便在內臟中盡力尋覓。牠從來不會從吃著的肚子中抽身離開，從來不會中斷進食、稍事休息。進食的蟲子始終向前，咀嚼，吞噬，消化，直到毛毛蟲只剩下一張枯皮。從一個點開始進食後，只要食物還有，牠就不會挪動。為了讓牠的頭從傷口處伸出來，用稻草搔牠都不一定有用，必須使用暴力。被用力拔出來拋棄在一邊後，蟲子躊躇許久，伸長身體用嘴摸索，卻不試圖再開另一道切口。牠必須找到剛剛放棄的那個進攻點。如果找到了，

牠便鑽進去重新進食;但此後的養育便大受影響,因為現在進食的點可能是其他不恰當的地方,因此獵物開始腐爛。

　　然而,卵蜂虻的幼蟲根本不會剖腹取食,也不會抱著一個傷口不放。只要我用畫筆尖端輕輕一撓牠,牠立即離開,而在停止進食的那一點上,即使我用放大鏡也找不出任何傷口、任何血跡,要是皮膚被穿透,應該總會留下些許痕跡。重新感到安全後,蟲子再度埋頭於要吃的獵物身上,無論是那一點,任意一點均可。我的好奇無法使牠迷惑,牠處變不驚,毫不用力,也沒有任何可以察覺的動作。我要是用畫筆搔另一處地方,牠還是一樣迅速地撤退,然後很快地再貼上去,動作一樣那麼敏捷。

　　這種進食、離開、再進食,如此方便,一會兒這裡,一會兒那裡,在犧牲者被耗乾的那一點上始終不留傷痕。這僅僅向我們說明,卵蜂虻的嘴裡沒有大顎鉤,來植入並撕裂皮膚。如果具有這種能割破皮肉的鑷子,那得試好幾下才能把它拉出來或者重新植入。此外,每次啃咬的點都會留下傷痕。然而,完全沒有這樣的情況;在放大鏡下謹慎地檢查,看到的皮膚都是完好無損的。蟲子將嘴貼在獵物身上或者抽出來時都很輕鬆,這只能解釋成一種單純的接觸。在這樣的情況下,卵蜂虻不像其他食肉幼蟲那樣咀嚼牠的食物;牠不是在吃,而是在吸吮。

　　這種進食方式需要一種特殊的口器，再繼續探討前要先弄清楚。在頭部圓形突起的中央，我用高倍放大鏡發現了一個琥珀般的紅褐色小點，僅此而已。為了進一步仔細觀察，我們要求教於顯微鏡了。我用剪刀剪下這塊神秘的小圓凸，用水滴洗淨，放在載物臺上。嘴呈現為一個圓形斑點，它那微不足道的大小和顏色，就像前面所述的氣孔。這是一個小小的錐形火山口，在琥珀般紅褐色的壁上，有規則的同心細紋。在這個漏斗深處是一根食管，前半截紅褐色，後面迅速擴大成錐體。我們看不到上顎鉤、下顎，或是可用來抓取或搗碎食物的口器，沒有它們一絲一毫的痕跡。一切都簡化成一個火山口形的開口，上面覆蓋著一層纖細的角質保護層，並以琥珀色和同心條紋勾勒出一些皺摺。要我找一種方式來稱呼這個我不曾見過的消化口，我只能想到吸盤這個詞。牠的攻擊就是一種簡單的接吻，但那是一種多麼惡毒的接吻啊！

　　我們了解身上的器官後，現在來看看工作的過程。為了方便觀察，我把卵蜂虻幼蟲和石蜂幼蟲從蜂房搬進了一個玻璃管，這樣我可以用許許多多的試管，從頭到尾地觀察所有細節，觀察這種我將要描述的用餐方式。

　　被吃的蟲子又圓又胖，在牠身上的任一點，小蟲子用牠的吸盤吸上去，隨時準備著有外物侵擾時，便立即中斷接吻，隨

時準備著一切恢復平靜後，再輕而易舉地重新進食。羔羊吃上奶便離不開了。嬰兒、奶媽貼在一起三、四天後，起初豐滿，表皮並有一層健康光彩的奶媽，開始變得乾癟，身體塌陷，皮膚皺縮，失去了新鮮的活力。身上的肉和血被當作奶來餵養小蟲子，使牠明顯憔悴。一個星期之後，耗乾變得極為迅速。奶媽鬆軟皺縮，就像一個軟綿綿的物體承擔不了自己的重量。如果我將牠挪動位置，牠會塌下來而變得扁平，如同一個半滿的羊皮袋攤了開來。但是卵蜂虻幼蟲的吻繼續掏空牠，牠很快就變成一張不斷縮小的乾肉皮，但吸盤還要吸取牠最後的油脂。十二至十五天後，石蜂幼蟲便只剩下白色的一小粒，和大頭針的頭差不多大小。

這個小粒狀物，是耗盡最後一滴的乾涸的羊皮袋，是被掏空了一切的奶媽的皮。我把枯瘦的遺體放入水中，然後用一根非常細長的玻璃管子，幫牠吹氣，使牠沈下去。皮膚攤開膨脹，回復為幼蟲的形狀，但沒有任何出氣的缺口。於是，牠變得完好無損，不會被鑽探了。如果氣體一跑掉，牠在水中就很快顯露出原形。因此，在卵蜂虻的吸盤下，油是透過薄膜滲出來的；奶媽身上的養分是透過滲透而被注入嬰兒的體內。對這種將嘴放在沒有乳頭的乳房上吸奶的方式，我們能說些什麼呢？這裡就有個可供比對的現象：無需出口，石蜂幼蟲的乳汁進入了卵蜂虻幼蟲的胃裡。

這是滲透嗎？難道不會是大氣壓力才使奶媽的體液滲入卵蜂虻火山口似的嘴中，就像章魚的吸盤那樣地吸乾？這一切都有可能，我要避免遽下結論，保留讓不熟悉這種奇特進食方式的人發言。在我看來，對於生理學來說，這是尚待研究的領域，體液的流體力學可以由此獲取新的資料；此外，這個領域還可以使其他相關領域得到豐富的收穫。時日苦短，我不得不光提出問題，而不去尋求解答。

第二個問題是這樣的。作為卵蜂虻食物的石蜂幼蟲沒有任何傷口。卵蜂虻母親是一種脆弱的雙翅目昆蟲，沒有任何可以進犯家族獵物的武器。此外，牠完全無法進入石蜂的城堡，一片絨毛是抵不過岩石的。卵蜂虻未來的奶媽不像狩獵性膜翅目昆蟲的食物那樣要用螫針來麻痺；牠既沒有被牙咬，也沒有被爪子抓，更沒有任何挫傷；牠根本沒有遭到什麼不測，仍然處在正常的狀態下。關於這一點沒有任何疑問。然後，嬰兒出現了，我們將在別處看到牠是怎麼來的；牠倏忽而至，在放大鏡下也幾乎看不出是怎麼回事；準備工作做完之後，牠便開始安家。牠這個小不點，來到龐大的奶媽身上，牠要將奶媽吃得只剩一張皮。而奶媽事先沒有被麻痺，生命機能一切正常，但也任憑牠為所欲為，讓自己乾枯，極端昏沈，無動於衷。牠那被侵犯的肌肉沒有顫動過一次，連一次反抗的顫抖都沒有。只有屍體才會對傷口如此地無所謂。

　　啊！這是因為小蟲子極為陰險地選擇了攻擊的時間。如果牠早一點來，當奶媽——石蜂幼蟲在吃蜜時，一切必定都對牠不利。感覺到自己被餓鬼親吻而流血時，被攻擊者就會扭動尾部，大顎亂剪，以示反抗。陣地守不住，入侵者也就一命嗚呼。但是現在一切危險都消失了。石蜂幼蟲關在牠的絲帳裡，在進行變態過程時會一直沈睡不醒。牠這樣並非死去，但也算不上活著。這是一種中間狀態，接近種子和卵所蘊藏的那種生命力。因此就食客而言，任何螫針的刺激，或是卵蜂虻的吸盤，都可以非常安全地進行，而不會使奶媽豐滿的乳房乾涸。

　　這種因為變態過程中的昏沈而導致的毫不抵抗，在我看來是必然的。由於從卵孵化出來的奶媽是如此虛弱，而母親自己對於犧牲者無力自衛的處境也愛莫能助。因此，沒有麻醉的幼蟲在蛹態期間遭到了襲擊。我們很快將看到其他的例子。

　　石蜂幼蟲動也不動一下，但仍然活著；奶油似的體色和皮膚的光彩是健康的標誌。真正死了的話，二十四小時不到，牠就會變成褐色，而且很快就流出腐液。然而，現在卻很奇妙。卵蜂虻幼蟲進食的十五天內，石蜂幼蟲奶油似的體色——這是死神沒有入侵的確切標記，仍然沒有變化；只有在最後，當牠不再剩下什麼的時候，才轉化為表示腐爛的褐色，而且褐色也不會總是存在。通常，皮肉鮮活的樣子會一直保存到最後只剩

下一塊皮的時候。這個皮團呈白色，不帶任何變質物質的骯髒，證明生命一直持續到身體削減為零。

我們現在看到一個動物移轉到另一個動物體內，從石蜂轉移到卵蜂虻。只要轉移不完全，只要犧牲者沒有完全轉移成進食者，毀壞了的身體都在和毀滅進行鬥爭。這是什麼樣的生命，就像燭火只在油耗盡時才熄滅一樣？只剩下一點物質作為生命的機能，一個動物如何能夠與腐敗的結局鬥爭？生命的力量在這裡不是消失於平衡遭到擾亂，而是消失於一切機制都不存在：幼蟲死去是因為牠在物質上已經一無所有了。

牠是像植物那樣，在碎片中存續著生命，難以散播生命嗎？根本不可能，蟲子是一種更精妙的有機體；不同部分之間緊密聯繫，一部分的死去必然帶來其他部分的滅亡。如果我自己給幼蟲劃一道傷口，使牠挫傷，牠的整個身體很快就會變成褐色並且腐爛。牠死去，腐爛，只因為一針；而牠只要沒有被卵蜂虻的吸盤完全掏空，就能繼續生存，多少保持著組織的鮮活。一個不起眼的東西能將牠殺死，一種殘忍的殺戮卻不會。不，我不明白，這個問題只有留待後人來回答。

我能夠看到的就是這些，因此能做的猜測也僅限於此，而且我只能極端謹慎地提出我的疑問。沈睡的幼蟲並沒有達到確

定的力平衡；牠就像一些爲建房子而堆積的原始材料，牠期待
著變成成蜂的過程。爲了加工這些構成未來昆蟲的礫石，空氣
這個生命體最初的作用者，透過一個氣管網路在其中流通。爲
了使氣管成爲有機體，爲了引導它們的分布，動物的原型──
神經器官，提供它們分支。神經和氣管，這是最基本的，其餘
都是進行變態的備用材料。儘管這些材料沒有被使用，儘管沒
有獲取最終的平衡，它們會逐漸減少；而生命儘管在凋零，但
仍繼續下去，只要呼吸和神經系統存在。這有點像燈，不論油
是滿還是枯，只要燈芯還浸在裡面就繼續提供光亮。在卵蜂虻
的吸盤下，透過沒有被穿透的幼蟲皮膚，只有液體滲出來，這
些都是儲存的可塑材料；而沒有從呼吸器官和神經器官出來任
何東西。兩種基本功能沒有受損，生命就能維持到直至完全耗
盡。相反地，要是我弄傷了幼蟲，就會給神經網或呼吸網帶來
麻煩，在受傷的那個地方，會出現病變，然後整個身體都會腐
爛掉。

　　關於吃花金龜幼蟲的土蜂，我已經強調過這種精妙的飲食
藝術：牠吃著獵物，但直到最後一口才將其殺死。卵蜂虻也和
牠的競爭者一樣，需要飯菜保持新鮮。牠需要吃新鮮的肉，牠
連續半個月從同一個犧牲者身上取出不會變質的食物。牠的進
食方法達到了藝術的最高境界；牠不吃犧牲者，牠透過吸盤的
滲透一點點地吸吮。這種方法把任何可能的危險都排除在外。

無論牠在哪一點吸，牠都可以放棄這一點，在另一點重新進食，不必擔心食物會腐爛。其他蜂類的犧牲者身上都有一個確切的位置，讓大顎可以啃咬深入。如果離開這一點，失去了正確的方向，就會出現困境。而牠這個幸運者，只要挑自己覺得好的地方進食即可；牠想離開就離開，想再進食就重新開始。

　　如果我沒有弄錯，我想我已經看到了這種特權的必要性。肉食性掘地蟲的卵牢牢地固著於犧牲者身上的某一點，這一點的位置隨著獵物特性的不同而有很大差異，但對於同一種獵物來說，這一點是固定的。此外，比較苛刻的條件是，卵的這個附著點總是在頭上。然而，食蜜蜂則相反，例如，壁蜂的卵就固定在蜜餅的尾端。剛剛孵化的新生兒不必自己冒險，去選擇那個不會導致食物迅速死亡的點；牠只需啃咬自己剛剛出生的地方就可以了。母親憑著本能，已經作了危險的選擇；牠將自己的卵附著在有利的地點，藉此告訴那些沒有經驗的小蟲子該如何進行下面的步驟。成蟲的技巧制定了幼蟲的進食規則。

　　對於卵蜂虻而言，情況則大不相同。卵沒有附著在糧食上面，甚至也沒有產在石蜂的蜂房裡。這是因為母親很虛弱，而且沒有任何鑽探或穿孔的工具，可以用來穿過砂漿圍牆。剛剛孵化的蟲子需要自己進入棲所。現在牠已經面對那碩大的食物——石蜂幼蟲了。牠行動自由，可以隨心所欲地攻擊獵物的任

意一點；或者更確切地說，牠的攻擊點全憑搜尋的嘴的第一次
接觸來決定。假設這張嘴裡有切碎的工具，上顎或者下顎；假
設雙翅目昆蟲有一種和其他食肉幼蟲相同的進食方法；新生兒
一下子就會陷入死亡的威脅。牠切開奶媽的腹部，沒有規則地
挖掘，不分主從地亂咬；遲早會使遭侵犯的蟲子腐爛，就像我
使牠受傷後的結果一樣。

　　沒有生下來就有的進攻點，幼蟲會死於變質的食物，牠的
自由行動會殺了牠。自由確實是高貴的特權，甚至對於一隻不
起眼的小蟲子也是如此，但也因此處處存在危險。卵蜂虻只有
戴上嘴套才能逃脫危險。牠的嘴不是一把可以撕裂的鉗子，而
是一個可以吸盡但不損傷食物的吸盤。藉由這個器官，牠獲得
了安全，把啃咬變成親吻，幼蟲直到長大都有新鮮的食物；儘
管牠不懂得在一個固定的點有步驟地、並遵循一個事先確定的
方向進食。

　　在我看來，我剛才的思考，邏輯是比較嚴密的：卵蜂虻可
以自由地在奶媽身上隨意尋找進食點，但牠為了保護自己，不
能切開犧牲者的身體。我是如此確信進食者和被食者之間這種
和諧的關係，以致於我毫不猶豫地將其立為原則。因此，我要
說，每當一個蟲卵沒有固定在作為食物的幼蟲身上時，可以自
由選擇並改換進攻點的小蟲子，就像是戴上了嘴套，改用一種

吸吮的方式吃牠的食物，而不會留下明顯的傷痕。這種謹慎是
為了保證食物狀況的良好。我的原則有很多例子作為根據，它
們顯示出來的意見都是一致的。卵蜂虻之後，褶翅小蜂和牠的
同類也是這樣說，我們很快就會聽到牠們的證詞。仲介者長尾
姬蜂，牠在乾樹莓叢裡吃三室短柄泥蜂的幼蟲；像蒼蠅一樣的
鞘翅目異類——椿象的幼蟲，吃的是隧蜂的幼蟲。所有的蟲
子，不管是雙翅目、膜翅目、鞘翅目，都對牠們的奶媽小心行
事，避免撕裂食物的皮膚，以保證羊皮袋到最後都有不變質的
汁液。

　　食物的衛生並不是唯一的必要條件；我發現另一個條件也
很重要。奶媽的身體必須在吸盤作用下能成為液體，並透過無
損的皮膚滲透。這種流動性在接近變態時才能實現。梅迪雅想
使佩里亞斯年輕，就在一個沸騰的鍋爐裡放入伊奧可斯老國王
被分割的殘肢，因為一個新生命不經過事先的溶解是產生不了
的。[1]為了重建需要毀滅；對死者的分解是合成另一個生命的
路徑。蟲子要變成蜜蜂時，體內的物質就開始分解，成為液
體。經由現在的重熔才能獲取未來成蟲的材料；就像廢舊的青

---

[1] 希臘神話中的伊奧可斯國王佩里亞斯，曾指派侄子伊亞遜去奪取金羊毛。據說
在伊亞遜帶回金羊毛時，他的妻子巫女梅迪雅向佩里亞斯進行報復，她勸說佩
里亞斯的女兒們把她們的父親剁成碎塊煮熟，誤以為這會使他恢復青春。——
譯注

銅被扔進坩鍋熔成液體，才能在模子裡使金屬鍛煉成另一種樣子。就像這樣，蟲子變成液體，原先簡單的消化器官現在遭到了拋棄；在成為液體之後，才有了成蟲——蜜蜂、蝶蛾、金龜子；才有了動物的最高等形態。

讓我們在顯微鏡下，打開一隻沈睡狀態的石蜂。牠近乎完全由一種液體組成，上面浮著無數油粒和一點尿酸。尿酸是氧化組織的廢物。一種液體，沒有形狀和名稱，加上支氣管、神經網，和皮膚下一小層肌肉纖維，這便是整隻蟲子了。這樣的狀態讓人想到，卵蜂虻的吸盤一發揮作用，油層就開始透過皮膚滲透出來。在完全不同的狀態下，當幼蟲在清醒期或者已經變成成蟲，堅硬的組織會阻止外滲，卵蜂虻的進食就變得困難，甚至不可能。事實上，我發現在大部分情況下，雙翅目昆蟲在沈睡的幼蟲身上安家；有時，但是很少，是在蛹上安家。我從未在正吃著蜜的幼蟲身上發現過牠，也從沒在整個秋冬都困在樓所裡、近乎成蟲的蟲子身上發現過牠。我還要說明的是，其他耗盡犧牲者卻不使其受傷的幼蟲進食者，也都是在犧牲者沈睡不醒時進行死亡工作的，因為此時肌肉已變成液體。這些進食者將病人掏空，使之成為一個生命分散的流脂皮囊；但據我所知，沒有一隻達到卵蜂虻吸取時的完美技術。

在從蜂房出來的藝術上，也沒有誰能與雙翅目昆蟲相比。

牠們變成成蟲後，便有了挖掘和拆毀的工具。結實的大顎可以
挖土、打碎土牆，甚至將石蜂堅硬的水泥化為粉末。卵蜂虻最
終的形體是那麼與眾不同。牠的嘴是一個軟而短的喇叭，很適
合舔食花蜜；牠那纖細的腳是如此虛弱，甚至無法移動沙粒，
那會使牠的關節彎曲變形；牠那硬梆梆的大翅膀，不能收縮閉
合，也就無法通過狹窄的通道；牠那精細的長毛絲絨外衣，只
要吹口氣就紛紛掉落，自然受不了經過通道時的那種猛烈磨
擦。牠本身無法進入石蜂的蜂房並在裡面產卵，當重見天日，
披上婚紗的時辰來臨時，牠也無法從蜂房裡出來。幼蟲沒有能
力為未來建造逃生之路。這個小小的奶油圓柱體，所有的工具
就是一個長著小角和細微小點的吸盤，牠比成蟲還要弱小，後
者至少還能飛能走。石蜂的棲所對牠來說就如同花崗岩的洞
穴。牠怎麼出來？要是沒有其他東西介入，這兩種形態的束手
無策，都會使問題變得難解。

　　昆蟲的蛹是介於幼蟲和成蟲之間的狀態，一般是生長機制
裡最弱的形象。類似褓褓裡的木乃伊，動也不動地等待著再
生。牠柔軟的肌肉呈黏稠狀，腳像水晶一樣透明，固定於各自
的位置上，在體側攤開，讓人擔心稍微一動都會使正在完成的
精細工作前功盡棄。為了使受傷的病人在外科醫生的繃帶下恢
復，需要絕對的安靜，否則牠們就會殘廢甚至死去。

　　然而，透過一種我們生命概念之外的生命活力，卵蜂虻的蛹正在完成一種巨大的工程。牠要辛苦、費力、疲於奔命地打通城牆，打開出口。沈重的工作壓在胚胎的身上，新生的皮肉得不到憐憫；而成蟲卻可以曬太陽休息。這種角色顛倒的結果使得蛹的身上有掘井工人的工具。這些奇怪複雜的工具，在幼蟲身上看不出痕跡，在成蟲身上也找不到殘留。一套工具包括

三面卵蜂虻的蛹

了犁頭、鑽頭、鉤、叉，以及其他在我們工業中沒有類似的、在字典裡也查不到名稱的工具。我們只有竭盡所能地來描述這個奇特的鑽探機器。

　　最多十五天，卵蜂虻便吃完了石蜂的幼蟲。這時石蜂幼蟲只剩下一張皮，蜷縮成白色的粒狀物。七月還沒結束，就很難在奶媽身上找到嬰兒了。從此時起到第二年的五月，什麼新鮮事都不會發生。雙翅目昆蟲維持著幼蟲的形態，沒有任何改變，在石蜂蛹室裡，動也不動地待在粒狀的屍首邊休息。當五月的好日子到來之際，蟲子皺縮，蛻皮，蛹出現了，整個身體穿上一層紅色的角質皮。

　　圓圓大大的頭，以節與胸腔分開，呈冠狀向前突起，頂部

六個硬尖的黑點形成了一個凹面向下的半圓周。這些尖突從弓形的頂到底逐漸變短，那模樣讓人想到紀念章上羅馬帝國末期皇帝的輻射狀皇冠。這個六點形的犁頭是挖掘的主要工具。工具下端的中線上，還有兩個緊貼在一起的小黑點，這便組成了完整的工具。

胸腔光滑，寬闊的翅膀在身體下折成帶狀，直到腹部中部。腹部有九個體節，從第二節開始的四節，背面中央都有一個拱形角質的帶狀物，是一種深黃褐色鉤子，一個個平行排列，突起部分嵌在皮膚裡，末端伸出硬而黑的刺。藉著中間的一道溝，整個帶子形成一個雙排脊柱塊。我數了一下，一個體節有二十五個雙齒鉤，四個體節共計有二百個尖突。

這種銼刀的用處很明顯，它使蛹在工作時能夠在通道的壁上找到支撐點。有許多點可供支撐，苦難的囚徒便可以更為有力地用牠的冠狀鑽頭撞擊障礙物。此外，為了使鑽頭不易折回，長長硬硬、向後指的毛在齒帶裡很稀少。而在其他各節，無論是腹面還是背面，毛都較多。在側面，毛更為濃密，就像髮絲一樣分布著。

第六節有同樣的帶子，但是小一些，僅有一排柱齒，還非常稀疏。第七節上就更加稀少，到了第八節，就只剩下幾個褐

色的小突起。從第六節起，節的長度變短，腹部成為一個錐體，這個錐體的頂點在第九節，是另一種類型的工具。這是一個長了八個褐色尖突的束棒。後兩個比別的要長，脫穎而出，成為一對尾部的犁頭。胸部每側各有一個圓形的氣孔朝向前方，腹部的前七節側面也各有一個同樣的氣孔。休息時，蛹彎成弓形。行動時，牠便突然伸直。體長十五至二十公釐，身寬四至五公釐。

這便是虛弱的卵蜂虻穿過石蜂的水泥牆時奇特的鑽探工具。其結構的精細難以用言語表達，我只能粗略地描述：身體前部，有一個冠狀突起物，這是敲擊和挖掘的工具；後部，一個複雜的犁頭可以在一個地點固定住，讓蛹的身體能夠在即將被毀滅的障礙物受撞擊時突然鬆弛；背部，四條帶子或者說四個銼刀，用它們上百個鉤勾住通道壁，保證蟲子在挖掘的時候能維持在原處。整個身體都長著長長黑黑的毛，指向後方，防止跌倒和後退。

別的卵蜂虻也有同樣的結構，只是在小地方略有不同。我只舉一個例子，講講以三叉壁蜂維生的變形卵蜂虻。變形卵蜂虻的蛹與石蜂巢裡的三面卵蜂虻蛹不同，牠的盔甲沒有那麼結實。牠的四條帶子上各有十五至十七對鉤子，而不是二十五對；此外，腹部的體節從第六節開始，就只有硬硬的毛，而沒

有角質脊柱的痕跡。如果我們對卵蜂虻的發育情況了解得更清楚，我想，昆蟲學就會從鉤子數目的不同中獲得啓迪。我發現同種之間數目是固定的，不同種之間數目的差異很明顯。但這不是我的研究範圍，我只指出研究的課題，請分類學家關注，我自己不敢多加留意。

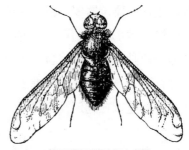
變形卵蜂虻（放大2倍）

五月底，直到現在還是淡褐色的蛹，顏色開始變深，這預告著又一次的變態。頭、胸和翅膀上的斜帶變成了閃亮的黑色。背上有兩排突起的那四個節出現了一條深色帶狀物；接下去的兩個節上出現了三個斑點，背部的甲冑開始變成褐色。在羽化的時候，昆蟲的外衣就是這樣變黑的。對於蛹來說，是在出口通道工作的時候了。

我曾想看牠工作時的模樣，在自然狀態下當然是不行的，但在我的玻璃瓶裡卻可以做到。我把牠放在兩塊用高粱粒做成的厚壁之間。狹小的空間與牠的棲所差不多大小。前後壁雖然不如石蜂的蜂房那樣堅硬，但也是難以移動的。只是壁邊過於光滑，銼刀帶不能支撐，這雖是不利的因素，但並不礙事，一天時間內，蛹便穿透了兩公分厚的前壁。我看見牠把雙排犁頭

固定在後壁上，自己彎成弓形，然後突然鬆弛開來，用前額撞擊前面的塞子。在那些突起的撞擊下，高粱粒漸漸碎開；但這做起來很困難，需要一點一點地來。相隔很長一段時間後，方法改變。牠那鑽孔的皇冠插進高粱粒裡，然後以尾部為軸轉動並渾身扭動。穿孔器代替了十字鎬。然後撞擊重新開始，最後總算打開了一個洞。蛹鑽進去，但沒有整個出來，頭和胸在外面，腹部還留在通道裡。

玻璃蜂房因為缺乏支撐點，的確困擾了我的蟲子，牠好像無法使出全部的氣力。穿透高粱粒的洞很大而且不規則；這是一個粗大的缺口而不是一條通道。卵蜂虻穿過石蜂蜂巢高牆的通道，呈圓柱體，清清楚楚地與昆蟲身體的直徑吻合。因此我認為，在自然條件下，蛹不太習慣用鑿的方式，而傾向於使用曲柄手搖鑽。

解放通道的狹窄和規則對牠來說是必須的。牠就那樣半出半進地待在那裡，背上的銼刀還很牢靠地固定著，只有頭和胸露在外面，這是終極解放前的最後謹慎。找個支撐點固定起來，對於卵蜂虻來說是不可或缺的。這樣才能使牠鑽出角質外殼，張開套子中的大翅膀，拔出鞘裡纖弱的腳。整個工作如此精細，如果穩定性不夠，就會造成損傷。

　　蛹因此以牠背上的銼刀固定在狹窄的出口通道上，這樣才能保證羽化時穩定的平衡。一切準備就緒，現在就要開始偉大的行動了。一道橫切的縫出現在前額，在冠狀鑽頭上；第二道縫，是縱向的，將頭分為兩半，一直縱深到胸部。穿過這道十字形開口，卵蜂虻突然出現，渾身被實驗室的液體弄濕。牠用顫抖的腳站定，抖乾翅膀，然後起飛，將蛹殼留在住處的窗戶上。蛹殼好長一段時間內都會完好無損。此後五、六個星期，可怕的雙翅目昆蟲在百里香叢中的卵石上搜尋，加入花叢中的節日慶典。七月，我們將發現牠又在蜂房的入口處忙碌，牠那時比先前出來時更加奇怪。

第九章

褶翅小蜂

七月，讓我們把高牆石蜂的巢從卵石中取出來，進行參觀，就像我剛剛在卵蜂虻的故事裡所做的那樣。石蜂的蛹室裡有兩類居民，一類吃，一類被吃。蛹室的數目很多，在陽光變得讓人難以忍受之前，一個上午可以有好幾打的收穫。讓我們用力地敲打石頭，拆開穹頂屋，再把蛹室包進舊報紙裡，裝入箱子，盡快回家；再過一會兒，空氣就會像峨摩拉城①的天空一樣燃燒起來。

在自己家中的陰涼處進行研究最為理想。我們剛剛知道，如果被吃的始終是可憐的石蜂，食客倒有兩類。其中一種只要

---

① 峨摩拉城：傳說中死海南端地底的五座古城之一，聖經中記載峨摩拉和所多瑪兩座城的居民因為罪大惡極，一起被神毀滅。——編注

看牠那圓柱體的外形、乳白色的體色、小而圓凸的頭部，就知道是卵蜂虻的幼蟲；另一種從牠的整體構造和形態來看，應該是某種膜翅目昆蟲的幼蟲。石蜂的二號殲滅者，實際上是一種褶翅小蜂——巨型褶翅小蜂。這是一種漂亮的蟲子，黑黃相間的條紋，腹部凹陷但末端渾圓，像滑輪凹槽一樣的背溝裡有一把長劍，似馬鬃般纖細。昆蟲拔劍出鞘，穿透砂漿，直接刺進牠要放置蟲卵的蜂房。在探討牠的產卵方式之前，我們首先看看幼蟲怎麼在侵占來的居所裡生活。

巨型褶翅小蜂（放大2倍）

　　這隻蟲子全身沒有被毛，無足，無眼，沒經驗的人很容易將它與另外幾種採蜜的膜翅目昆蟲的幼蟲混淆。牠最明顯的特徵就是一身酸腐奶油的顏色，一層光亮的皮膚就像抹了油一樣，每個體節因鼓出的肉球而線條鮮明，以至於從側面看，背部呈波浪狀起伏。休息時，幼蟲弓起身子，收縮起來。包括頭部，牠分成十三節。與身體其他部位相比，頭實在太小，在放大鏡下也看不到任何口腔裡的結構；最多只能看到一道紅棕色的條紋，這還是借助顯微鏡才看到的。兩個纖細的大顎，很短很尖，一個小小的圓形開口，左右各有一個小探針，這就是儀器倍率放到最大後看到的全部。相反地，無需什麼鏡片，我們都可以看清楚吃蜜的壁蜂、石蜂、切葉蜂或者是吃獵物的土

蜂、砂泥蜂、泥蜂的口腔結構，尤其是大顎。牠們個個都有強健的鉗子，適合抓牢、碾碎和切開食物。褶翅小蜂那看不見的工具能發揮什麼作用呢？只有牠的進食方式能告訴我們答案。

就像牠的榜樣——卵蜂虻一樣，褶翅小蜂並不吃石蜂的幼蟲，也就是不把牠切碎成一塊一塊；牠讓犧牲者消耗殆盡，卻不在對方身上開孔或作體內挖掘。為了保持食物的新鮮，牠也是採用那種不到用餐完畢就不殺死對方的藝術。嘴勤勞地貼在犧牲者的皮膚上，殺手逐漸長大，奶媽卻乾癟枯瘦，但始終保持著生命力來抵抗腐爛。死者身上只剩下來一張皮，泡在水中會變軟，吹氣之後，又成了不漏氣的皮球，這是牠生命延續的證明，但沒開口的皮囊還是失去了牠所裝的東西。這和卵蜂虻讓我們看過的東西相似，區別在於褶翅小蜂對精妙的耗乾術顯得不很精通。卵蜂虻取食後留下的是白白淨淨的小粒，而長針昆蟲留下的，卻常常是食物變質後被弄髒的呈褐色的皮。看上去，最後的進食變得粗暴，也無視於肉體的死亡。因此，我可以肯定，褶翅小蜂不會像卵蜂虻那樣，敏捷地從食物中起身或再迅速地恢復進食。我用畫筆尖端搔擾牠，讓牠鬆口；只要離開了食物，牠要猶豫好一會才能重新將嘴貼上去。牠的附著不像吸盤的親吻那麼簡單忙，而是用鉤子勾上去。

這一點我想應該用那對微小的大顎來作解釋。這兩個小尖

刺什麼也咀嚼不了，但它們可以完全穿透皮膚，就像最細的針也能做到的那樣。透過小洞，褶翅小蜂吸吮獵物的汁液。這些工具可以穿透油皮袋，油皮袋內部絲毫無損，但透過各處的小洞，慢慢地被掏空。卵蜂虻的吸盤現在被換成尖尖的探針，這個小得除了表皮外，什麼都傷害不了的東西。這樣，進攻的工具雖然更換，但保持食物新鮮的謹慎進食依然得以實現。

有必要在卵蜂虻的故事後面，再講述進食時獵物的組織自始至終一樣堅實是不可能的嗎？當石蜂幼蟲一半成爲液體，沈浸在蛻變的昏睡中，牠被褶翅小蜂的幼蟲掏空了。七月的下半月和八月的上半月，是觀察這種進食的最佳時節，我一直看了十二到十四天。此後，在石蜂蛹室裡只能看到渾圓的褶翅小蜂幼蟲，旁邊是一張瘦瘦髒髒的肉皮；那是奶媽留下的遺體。直到第二年的夏季，至少到六月末，情況都是這樣。

那麼，蛹出現了，牠沒有什麼不平常的東西要告訴我們；最後是成蟲，牠的羽化一直要到八月。與卵蜂虻採用的奇特方法完全不同，成蟲從石蜂的城堡裡出來時，因爲具有強健的大顎，可以自己打碎蜂房的天花板，而無

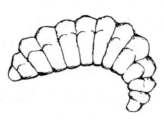

巨型褶翅小蜂的二次蛹

須費多大氣力。牠自由的時候，在五月工作的石蜂已消失了很久。卵石上所有的蜂巢都關閉著，存糧被吃光了，幼蟲睡在琥珀色的蛹室裡。因為舊巢只要不是太破，石蜂就一直用下去，褐翅小蜂出來的穹頂屋雖然已經有一年多的歷史了，但它內部其他的居所被蜜蜂的子孫繼續占據著。對牠們這種蜂來說，就在那裡，不必遠尋，即有豐富的收穫可供利用。只要把這些蜂房改造一下，就成了自己的家。此外，如果牠樂於去遠處探勘，滿山遍野的砂漿穹屋正等著牠。閒話少說，穿透高牆的產卵就要開始了。在參觀這項奇特工作之前，讓我們看看完成這項工作的探針吧。

在身體背部，昆蟲在腹節處凹陷進去一道直通胸節的溝；溝在又寬又圓的末端裂開了一道窄縫，彷彿要把這個部位分成兩段，看上去就像一個很細的滑輪軌道。休息時，產卵的探針或者說產卵管就嵌在溝槽裡。精細的機器就這樣繞了腹節一整圈。在身體正面的中線上，有一道栗色的長形鱗片，呈流線形，基部固定在腹部第一節，兩側伸入緊貼在體側上的膜翅。它的功能是保護下面的軟壁區，探針頭就長在這裡。這是一個罩子，一層護甲，在不工作的時候保護細嫩的主要身體，但是要抽出工具使用時，它就由後往前擺動，然後再恢復原樣。

用剪刀挑開這層鱗甲，讓整個器官呈現在眼前，然後用針

尖取走產卵管。貼著背的部分毫無困難地被取了出來，但是夾
在腹部末端滑輪軌道裡的就有一種抗力，使我們感到一種起初
未曾想到的複雜。工具實際上由三塊組成，一個中心，即產卵
的絲狀體，兩個側面構成了鞘。這兩側相對堅實，凹陷成半管
道狀，連接起來就形成了一個完整的管道，絲狀體就嵌在裡
面。這個雙瓣鞘在背部不必黏著在一起，但是，在腹部末端和
身體下方就不能分離，雙瓣在腹壁上接合起來。於是，兩個靠
近的保護層之間，有一個保護著絲狀體的溝槽。至於絲狀體，
在鱗甲的保護下，可輕易地從鞘中拔出，而且直到基部都能自
由地活動。

　　放在放大鏡下看，這是一根角質的圓硬絲，粗細介於頭髮
與馬鬃之間，兩端有些粗糙，尖尖地，削成長長的斜稜。要認
清它真正的結構，得用顯微鏡。它完全不像起初看到地那麼簡
單，末端部分削成斜稜，由一連串截錐構成，一個個套在一
起，最基部有些突出。這樣的結構類似一種齒很鈍的銼刀。絲
在載物台上，被細分成四個長度不同的構件。較長的兩個構件
以有齒的斜稜結束，它們合成很窄的一道溝，與另兩個較短的
構件相連。兩個短構件則以尖頭結束，但沒有齒狀物，與最末
端的銼刀相比，略向內退縮，這兩個構件合成一個半管道，套
進另兩個構件形成的半管道，使得整體形成一個完整的管道。
此外，被視為整體的兩個短構件，會在溝裡作縱向的移動，而

且相互之間也會滑動，並始終只呈縱向移動，以至於在載物台上，它們的末端尖突很少在同一個水平面上。

如果用剪刀截去放大鏡下觀察的活蟲的產卵管，可以看到內部的半條溝伸長，突出於外部的半條溝之外，反覆伸縮的同時，從傷口處滲出含蛋白質的液滴，這可能是來自於後面將要提到的賦予卵特殊附屬器官的液體。透過這種內溝在外溝中的縱向運動，以及內溝相互間的滑動，儘管沒有肌肉收縮（在角質管道裡是不可能的），卵還是可以一路順利地被送到產卵管的盡頭。

只要在背部壓腹節，就可以看到昆蟲自第一節之後脫落，彷彿這一點先前已被切開一半。在第一、第二兩個體節之間，有一個大的縫隙，一個裂孔，在一道薄膜下，產卵管的基部高高地鼓了起來。絲狀體穿過昆蟲身體，在身體下方露了出來。它的出口是在腹部前段，而不是在末端。這種奇怪的配置是要縮短產卵管的力臂，以便更接近槓桿的支點，也就是腳──絲狀體的起點；並透過這種方法，使產卵這項艱難的工作，盡可能地少用一些力氣。簡而言之，休息時產卵管繞了腹部一圈。從身體下面的腹部前段出發，它由前向後地繞過腹節，然後由後往前地來到身體上方，與起點差不多位在同一個水平線上。長度共計十四公釐，因此也決定了探針在石蜂巢內所能達到的

最大深度。

在結束對褶翅小蜂工具的描述前，我還要再說一句。在被去掉頭、腳和翅膀，垂死的昆蟲身上穿入一根大頭針，產卵管所在的壁縫上會有強烈的震動，彷彿肚子就要裂開，從中線分成兩半，然後兩半又重新黏合。絲本身也這樣痙攣般顫動著，它從鞘中拔出，然後收進去再拔出來，彷彿產卵機在未完成使命之前不願死去。產卵是昆蟲神聖的使命，只要牠一息尚存，臨死前也要試著產卵。

巨型褶翅小蜂以同等的熱情利用卵石石蜂和棚簷石蜂的巢。為了能輕易地目擊產卵過程，並觀看產卵者如何重複牠的藝術，我選中第二種石蜂。將牠們的巢從鄰近的屋頂取下後，因為我的照料，數年來一直吊在我家倉庫的門廊下。這些固定在瓦片上、由黏土築成的蜂巢，使我每個季節都能得到新的資料。這篇褶翅小蜂的故事也是得益於它們。

為了和在我家發生的一切做比較，我觀察了附近卵石上的場景。在毒辣的陽光下，我的熱情並沒有得到很好的回報。幾個小時躺在地上，我近距離注視著昆蟲的每個動作，而我的狗，在這麼高的溫度下已然疲倦，牠中止了遊戲，垂著尾巴，露出舌頭，回到家裡躺在門廳清涼的石板上。啊！牠是多麼不

屑於在石頭前觀察啊！我回到家時幾乎被烤了個半熟，皮膚像蟋蟀一樣呈褐色。我看到我的那位同志，身體一起一伏，背靠在牆角，四條腿平伸著，噴出牠這個過熱的大鍋爐的蒸氣。啊！布林是該盡快回到陰涼的屋內。爲什麼人要知道那麼多事情？爲什麼他沒有動物高尙的哲學，而要過問那麼多？我們爲什麼要對不能塡飽肚子的東西感興趣？學習有什麼用？在實用的東西已經足夠的時候，爲何還要去求眞？我們是某種人們所說的第三紀的猩猩的後代，爲什麼卻需要求知，而我的同伴布林卻越過了這個階段呢？爲什麼……啊，這一切！但是！……我說到哪了？我得收回思想的韁繩，腦袋被太陽曬昏了嗎？快點言歸正傳吧。

七月的第一個星期，我發現棚簷石蜂的巢上有產卵現象出現。因爲炎熱，下午的三個小時，工作進展漸趨緩慢，整整一個月都是如此。我看到兩片蜂群最密集的瓦片上有十二隻褶翅小蜂。蟲子探勘著蜂巢，緩慢而笨拙。牠用自第一節後彎成直角的觸角尖，觸擊著蜂巢的表面。然後，頭微傾，動也不動地，彷彿在思考並評估地點合適與否。牠覬覦的幼蟲住在這裡還是別處？外部絕對沒有任何跡象能提示牠。這一層滿布石子，凹凸不平，但外觀都一樣。蜂房就掩蔽在這層粗塗的灰泥層下，蜂群在築巢的最後階段總會做這個工作。如果要我根據長期的經驗，來斷定合適的地點，我會用放大鏡一點一點地探

測砂漿，敲擊表面，以了解牠的反應。不過，我還是放棄了這
個舉動，我相信大部分情況下都會失敗；成功只會是偶然。

在我的判斷和光學儀器都無能為力之處，昆蟲卻不會弄
錯，牠透過觸角的指引，進行選擇。現在牠抽出了長長的工
具；正常情況下，探針會被引向表面，占據著靠近兩隻中腳間
的位置。腹節第一、二節之間的背上，出現了大的移位，從這
個縫隙，工具基部出現腫泡，而針尖努力地朝凝灰岩裡插入。
腫泡內的抖動表明正在用力，因為用力過猛，隨時隨地都讓人
擔心那個囊會斷裂。但它還是好好的，絲狀體繼續進入。

為了使儀器深入，昆蟲將腳吊得高高的，身體保持不動，
辛勞的工作中牠只會輕微晃動幾下。我看見鑽探者一刻鐘便完
成了工作。這是動作最迅捷的，牠碰上的是最薄最沒有抗力的
那一層。我還看見另一個鑽探者，一次工作要花三個小時，對
於想要跟隨整個行動直到最後的觀察者來說，這是漫長而需要
耐心的三個小時，對於更想要為自己的卵確保食物和居處的昆
蟲來說，則是漫長而需要靜止不動的三個小時。這豈不是比將
一根頭髮插進石頭裡還要困難？對我們來說，即使手指很靈
巧，這還是不可能的；對於昆蟲來說，雖然僅用肚子推動，卻
不過是較為費力罷了。

　　儘管穿過的地方相當堅硬，昆蟲仍然不屈不撓，確信能夠成功；牠也的確成功了，我還不能解釋牠是如何得以成功的。探針深入的物質並非多孔結構，它就像變硬的水泥一樣密實、同質。我再怎麼注意工具運作的那一點也是白費心思，我看不到裂縫，或者能使進入變得容易的洞。礦工是先用鑽頭打碎岩石再往前進，這種撞擊的方法在此處並不可行；探針的極端精細使之無法付諸實現。在我看來，這個脆弱的莖稈要有一條現成的路，一道能使它塞進的裂縫；但是這道裂縫，我永遠無法看見。有可能在產卵管的針尖下有一種溶解液使砂漿軟化嗎？不，因為我在絲狀體嵌進的點周圍，沒有發現任何潮濕的痕跡。缺乏繼續下去的可能性，我回過頭想到裂縫，儘管我的研究並不能在石蜂的巢上發現它，在其他情況下，則進行的很順利。斑腹蜂將牠的卵產在冠冕黃斑蜂的幼蟲旁，後者有時在蘆竹段裡建巢。好幾次，我都看見牠將產卵管穿過一個管道的斷裂處植入。圍牆不一樣，這個是木質，另一個是砂漿，也許這一部分要歸入未知的領域了。

　　在我家門廊牆壁上的瓦片前，我勤勞地工作了大半個七月，這使我可以對產卵進行統計。隨著昆蟲活動的結束，探針拔出，我用鉛筆標示工具出來的地點，在旁邊寫上日期。這些資料應該在褶翅小蜂工作收尾時有用。

　　鑽探工消失了，我開始研究那些巢，由於我用鉛筆做過標記，它們變得黑壓壓的。第一個結果，我已料想到，它使我的耐心等待得到了報償。在每一個黑色的記號下面，在每一個我看見產卵管拔出的點下面，總是有一個蜂房。毫無例外。然而由於蜂房一個個都靠著隔牆而建，兩個之間會有實心的間隔。此外，居所的分布很不規則，因為蜂群中的每隻蜂都是隨意地工作，在居所間留下許多大小不一的空隙，最後並將整個巢塗上一層砂漿。這樣的布局會造成中空的地方和實心的地方差不多一樣大小。從外面根本看不出裡面是實心的還是中空的，筆直的挖下去，我絕對不可能判斷，自己究竟會遇上蜂房，還是碰到厚壁。

　　但蟲子不會弄錯，所有我用鉛筆做的記號便可以為證，牠始終將牠的工具插入蜂房的洞裡。牠如何知道下面是中空的還是實心的呢？牠的情報器官毫無疑問是觸角，由它們來觸擊蜂巢。這是兩個極端精細的細指狀物，輕敲蜂巢的表面來探測裡面的情況。它們感覺到什麼，這些神秘的器官？氣味？一點也不。我過去早就猜到不是如此，今天更是確信不疑，理由待會會提到。它們聽到聲音了嗎？能將它們視為最高等級的傳聲器，有能力取得實體分子的回波和中空處的回聲嗎？這個想法吸引了我，如果在許多情況下，拱頂的聲響不同，觸角就不會以相同的效能執行它們的功用。我們不知道，或許註定永遠無

法知道觸角的真正功能，我們天生就沒有類似的器官。雖然我們無法說清楚它感覺到什麼，但我們至少可以知道，什麼是它感覺不到的，尤其不是透過嗅覺來辨別的。

確實，我不無驚訝地注意到，大部分被褶翅小蜂探針造訪過的蜂房都沒有牠要找的東西，也就是新近關在蛹室裡的石蜂幼蟲。那些蜂房通常是在石蜂的舊巢內，裡面包括各式各樣的垃圾：沒有使用過的蜜；死去的卵；壞掉的食物中有些發黴，有些變成了柏油質的殘渣；死去的幼蟲，成了僵硬的褐色圓柱體；乾癟的成蟲，無力解放自己；從最後塗抹的粗塗灰泥層上，還會掉下粉狀的殘渣。這些殘留物各有不同的特性，散發出各種不同的氣味。具有稍微靈敏一點的嗅覺，就不會把酸味、臭味、黴味、柏油質的殘渣味混在一起。每個房間因其內容物不同，都有一種特殊的氣味，雖然我們不一定能有所感覺，但這種氣味顯然與褶翅小蜂要找的新鮮幼蟲的氣味截然不同。如果昆蟲無法辨別，就會把探針伸進所有的蜂房。這不就是氣味在昆蟲的搜尋中不發揮指示作用的明證？在探討毛刺砂泥蜂時，我就否定了觸角具有嗅覺的功能[2]。今天，儘管褶翅小蜂用觸角不停地探勘，但錯誤百出，更讓我的否定建立在不

---

② 毛刺砂泥蜂文章見《法布爾昆蟲記全集 2——樹莓樁中的居民》第三章。——編注

可動搖的基礎上。

　　我想，砂漿蜂巢的鑽探者，剛剛將我們從一種過時的生理學成見中解放了出來。僅僅這個結論，牠的研究就值得稱讚，但其可利用之處尚未窮盡。我們還是從另一個角度切入吧，所有的重要性都要到最後才會顯露出來。我要陳述一個事實，這個事實在我持續觀察石蜂蜂巢時，是怎麼也沒料想到的。

　　同一個蜂巢在幾天之內可以被褶翅小蜂鑽探好幾次。我說過我塗黑了產卵工具進入的那一點，又在旁邊寫上了日期。在許多被訪問過的點中，我得到了最確實可靠的資料。我看到蟲子一天之內或者一段時間之後，第二次、第三次甚至第四次回到老地方，將牠的產卵管植入，彷彿之前沒有發生過任何事一樣。這是同一隻褶翅小蜂重複造訪曾經訪問過卻已經遺忘的蜂房？還是不同的蜂一隻接一隻地在一個被認為沒人來過的蜂房產卵？我不知道，因為擔心會驚擾到那些操作者，我忘了為牠們做記號。

　　除了我用鉛筆做的與昆蟲本身無關的記號之外，沒有任何東西能指明產卵管在何處工作過。很可能發生過這樣的事：同一隻蜂回到已被牠鑽探過的地點，但這個地點已從牠的記憶中抹去，牠便在自以為是第一次來的蜂房上重新插入探針。即使

牠對地點有極強的記憶力，我們也無法接受牠對面積幾平方公尺的一個巢穴，能有地形學上的掌握，儘管幾個星期間，牠一點一點地鑽探過。如果牠有記憶，這時也不管用了，外觀不能提供牠資訊，牠的產卵管胡亂地進入可能已經鑽探過好多次的地方。

也有可能發生——這在我看來很平常——蜂房的另一個鑽探者繼前一個而來，甚至還有第三個、第四個。牠們通通懷著第一個占有者的熱情，因為先行者沒有留下任何經過的痕跡。同一個蜂房以各式各樣的方法被許多卵占據，儘管它的存糧——石蜂幼蟲恰巧只能供一隻褶翅小蜂的幼蟲食用。

這些重複的鑽探非常常見，我的瓦片上有二十多例，有些蜂房在我眼前就被造訪過四次。如果我不在，這個次數必然還會超出。認識到這一點，使我無法確定它的限度。現在有一個問題出現了，後果很嚴重：每次探針深入蜂房時，真的都產卵了嗎？我沒有看到任何否定的可能。因為角質的緣故，產卵管的感覺應該很遲鈍。在我看來，昆蟲只透過長鬃毛的末梢得知蜂房裡有什麼，不太值得信任。裡面空蕩蕩的就會缺少抗力，或許，這便是這個感覺不靈敏的工具唯一能提供的資訊。鑽探岩石的探針無法告訴礦工，它剛才進入的洞穴裡面有什麼；這和褶翅小蜂的硬絲所帶來的結果應該一樣。

被觸及的蜂房裡有發黴的蜜、殘渣、乾枯的幼蟲,還是正合牠心意的幼蟲?尤其,是否裡面已經有了卵?至少,關於最後一點,答案是毋須存疑的。藉由一根鬃毛的媒介,蟲子不可能知道這種精細的區別:無論卵是否存在,在那麼大的圍牆裡都是滄海一粟。就算接受產卵管的末梢有觸覺,要在一個陌生的寬敞房間內找到一顆微粒的確切地點,這種困難還是難以逾越。我毫不猶豫地認為,產卵管不能使蟲子知道蜂房裡有什麼,適不適合胚胎發展,或者說只能讓牠知道個大概。每一次鑽探,只要遇上空的地方,牠就可能產下牠的卵。卵有時會遇上乾淨的食物,有時會遇上無用的殘渣。

產卵中出現的失誤,需要比產卵管的角質特性更有力的證據來證明;重要的是直接作確認,在產卵管伸進好幾次的蜂房裡,除了石蜂幼蟲之外,是否真的有好幾個占據者。褶翅小蜂完成鑽探之後,我又等了幾天,給幼蟲一些長大的時間,這樣我的觀察會更容易些。最後我把瓦片放到工作室的桌子上,仔細地探究這些秘密。但是,等著我的是令人心碎的失望。我親眼看見被兩次、三次甚至四次穿透的蜂房,只有一隻褶翅小蜂的幼蟲,只有一隻在吃石蜂的幼蟲。其餘那些同樣也被探測了好幾次的蜂房裡,只有一些變質的殘渣,沒有一隻褶翅小蜂。啊!讓我有些耐心吧!賜予我從頭開始的勇氣,除去迷霧!

　　我從頭開始。我已經很熟悉褶翅小蜂的幼蟲；我能認出牠來，不可能出錯；不論在卵石石蜂還是棚簷石蜂的巢裡。整個農閒季節，我都加快著步伐。我從瓦片上和石頭上取下那兩種石蜂的建築，將它們塞進口袋，裝滿箱子，還堆進法維埃的背包裡；我的收穫物足夠堆滿工作室內的所有桌子。當天氣太冷，北風呼嘯時，我撕開蛹室精細的外殼以了解裡面的居民。大部分蜂房內是石蜂的成蟲，其餘有些是卵蜂虻的幼蟲，還有為數眾多的褶翅小蜂的幼蟲。但後者永遠單獨出現，不會有例外。當人們像我一樣，知道一個蜂房常常會被鑽探數次，就會對此難以理解。

　　氣候宜人的季節③到來時，我再度目擊，褶翅小蜂重複地在同樣的蜂房裡鑽探。我再度發現，在被鑽探過幾次的蜂房裡只有一隻幼蟲，這令我更添困惑。我是否應該被迫接受，事實上，產卵管知道蜂房內是否已經有了卵，如果有了就不再產卵？我是否要承認，這個粗硬的鬃毛上具有一種特殊的觸覺，或者說，有一種神力使它碰都不用碰就知道裡面有沒有卵？但這都是無稽之談。我確實疏忽了什麼，問題的所有模糊不清之處都是因為我資訊掌握得不全。耐心啊！觀察者必備的高貴德行，再來幫助我吧，我要第三次重頭開始。

③ 指春末、夏季和初秋。——編注

　　直到現在，我的研究都是在產卵之後，這時幼蟲已生長一段時間了。誰知道，起初的時候，會發生什麼事？我只有詢問卵本身，才能掌握幼蟲拒絕給予我的秘密。於是我在七月初重做研究，而褶翅小蜂此時正忙著造訪那兩種石蜂的巢。卵石為我提供了大量高牆石蜂的建築，在鄉村裡散布的羊圈棚舍下，我用剪刀剪開棚簷石蜂的建築。我不會把蜂巢整個破壞，它們在我的實驗中已經飽受磨難，它們告訴我很多，它們可以再教會我更多。幾乎處處可見的蜂群的異族，成了我的獵物。當天，我帶著只有在實驗室桌上才會有的謹慎和細心，一手拿著放大鏡，另一手拿著鑷子，觀看我的收穫物。起初的結果不盡如人意，我只看到了我已經見過的東西。在我又遠行了幾天之後，看到砂漿土塊開始產生了變化。慢慢地，幸運之神向我微笑了。

　　道理總歸是有道理的。探測一下是不會看出蜂房裡有沒有卵的。這裡有一個卵石石蜂的蛹室，裡面有一個與石蜂幼蟲在一起的卵。但是是一種多麼奇怪的卵啊！我從來沒有見過這樣的東西！這是褶翅小蜂的卵嗎？我頗為吃驚。兩個星期之後，牠才變成我熟悉的那種幼蟲。這些只有一個卵的蛹室和我想的一樣眾多；甚至超出了我的預期，我那些小小的玻璃容器都不夠裝了。

　　此外，還有一些更爲珍貴的多卵蛹室——被多次產卵的蛹室。我發現很多雙卵的，還有三卵、四卵的，最多達到了五個。在瀕臨絕望之際突然成功，我喜不自禁。然而，還有更高興的呢！有一個卵在一個乾癟的蛹室裡，也就是說裡面只有腐爛乾枯的幼蟲。我的猜測都對了：腐爛物旁也會有卵。

　　這些是高牆石蜂的巢，建築較規則，觀察起來較容易，只要將它們與支撐的卵石分開就一覽無餘，因此提供了我許多資訊。棚簷石蜂的巢則要動用槌子，才能探訪那些無秩序堆積的蜂房。這些不適合做精細研究的蜂房，在槌子的撞擊下已經受到損壞。現在情況清楚了，褶翅小蜂產卵時面臨著一些特殊的危險。牠很可能把卵放進一些乾癟而且沒有可用食物的蜂房裡；可能將好幾個卵放進同一個蜂房，儘管這間房裡的食物只

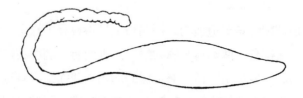

巨型褶翅小蜂的卵

夠養活一個卵。不管是一隻蜂鑽探同一個地點好幾次，還是不同的蜂不知道先前的鑽探就產卵，這種多卵現象很常見，幾乎和正常產卵一樣多。我遇見最多的是五個卵，但無法看出數目

會有什麼極限。當探測者數目眾多時，誰能說，這種累積會到什麼地步？我會在另一章裡講述，儘管賓客眾多，但一個卵的口糧是限定的。我最後還要描述一下卵的模樣。

卵是白色的，不透明，外形呈拉長的橢圓形。一端伸展成頸形或絲狀，和狹義的卵一樣長，有點凹凸不平，一般彎曲得很厲害。整體模樣像很長的蛇頸南瓜。將柄包括在內，卵的長度大約有三公釐。在知道蟲子的進食方式之後，就不必再談卵不是被放在奶媽的內部了。然而，在認識褶翅小蜂的習性之前，我會認為所有攜帶長探針的膜翅目昆蟲都將卵產於犧牲者的體側內，就像姬蜂對毛毛蟲那樣。我指出這個錯誤，是要讓那些同樣會犯錯的人知道。

褶翅小蜂的卵沒有產在石蜂幼蟲身上，而是藉由彎曲的柄懸在蛹室的絲壁上。要是我解開蜂巢時夠小心，不擾亂布局，取出蛹室將它打開，就會看到褶翅小蜂的卵在絲帳頂上搖晃。但是這很難做到，因此常常是：在經歷使蜂巢從卵石上分離的撞擊後，我發現蛹室中的卵都不在懸掛點，而是躺在幼蟲身旁，但沒有與幼蟲貼在一起。褶翅小蜂的鑽探沒有超出蛹室之外，卵藉著鉤形的柄，停留在絲質物的頂端。

第十章

另一種鑽探者

　　這個傢伙叫什麼？我連在文章的標題都不敢提牠的名字。牠叫銅赤色短尾小蜂①。試著瞧一瞧，再讀出來：銅－赤－色－短－尾－小－蜂。您的嘴巴會

銅赤色短尾小蜂
（放大8倍）

撐得滿滿的，您還以為牠是某種絕跡了的史前動物呢！讀這個詞的時候，人們想到的是古代的巨獸，像乳齒象、猛獁象、大地懶什麼的。實際上，我們被專業術語給愚弄了，這只不過是種不起眼的昆蟲，比一般的家蚊還要小。

---

① 銅赤色短尾小蜂，法文為Monodontomerus cupreus，讀起來艱澀拗口。——譯注

有些人就是這樣，喜歡在科學領域使用響亮的字眼，就算只是指一種小飛蟲，也要嚇唬住你。為動物取名的受人崇敬的學者們，你們的命名儘管音節繁縟，艱澀冷僻，我還是心甘情願地引用，不敢妄為。但當它們脫離小圈圈，呈現在公眾面前時，對於聽起來不舒服的用語，公眾永遠不會表現出敬意。我希望像平常人那樣說話，以便使所有人都聽得懂，並且相信，科學並不一定要有獨眼巨人的謎語。於是，我避開過於冷僻的專業稱謂，尤其是在它動輒就要寫一大串的時候。我拋棄了銅赤色短尾小蜂這個名字。

這是一種相當孱弱的蟲子，近似於我們在秋末陽光下看到的小飛蟲。牠穿著鍍金的青銅色外套，鼓著一對珊瑚紅的眼睛。牠隨身佩帶一把露在外面的寶劍，也就是牠產卵管上的鞘在腹部末端斜立起來，而不像褶翅小蜂的那樣橫臥在背部凹陷的溝槽裡。鞘裡面是產卵管絲狀體的後半部分，前半部在小傢伙體內一直延伸到腹腔。簡而言之，牠的工具和褶翅小蜂是一樣的，所不同的是工具的後半部分像劍一樣豎了起來。

這個屁股上佩劍的小劍客也喜歡搔擾石蜂，而且同樣令人心生畏懼。牠和褶翅小蜂同時開採石蜂的蜂巢。我看見牠和褶翅小蜂一起，用觸角尖一點一點地探勘；我看見牠和褶翅小蜂一起，勇敢地將短劍插入凝灰岩中。牠比後者工作得更投入，

　　或許也更加沒有危機意識。有人湊過來觀察，牠毫不在意；褶翅小蜂溜了，牠依舊堅守崗位。牠是如此自信，直接闖入我的實驗室，在我的工作桌上，與我爭奪著我用來觀察蜂群繁衍情況的蜂巢。牠在我的放大鏡下活動著，在我的鑷子尖旁活動著。牠冒了什麼險？人們會拿牠怎樣？牠這個小不點，這樣的小不點，牠自以為很安全，以至於我用手把蜂巢拿起來，移走，放下，再拿起來，這個小蟲子仍然無動於衷，在我的放大鏡焦點下繼續牠的工作。

　　這些膽大者當中的一員，造訪了高牆石蜂的蜂巢。蜂巢裡的大部分蜂房被一種叫臍蜂的寄生蟲蛹室占據著。出於好奇，我將蜂房剖開一半，於是裡面的一切都一覽無遺。這個新發現令牠很高興，連續四天，我都看到小傢伙四處搜尋，從一個蜂房到另一個蜂房，選擇合適的蛹室，完全遵照技術規則，將產卵管深插進去。我因牠而了解到，視覺雖然對於搜索來說是不可或缺的指引，但並不能決定鑽探的舉動是否適當。這個蟲子探勘的不是石蜂蜂巢的礫石外殼，而是蛹室的絲狀表層。探勘者從未遇過類似的情況，牠的同類也不例外。正常情況下，任何蛹室都有一個保護層包在外面。但這沒什麼關係：儘管外表大相逕庭，小蟲子也毫不遲疑。一種特殊的感官能力（對我們而言是不解之謎）告訴牠：在隔牆之內存在著牠要尋找的東西，雖然這個隔牆對牠來說並不熟悉。嗅覺早被宣判出局，現

在視覺也被排除在外。

　　鑽探石蜂的寄生蟲──臍蜂的蛹室，一點都不令我驚訝，因爲我知道這放肆的來訪者在爲牠的家庭準備食物時，什麼種類都無所謂。在大小、習性皆差別極大的各類蜂房裡，我都見過牠，像條蜂、壁蜂、石蜂和黃斑蜂。在我桌上被探勘的臍蜂只是又一個犧牲品，僅此而已。我關心的並不在此，而是在於我能在最好的條件下觀察蟲子的活動。

　　觸角陡然彎成直角，彷彿兩根斷裂的小棍，只有末端觸探著蛹室。就是在這個處於末梢的器官裡，存在著那個能在遠距離感受眼所不能見、味所不能聞、耳所不能聽的感官能力。要是探勘點合適，蟲子便將腳吊得高高的，爲自己留下充足的活動空間。牠把腹部末端稍稍拉向前，接著整個產卵管，包括產卵的絲狀體和鞘，直直地立在蛹室上。產卵管位於後面四隻腳形成的四邊形中間，這個位置非常利於取得最佳的效果。有時產卵管（而且總是整個產卵管）靠在蛹室上，用尖端搜尋、摸索；繼而鑽探絲倏地從劍鞘中拔出。劍鞘隨之沿著身體的中軸線向後收回，而絲努力地向內穿入。過程是艱難的，我看到蟲子試了二十多次，持續不懈，但還是穿透不了臍蜂那堅硬的外殼。如果鑽探無法深入下去，工具就會收回到劍鞘裡，蟲子則重新開始牠對蛹室的探測，用觸角末端一點一點地進行敲擊探

測。就這樣一次次地嘗試鑽探，直到成功。

　　卵是纖小的紡錘體，就像象牙那樣白白亮亮，長約三分之二公釐。它沒有褶翅小蜂卵上那長長彎彎的肉柄，也不像它們那樣懸掛在蛹室頂部，而是在提供養分的幼蟲周圍，沒有秩序地排列著。總之，就算在一個蜂房裡，只有一位母親，也總是重複產卵，而且卵的數目變化很大。而褶翅小蜂因為體型與牠的膜翅目昆蟲犧牲品相比，還略勝一籌，牠在每個蜂房裡找到的食物便只夠提供一個卵享用。因此，如果牠在一處重複產卵，那就是牠弄錯了，而非預先的打算；在食物只夠供一個卵享用時，牠會盡量避免產好幾個卵。然而，牠的競爭對手卻不必如此節制。一隻石蜂的幼蟲，就可以養活小傢伙的二十幾個後代；只夠給大蟲子一個後代吃的食物，能讓牠們一起過著飽足的生活。這個從事鑽探的小傢伙因此建立的，始終是有糧同享的大戶家庭。吃的東西雖然對一兩打小蟲子來說都綽綽有餘，但一家子一份，也就沒了。

面具條蜂

　　我想清點一下一家子的數目，看看做母親的是否估計過食物的量，並依照食物的豐盛程度決定進食者的數目。在我的記錄上，曾有面具條蜂的一個蜂房裡有五十四隻幼蟲的例子。這是一個無

法到達的數字。也許有兩位母親在這個居民過度稠密的地方產
下了卵。在高牆石蜂的巢裡，我一個一個蜂房地看過來，幼蟲
的數目在四至二十六之間；在棚簷石蜂的蜂房裡，是五至三十
六隻不等；在提供給我最多資料的三叉壁蜂蜂房裡，是七至二
十五隻；藍壁蜂的蜂房裡，有五至六隻；在臍蜂的蜂房裡，是
四至十二隻。

第一種和最後兩種似乎能反映出，食物的豐盛程度和進食
者的數目之間存在著一定的比例。當母親遇上了面具條蜂胖嘟
嘟的幼蟲，牠會一下子產下五十個卵；而遇上臍蜂和藍壁蜂，
食物的分配要精打細算，牠就只產下半打了事。光是能根據食
物供給的狀況來產卵，對牠來說就的確是了不起的事，更何況
蟲子是在非常艱難的條件下判斷蜂房裡有些什麼的。因為有天
花板擋著，蜂房裡有些什麼是看不到的，小傢伙只能從蜂巢的
外部獲取資訊，而蜂巢可是一種蜂一個模樣。因此，牠可能有
一種獨特的辨別力，這種對種類的區別是根據居所外觀的大小
得以確定的。但我不願做出這樣的假定，這倒不是直覺上感到
不可能，而是因為由三叉壁蜂和兩種石蜂所提供的資訊，讓我
無法接受。

在這三種蜂的居所裡，我看到了嗷嗷待哺的幼蟲數目變化
如此之大，以至於讓人必須放棄任何按比例的想法。母親並不

怎麼操心家人的食物過多還是不足，牠只管隨心所欲地繁殖，抑或根據產卵時卵巢內成熟卵子的多少來決定。如果食物超量，一家子就會發育得很好，個個壯實；如果食物匱乏，挨餓的幼蟲也不會因此而喪命，但會愈發瘦小。事實上，我常常發現，無論是成蟲還是幼蟲，因為群居密度的不同，身體大小可相差一倍。

　　幼蟲體色是白色，有點像梭子，很清楚地分成幾節，整個身子表面豎著一層纖細的絨毛，但不借助放大鏡就看不見。頭像一個小小的圓扣，直徑遠遠小於身體。在顯微鏡下，能看到牠的大顎。那是兩個紅褐色的尖突，往下擴大成一大塊無色的底部。因為沒有牙齒，在兩個突錐狀的頂點之間咀嚼不了任何東西，這兩個工具至多只能讓小蟲子稍微固定在被食用幼蟲的某一點上。因為無法切碎食物，嘴只是一個簡單的吸盤，透過皮膚的滲出作用將食物耗盡。此處我們要回憶一下在卵蜂虻和褶翅小蜂那裡學過的內容：進食犧牲者時，並不是一下子就殺死牠，而是讓牠日漸衰亡。

　　這是一幅怪異的畫面，即使我們已經見識過卵蜂虻的那一幕。二、三十隻餓殍，個個嘴巴像接吻那樣貼在胖胖的幼蟲身體兩側，一天一天使之憔悴衰竭，但是並不造成牠任何明顯的損傷；因此直到縮成一張乾癟的皮，牠都還保持著新鮮。要是

我驚擾了進食的小傢伙們，牠們就會猛然間全都停下嘴來，繞著奶媽沒頭沒腦地亂跑。之後，牠們又同樣敏捷地重新開始野蠻的接吻。我還得做一點沒意思的補充：不管是拋下食物還是重新進食的那一點，再怎麼仔細地觀察，也沒發現任何液體的外滲。只有幫浦運轉時油才會流出來。我已經對卵蜂虻作過描寫，再贅述這種怪異的進食方式就顯得多餘。

　　在侵占來的居所裡待了差不多整整一年後，初夏時分終於出現了成蟲。同一個蜂房內住了那麼多房客，這讓我想到解脫的工作應當具有一定的趣味。一隻隻蟲子都渴望盡早跨越牢籠的樊籬，在陽光下歡度節慶，牠們會同時一窩蜂地掘開天花板嗎？解脫的工作是服從集體的利益，還是只是依循個人利己主義的準則？只有觀察才能得出答案。

　　我預先將每個窩蜂都轉到一個短玻璃管中，玻璃管代替了原先的蜂房。一個結實的軟木塞，伸進管內至少一公分，這就是破殼而出時的障礙。玻璃下那一窩窩遭到囚禁的傢伙，並沒有我所料想的那種迫切匆忙，也不慌亂地揮霍力氣，而是讓我看到一個相當井然有序的工地。只有一隻蟲子在鑽著軟木，牠耐心地用大顎尖端一點一點地挖掘，欲開通一條能容下牠身體的通道。平坑道太窄，無法轉身，採礦工只得倒退著走回去。進展是緩慢的，想挖出個洞必須花上無數個小時；對這些柔弱

的小傢伙來說，這工作太辛苦了。

　　如果體力實在不支，挖掘者便離開攻擊的前線，回到大夥中間休息，並揮去身上的塵土。最靠近牠的那個同伴會立即頂上去，直到第三個來接替，這個同伴的勤務才告結束。就這樣輪番上陣，始終一個接著一個，因此工地既不會停工也不會人滿為患。大隊人馬安安靜靜，很有耐心地等在一邊。牠們對解脫一點也不擔心。會成功的，牠們對此信心十足。等待的時候，有的把觸角放進嘴裡舔拭，有的用後腳打磨翅膀，有的則藉著動個不停來排遣無所事事的煩悶。還有幾隻在做愛，這是打發時間極有效的方法，不論是當天才剛蛻變的、還是已活了二十來天的成蟲。

　　幾隻蟲子在做愛。這樣的幸運兒僅寥寥幾個，屈指可數。別的蟲子就無所謂嗎？不是的，但是牠們缺少情人。一個居所裡的兩性人口極不平均，雄性是可憐的少數民族，有時甚至一隻都沒有。以前的觀察者也注意到雄性的匱乏。布魯萊，這位在我隱居時唯一可以給我啓示的作者，曾經在文章中說過：「雄性似乎不為人所知。」對我來說，我認得雄蟲，但牠們稀少的數量使我懷疑，在這樣一個比例相差懸殊的後宮裡，憑牠們的力量能扮演什麼樣的角色。一些記錄說明了我的遲疑是有根據的。

在二十二個三叉壁蜂的蛹室裡，棲居者的總數是三百五十四隻，其中四十七隻雄性，三百零七隻雌性。因此，平均起來每個蛹室裡有十六隻蟲子，一隻雄性至少搭配六隻雌性。不論被侵占的膜翅目昆蟲是什麼種類，都或多或少維持著這樣一種不平衡的分配。在棚簷石蜂的蛹室裡，我發現也是六雌配一雄的平均比例；在高牆石蜂的蛹室裡，是十五雌配一雄。

我沒有把這樣的資料盡數羅列，但已足以令人猜想：雄性比雌性孱弱得多，而且像所有昆蟲那樣，一次交配就元氣大傷；那麼，大部分情況下，牠們必須對雌性保持冷淡。其實，乾脆不要母親，但這樣不是就會斷子絕孫了？對此，我無法說對，也無法說不對。這是比性別為何分成雌雄兩種更難於回答的問題！為什麼要有兩種性別？而不是只有一種？這樣豈不更簡單，尤其是蠢事會少得多。既然菊苣的塊根是無性的，那為什麼又要有性別之分呢？這些重大的問題在此章收筆之際從我心中產生。銅赤色短尾小蜂，其體型很容易讓人忽視，名字卻如此冗長繁縟，我發誓從此再也不說牠的正式名稱了。

第十一章

幼蟲的雙態現象

　　如果讀者對卵蜂虻的故事稍稍留意，就應該發覺我的陳述是不完整的。寓言作家筆下的狐狸知道如何進入獅子的洞穴，但還不知道如何出來。對我們來說，則正好顛倒過來：我們知道卵蜂虻如何從石蜂的堡壘中出來，但是不知道牠如何進入。卵蜂虻把屋主吃掉之後，為了從蜂房裡出來，變成一個鑽孔的機器，一種活工具。我們的工業如果需要開鑿岩石的新方法，倒可以從中得到啟迪。通往自由的隧道打開了，鑽孔機就像陽光下的莢果一樣裂開，從這個堅固的構造中出來一個小小的雙翅目昆蟲。小傢伙像一團柔軟的絨毛，和以前那個粗硬的鑽探工對比如此強烈，讓人驚訝不已。對於這一點，我們所了解的已經足夠了。但牠如何進入蜂房這個問題仍待解決，這個謎困擾了我四分之一個世紀。

　　首先，母親顯然不能在石蜂的蜂房裡產卵，當卵蜂虻出現時，蜂房已經被一層水泥圍牆關上好久了。要鑽進去，就要再變成鑽洞的工具，再穿上牠留在出口窗戶上的那層皮；牠必須讓時光倒流，重新變成蛹。但生命是不會倒轉的。用爪子、大顎，再加上堅韌不拔的毅力，成蟲在必要時是可能鑽開砂漿外殼的，但雙翅目昆蟲全都欠缺。牠那纖弱的腳只要揮一揮塵就會扭曲變形；牠的嘴是一個探集花朵蜜露的吸盤，而不是可以使水泥粉碎的硬鉗子。沒有膜翅目昆蟲的穿孔器，沒有褶翅小蜂的鑽頭，沒有任何類型的工具可以鑽透厚厚的牆壁，並將卵送至目的地。總之，卵蜂虻母親絕對不可能將卵安置在石蜂的房間內。

　　難道是幼蟲自己進入了糧倉，這個我們看到透過嗜血的接吻來榨乾石蜂的小蟲子？讓我們回想一下這個蟲子，牠像一根滿是脂肪的小香腸，在原地伸展或彎曲但無法移動。牠的身體是一個光滑的圓柱體，牠的嘴是一圈簡單的圓唇。沒有任何行走的器官，甚至沒有讓爬行變得可能的纖毛，或是粗糙皺起的地方。這種昆蟲生來就是為了消化和靜止不動。牠的構造不適合運動；一切都再清楚不過地證明了這一點。不，還是不對；幼蟲比母親更不可能進入石蜂的住宅。但牠們一定得接近食物，否則就會死亡；不是生存就是毀滅。雙翅目昆蟲究竟是怎麼做的呢？探詢可能性都是徒勞的，而且常常只能自欺欺人；

要得到站得住腳的答案，只有一個辦法：做幾乎辦不到的事，從卵蜂虻的卵開始觀察。

　　儘管種類還算不少，但當我希望有比較密集的群體以便持續進行觀察時，卵蜂虻又顯得量不夠多。在陽光強烈照耀的地方，我看見牠們這裡幾隻，那裡幾隻，在舊牆、土坡、沙地上飛舞，有時排成小小的隊伍，更常見的是孑然一身。對於這些流浪者，今天看到，明天就消失，我什麼也不能指望，因為我不知道牠們的住處。在日曬風吹下一個一個地監視，是困難且鮮有成果的；當我們破解秘密的希望才剛出現，敏捷的蟲子就不知道飛到哪裡去了。對於這項工作，我耐心地耗費了好幾個小時，沒有任何結果。如果事先知道卵蜂虻的住處，尤其是同一種類群居在一起的時候，也許會有成功的機會。從第一種開始，到第二種，再到其他的，一直探尋下去，直到得出圓滿的答案。不過，符合這樣群集條件的卵蜂虻，在我漫長的昆蟲學生涯裡只遇過兩種，一種在卡爾龐特哈，另一種在塞西尼翁。第一種是變形卵蜂虻，生活在三叉壁蜂的蛹室裡，並在毛腳條蜂的舊通道裡築自己的巢；第二種是三面卵蜂虻，牠利用的是卵石石蜂的巢。我將分別探尋這兩者。

　　我在垂垂老矣之際再次來到卡爾龐特哈，高盧人取的這個艱澀的地名令人發笑，而且讓人以為很有學問。我二十歲那年

是在這個小城度過的，在這裡我初涉塵世。現在我的拜訪就像是一次朝聖：回顧那些留下我青年時代最強烈感受的地方。在路上，我向自己開始從事教學的那座老學校致敬。它的外觀沒有改變，還是一所感化院。過去哥德人的教育就是這樣：把年輕人的愉快和活躍看成是不健康的事情，要用狹隘、憂鬱和陰暗來反其道而行。教學的地方就是少年犯的感化院，青年人的活力在令人窒息的監獄裡被壓抑。在四座高牆之間，我看到了院子，類似關熊的凹坑，學生們在一棵梧桐樹下爭奪著遊戲的空間。四周是各種關動物的籠子，不見陽光，也不透空氣，這便是教室。我這是在說過去，因為現在這種學校裡的苦難已經不再有了。

　　這裡是香煙店，星期三的晚上，從學校裡出來，我就賒帳買了一些能塞在我煙斗裡的東西。就這樣，為了這個神聖的星期四，在前一天慶祝第二天的快樂；第二天我會致力於那些難解的方程式，新實驗裡的試劑，還有被採集來和確定了的植物。因為忘記帶錢，我羞澀地提出我的要求，對於自重的人來說，要承認自己沒有錢是很令人難受的。看來，我的羞澀得到了他的一點信任；於是，前所未有地，我在煙草專賣局的代理處被允許賒帳。啊！我站在店門口時，可以用來變賣的只有幾盒蠟燭、一打鱈魚、一桶沙丁魚和幾塊肥皂！我並不比別人笨，也不比別人懶，但我就要捉襟見肘了。我能要求什麼呢？

智力的助產士，知識的操作者，我甚至沒有權利享有安家之所和果腹之食。

這就是我過去的住所，後來一群僧侶來到這裡哼唱經文。在這扇窗戶的窗洞裡，在關著的外板窗和玻璃之間，在世俗之手的掩護下，放著我的化學品。這些化學品是我年輕時用積蓄裡的幾個小錢買下來的。我拿煙鍋充當坩鍋，一個裝糖衣杏仁的小玻璃瓶當曲頸甑，裝芥末的罐子做裝氧化物和硫化物的容器；在炭火上，熬湯的鍋邊，配製著要研究的化學試劑，不論它是無害的還是可怕的。

啊！我多想再看看這個房間，那是我埋頭研究微積分的地方，也是我看著馮杜山時，一團熱火般的腦袋便平靜下來的地方。下一次旅行時，我會到達馮杜山頂，看那些只長在北方的虎耳草和罌粟。我多想再看到我的摯友，就是那塊黑板。它是我從一位大鬍子木匠那裡用五法郎租來的，因為囊中羞澀，租金分成好幾次才付清。在這塊黑板上，畫過多少條圓錐曲線，寫過多少深奧的語句啊！

儘管我非常努力，而且遠離塵囂會使這種努力顯得更有效果，但我在這條自己如此感興趣的路上幾乎沒有得到什麼。如果有能力的話，我會重新開始。如果我能解決這個艱難的問題

──如何弄到當天的麵包，我會一次一次地和萊布尼茲與牛頓、拉普拉斯與拉格宏治、泰納爾與杜馬、居維葉與朱西厄①等人交談，啊！年輕人，我的後繼者們，你們現在的際遇有多好！如果你們不知道，就讓我透過一個你們前輩的幾段故事，來告訴你們吧。

但是，別光顧著回憶放置化學品的窗櫃和租來的黑板；聆聽幻想和貧窮的回聲時，不要忘了昆蟲。讓我們去雷格那幾條低凹的道路，自從我在那裡觀察芫菁以來，這些路已被別人視為經典。在陽光炙烤下，斜坡上那些著名的溝壑，如果我對你們的名聲有過一些貢獻，你們也給了我一些美好的時刻，讓我忘卻煩憂，沈浸在學習的樂趣中。至少，你們不會以無可企及的希望來欺騙我吧；許諾我的一切，你們都給了我，並且常常百倍地給我。你們是我的希望之鄉，我想在這裡搭起觀察者的帳篷，但我的願望無法實現。那就讓我在路過時向昔日那些親愛的昆蟲們打個招呼吧。

---

① 萊布尼茲：1646～1716年，德國自然科學家、數學家、哲學家。牛頓：1642～1727年，英國物理學家、數學家，十七世紀科學革命的頂峰人物。拉普拉斯：1749～1827年，法國數學家、天文學家。拉格宏治：1763～1813年，法國數學家。泰納爾：1777～1857年，法國化學家。杜馬：1800～1884年，法國化學家。居維葉：1769～1832年，法國動物學家。朱西厄：1748～1836年，法國植物學家。──譯注

　　我要向櫟棘節腹泥蜂致敬，我看見牠在這條坡上忙著儲存牠的方喙象鼻蟲。我過去看過的，現在又看到了。小傢伙還是以同樣沈重的步伐將獵物拉到洞口，在胭脂蟲櫟叢中監視的雄蜂還是一樣相互爭鬥。看牠們忙碌著，一股年輕人的熱血在我體內流動，有時我好像重新散發出一點青春的氣息。時間緊迫，得走開了。

　　我還要再打個招呼。我聽到在這個峭壁上，有一群刺殺蟋蟀的飛蝗泥蜂在嗡嗡地鳴叫。向牠們投以友善的注目禮吧，這就足夠了。我在這裡的老朋友太多了，沒有時間去和牠們一一敘舊。我不停步地向大頭泥蜂打著招呼，牠在斜坡上製造了土石的坍方；我再向赤角巨唇泥蜂打個招呼，牠在兩片砂岩之間堆放著修女螳螂；還有紅腳的柔絲砂泥蜂，正將一些尺蠖存入地窖；還有嗜吃蝗蟲的步蚈蜂，以及在枝頭上修建黏土穹屋的黑胡蜂。

赤角巨唇泥蜂

　　我們終於到達了目的地。這個高高的峭壁，向南伸出幾百步，整個坡上密布著大大小小的洞，就像一塊可怕的大海綿，這便是毛腳條蜂和牠的免費房客三叉壁蜂長久以來的居所。那裡也有許多牠們的殲滅者：條蜂的寄生蟲──西塔利芫菁，和壁蜂的殺手──

卵蜂虻。我錯過了好時機，九月十日才來，時間上有些晚了。一個月前，甚至在七月末，我就該來這裡參觀雙翅目昆蟲的活動。我的旅行自然收穫不多，只看到了少數的卵蜂虻，在土坡的表面飛舞著。但不要失望，我們可以先熟悉一下地形。

條蜂的蜂房裡是這種膜翅目昆蟲的幼蟲。在有些蜂房裡，我還看到了短翅芫菁和西塔利芫菁。過去這是珍貴的發現，但現在對我已沒有價值了。其他的蜂房裡有毛斑蜂花色斑斕的蛹，甚至還有牠的成蟲。儘管是同時產的卵，發育較早的壁蜂在蛹室裡已無一例外地呈現出成蟲的形態；這對我的研究來說不是好兆頭，因為卵蜂虻需要的是幼蟲而不是成蟲。看到雙翅目昆蟲後我更加擔心了；牠的發育已經完成，提供牠養分的幼蟲已經被吸乾，也許這都是幾個星期以前的事了。我不再懷疑，我來得太晚，已看不到壁蜂蛹室裡發生的一切了。

該認輸了嗎？還不必。我的筆記證實，卵蜂虻是在九月的下半月孵化。此外，我看到的那些在峭壁上探勘的卵蜂虻並非是在瞎忙，牠們正在安置家人呢。這些落後者不能襲擊壁蜂，成蟲的堅硬肌肉不再適合於餵養新生兒；此外，成蟲那麼強健，也不會任憑別人擺布。但是在秋天，另一類數量不多的採蜜者，接替春天的蜂群，來到了斜坡。其中我看到了冠冕黃斑蜂走進牠的通道，有時帶著採集的花粉，有時帶著小棉球。稍

冠冕黃斑蜂（放大1½倍）

早的兩個月前，卵蜂虻已選擇了壁蜂作爲犧牲品，現在這些秋末的蜜蜂難道不會同樣遭到牠們剝削嗎？如果眞是這樣，我看到卵蜂虻爲何一副忙碌的樣子也就有了解釋。

由於有了這個猜想，我頂著能將雞蛋烤熟的烈日，安下心來在峭壁前駐足；在半天內，目不轉睛地看著我的雙翅目昆蟲的演變。在離土層幾法寸遠的地方，卵蜂虻從容不迫地在斜坡上飛舞。牠們從一個洞口到另一個洞口，但從不曾進去。再說，牠們大大的翅膀，在停棲時橫向地展開，阻撓了牠們進入窄窄的通道。牠們就在峭壁上勘察著，來來去去，上上下下，一會兒飛得快速，一會兒飛得和緩。時而我看到卵蜂虻猛然接近岩壁，垂下腹部，似乎用產卵管的末端碰觸地面。這行動一瞬間就完成了。接著，蟲子到另一處歇腳休息。然後，又開始輕柔的飛舞、漫長的勘測和突然以腹部末端擊土的動作。蜂虻在離地不遠處遨翔時，也慣於相同的行動。

我趕緊來到被碰觸過的土層，用放大鏡察看，希望發現蟲卵，這樣便可證明腹部每一次撞擊都是在產卵。儘管非常細心，我卻什麼也沒看出來。的確，勞累、刺眼的光線，加上火爐般的高溫，使觀察極端困難。不過後來認識了從卵裡出來的

小傢伙後，對於自己的失敗，我就不再感到意外了。在工作室，我利用休息過的眼睛和最好的放大鏡，手也不因為激動和勞累而顫抖，但還是費了九牛二虎之力，才發現了那個微小的生物。在燥熱的峭壁下，我又怎麼能看得到卵，一隻被遠遠觀察的蟲子如此突然產下的卵，我怎麼可能發現它的準確方位呢！在我當時所處的那種艱難條件下，失敗是必然的。

儘管我的嘗試以失敗告終，我依然相信卵蜂虻就是在那些適合牠們幼蟲生活的蜜蜂住宅的表面，產下一個又一個的卵。每一次牠們以腹部末端突然撞擊時，都是在產卵。牠們沒有小心地將卵隱蔽起來，這種小心因為母親的身體構造而變得不可能。卵，如此脆弱的小東西，被放置在沙粒間，於烈日下曝曬，連石灰土層在這樣的條件下都會皺起。但只要附近有牠垂涎的幼蟲，這種簡略的安頓也就足夠了。往後，小蟲子得靠自己來擺脫困難和艱險。

如果雷格低凹的道路沒有告訴我所有我想知道的東西，它們至少使我知道，新生的蟲子極可能是自己來到儲糧的蜂房。但我們已經認識的小蟲子，那隻將石蜂或壁蜂的幼蟲脂肪耗乾的小蟲子，卻不能移動，更無法長途跋涉，去穿透厚厚的圍牆和蛹室的絲層。於是一個必要物產生了。一個初始狀態的必要物，可以移動、搜尋，雙翅目昆蟲就是在這種形態下抵達牠的

目的地。卵蜂虻因此有兩種幼蟲的狀態：一種能進入到食物所在的地方，另一種專門進食。我相信這種推理邏輯；我腦海中已經勾勒出從卵裡出來的小蟲子，行動自如，不畏懼長途遠行，身體靈活，能鑽入小小的縫隙。而一旦面對牠要進食的幼蟲，便褪去旅行的衣裳，變成臃腫的蟲子，往後牠唯一的職責就是紋風不動，長胖長大。這一切順理成章，就像在推演一則幾何定理。想像的翅膀如此輕柔，一張開就能飛起來，不過比較恰當的做法是，穿上那雙由觀察到的事實製成的鞋，儘管鉛製的鞋底，讓行動變得遲緩。我穿上它們，以便繼續下去。

　　第二年，我重新展開研究，這一次是石蜂巢中的卵蜂虻。作爲我村舍內的近鄰，石蜂使我每天都拜訪牠，如果需要，甚至早晚各一次。由於有先前研究的教訓，我現在知道孵化和此後產卵的確切時節了。七月，最遲八月，三面卵蜂虻就已經在建立牠的家庭。每天早上，大約九點鐘，暑氣開始襲來（按照法維埃的說法就是太陽的火盆裡又添了一綑柴），我來到鄉間，決心只要能揭開謎底，回程時被太陽曬昏也在所不惜。顯然，這個時間離開陰涼的地方，準是讓魔鬼附身了。請問你要去做什麼？寫一個小飛蟲的故事！天氣越是炎熱，我成功的機率就越大。酷熱對我而言是折磨，卻爲蟲子帶來快樂。這便是我的動力，去吧！道路就像鍛燒中的鋼一樣令人目眩。從滿布灰塵的陰暗的橄欖樹上，傳出無數聲音的顫動，樹林內的樂隊

正在演奏一章聲勢浩大的行板。這是蟬的音樂會，隨著溫度升高，蟬的腹部瘋狂地振動作響。山蟬的鳴器嘶啞的振動聲，使蟬的單調的交響曲有了節奏。是時候了，去吧！在五、六個星期內，通常從早上，有時從下午開始，我一步步地探勘布滿石子的高原。

石蜂的巢很多，但我看不到任何一個忙於產卵的卵蜂虻在蜂巢的表面歇腳。我什麼也沒有看到。至多，在我的視線範圍內，隱約看到一隻，遠遠地迅速飛過。我看著牠消失在遠方，這便是全部。根本不可能看到產卵。對於雷格的峭壁，我總覺得自己學到的還很少。一發現遇到困難，便急忙尋求援助。牧童在這些多岩石的牧草地裡放羊，而我們這地方的羊就喜歡吃這裡茂盛的寬葉薰衣草。我努力向牧羊人說明我的研究對象；我對他們說那是一種粗大的黑色蠅蟲，會停留在地面的蜂巢上；他們對這些巢也很熟悉，春天時會用一根麥管從巢裡取出蜜，塗在麵包片上。他們應當監視這種蟲子並注意蜂巢，或許能看到蟲子在巢上嬉戲駐足；當天晚上，他們趕著羊群回村時，再告訴我白天的結果。他們勸我翌日和他們一起去繼續觀察，這當然無所謂。我年輕的牧羊人沒有古風，與從山毛櫸上切下來的塗蠟的七孔笛相比，他們寧願要錢幣，這樣星期天就可以去小酒館喝一頓。我承諾每找到一個符合條件的蜂巢，他們就能獲得金錢上的報酬。交易就這樣被熱情地接受了。

　　他們有三個人，我是第四個。我們這麼多人會成功嗎？我希望如此。到了八月底，我最後的幻想也破滅了。我們當中沒有一個人看到粗黑的飛蟲停留在石蜂的穹屋上。

　　我覺得，失敗可以這樣解釋：在條蜂蜂城寬敞的表面，卵蜂虻只是過客。牠飛過來探訪各個角落，但不會離開自己出生的峭壁，因為牠在遠處的探索可能沒有收穫。對牠的家人來說，如果牠認為某個地點不錯，就邊滑翔邊仔細觀察，然後猛然接近，用腹部末端撞擊。這就行了，卵產了下來。至少我是這樣想的。就在幾公尺的範圍之內，牠斷斷續續地飛著，有時在太陽下小憩，接連尋找合適的地點和產卵。昆蟲固執地待在同一個斜坡上，是因為那裡有取之不竭的財富。

　　石蜂的卵蜂虻則情況完全不同，石蜂深居簡出的習慣對牠不利。牠用牠那寬大粗壯的翅膀，有力地飛舞著，牠要產卵，就必須四處遊歷。石蜂的巢在卵石上一個個孤立地分布著，有時幾公頃大的地方也才出現寥寥數個。對雙翅目昆蟲來說，發現一個巢是不夠的：因為寄生蟲的關係，並非所有的蜂房都有理想的幼蟲，還有一些居所防範得過於嚴密，讓牠無法深入到糧食裡去。僅僅為了產一個卵，需要有幾個巢，也許還要更多，牠們必須長途跋涉地去找尋。

　　因此我想像著卵蜂虻來來往往，四處奔波，穿過布滿石子的平原。完全無須放慢飛行，牠那訓練有素的眼睛就可以分辨得出土質穹屋——牠要尋找的目標。找到穹屋後，牠從高處勘察，始終滑翔著；牠用產卵管的末梢，撞上去一次、兩次後，便立刻離開。如果牠要休息，那也是在其他地方，無論什麼地方，地面、石頭上，薰衣草或者百里香叢中。這種習性透過我在卡爾龐特哈凹陷的道路上的觀察，也得到了驗證。因此，顯而易見的，年輕的牧羊人加上我自己，視力再好也要失敗。我想到了這不可思議的一點：卵蜂虻不在石蜂巢上停留並有條不紊地產卵，牠只是飛過那裡而已。

　　如此一來，我對幼蟲初始形態的預設也增加了可能性。這種形態與我熟知的大相逕庭。卵被漫不經心地拋下後，新生的幼蟲一開始必須能在蜂巢的表面移動，必須具備足以穿越凝灰岩圍牆的工具，並能透過某個裂縫，進入石蜂的居所。一生下來，也許卵的殘皮還拖在身後，雙翅目昆蟲就得開始尋找牠的居所和食物。憑著本能的指引，牠終會抵達那裡，這種能力與出生的天數無關，只要一孵化牠就有這種眼力，與飽經生命滄桑者一樣。對我而言，這種小蟲可不是虛無飄渺的；我看到了牠，如果沒有看到外形，至少看到了行動，彷彿這一切就發生在我的放大鏡下一樣。如果理性不是一個無用的嚮導，牠必然存在，我一定要發現牠，後來我的確發現了牠。在我對昆蟲的

探究中，從來不曾對邏輯如此堅定過，它從來都不曾像這樣使我充滿信心地走向生物學的一個定律。

在我徒勞無功地觀察產卵的時候，我還看了石蜂巢裡的東西，尋找剛剛從卵裡出來的小蟲子。我利用年輕牧羊人的熱情，請他們做一項比先前那件事簡單一些的工作。他們幫我帶來一堆堆的蜂巢，加上我自己的收穫，蜂巢多得裝滿了好幾籮筐。它們放在我的工作桌上，任憑我不慌不忙地探查，我狂熱的確信將有一個令人滿意的大發現。我將石蜂的蛹室從蜂房裡取出，從外部觀察它們，或者打開蛹室在察看其內部；用放大鏡尋找著蛛絲馬跡，一點一點地搜索石蜂沈睡的幼蟲與居所內部的隔牆。沒有，還是什麼都沒有，始終沒有。兩個星期以來，廢棄的蜂巢堆積如山，我的工作室都被占滿了。把這些可憐的沈睡者從絲殼裡取出，真是一場大屠殺，儘管我小心地把牠們放在保險的地方，使昆蟲的變態可以繼續，但大多數還是逃脫不了悲慘的結局。好奇心使我們變得殘忍。我繼續剖開蛹室，但什麼都沒有，始終沒有。我必須捍衛自己最堅定的信仰。我這麼做了，幸好結果也成功了。

七月二十五日這一天發生的事值得記載。我看到了，或者說我認為自己看到了，有東西在石蜂的幼蟲身上移動。這是我的幻覺嗎？這是我呼吸時吹過去的一截半透明絨毛嗎？這不是

幻覺，也不是一截絨毛，牠的的確確是一隻小蟲！啊！多麼偉大的時刻！但又多麼令人困惑！牠與卵蜂虻的幼蟲毫無共同之處，看上去就像一個極微小的蠕蟲偶然從寄主的皮膚裡鑽出來，在外面動個不停。我對我的發現物期望不高，因為牠的模樣難倒了我。這也沒什麼關係，讓我們把石蜂幼蟲和牠身上的問題生物放到一支小的玻璃管內。萬一就是牠呢？誰知道？

　　自從知道我所尋找的小東西會給我帶來何種困難後，我就加倍小心，以至於兩天內我得到了大約十隻和這個令我激動的小傢伙一樣的蟲子。每隻小蟲都和石蜂幼蟲一起居住在玻璃管裡。小蟲子是這樣的小，還是半透明的，很容易與其寄主混淆，而且後者的皮膚一皺起就會讓牠銷聲匿跡。前一天晚上在放大鏡下還看到的，第二天就再也找不到了。我以為失去牠了，牠被翻身的石蜂幼蟲壓扁了，我又將一無所有了。但隨後牠又活動起來，我重新看到了牠。十五天後，我的困惑終於結束。這真的是卵蜂虻的初齡幼蟲嗎？是的，因為我最後看到，我的小傢伙變成了以前描述過的那種幼蟲，開始使用牠那接吻式的耗

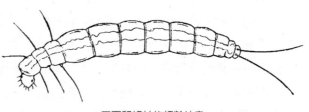

三面卵蜂虻的初齡幼蟲

乾法。那一刻的滿足補償了我無數次的煩惱。

讓我們再從頭看看小蟲子的故事吧。現在牠已經被證明是源自於卵蜂虻了。這是一種長約一公釐的小蟲子，差不多和一根頭髮一樣細。因爲身體半透明，要看到牠很困難。牠在奶媽皺起的皮膚下蜷縮著，牠的皮膚很精細，在放大鏡下也無法發現。弱小的生物非常好動：牠在奶媽大肉塊的身體上邁著步子、轉著圈。牠行走時相當敏捷，就像尺蠖那樣蜷成環狀，再伸直。兩個端點是主要的支點。停下來以後，牠身體的前半部向四處移動，似乎在探勘周圍的空間。行進中，牠的身體鬆弛時，體節變得清晰，外觀像是一截多節的絲狀體。

在顯微鏡下，我發現牠有十三個體節，其中包括頭。頭很小，略帶角質，這從它琥珀般的顏色可以看出來，頭前方豎著一點點短而硬的毛。三節胸節每節都長著兩根長毛，長在下側。最後一節的末端長著兩根相同的毛，但是長度更長。這四對鬃毛，三對在前，一對在後，是行走的器官。另外，頭部邊緣豎立的毛和尾部小的圓形突起，具有黏性，可以作支撐點。在西塔利芫菁的初齡幼蟲中也有類似的結構。透過體表，可以看到兩根長長的氣管帶，相互平行，從第一個胸節延伸到倒數第二個腹節。氣管帶的末端應該通往兩對氣孔開口，但我無法看清。這兩根大的呼吸管是雙翅目昆蟲幼蟲的特徵。呼吸管的

末端對應的，正是卵蜂虻幼蟲第二齡時兩對氣孔張開的地方。

　　半個月內，孱弱的蟲子就像我先前描述過的樣子，一點也沒長，很可能也沒有吃過食物。我的探視如此之勤，還是沒看到牠吃過什麼。牠又能吃什麼呢？遭到入侵的蛹室裡除了石蜂幼蟲外什麼也沒有，小蟲子只有到第二齡時有了吸盤，才能對其加以利用。但牠這段節食的生活並非無所事事，小蟲子一會在這裡，一會到那裡，勘察著牠的肥肉，牠邁著尺蠖的步伐晃來晃去；牠的頭一會兒抬起，一會兒擺動，注意著四周的情況。

　　這種長時間的過渡狀態在我看來並不需要進食。卵被母親產在蜂巢的表面，靠近合適的蜂房，不過，我寧願說牠離奶媽很遠，因為石蜂的幼蟲被一道厚厚的城牆保護著。新生兒要打開入口來到食物處，不是透過暴力和撬鎖，牠也沒有這樣的能力，而是耐心地在隱藏著裂縫的迷宮裡嘗試、放棄，再嘗試，最後溜進去。儘管牠如此纖細，對牠而言，這仍是非常困難的任務，因為石蜂的建築太密實了。沒有修建時因偷工減料而產生的裂縫，也沒有風吹雨打造成的缺口，到處都很均質，表面上看來無法穿透。我只能看出蜂巢表面有一個地方較脆弱，而且只有幾個巢是這樣的，那就是穹屋與卵石表面的接合線。水泥和石頭這兩種特性有異的材料在接合時，可能不是那麼緊

密，其間也許留下一道縫隙，足以使一個細如髮絲的入侵者進去。然而在卵蜂虻占據的蜂巢上，就算用放大鏡也看不到這樣的一條路。

因此我寧願接受，小蟲子在整個穹屋表面四處尋找想要的居所，自己選擇入口處。褶翅小蜂的產卵管都能插進去，更纖細的牠又怎麼會沒有合適的通道呢？的確，膜翅目昆蟲鑽探者擁有肌力，以及堅實的工具；而牠過於纖細，只有持之以恒的耐心。但工具優良的那位用三個小時完成的工作，牠多花些時間也可以做到。因此，我們可以這樣解釋，卵蜂虻幼蟲在初齡下的兩個星期，其職責是穿越石蜂的圍牆，通過蛹室的絲殼來到食物旁。

工作如此艱辛而工作者又如此弱小！我不知道我的小傢伙們要多少時間才能到達目的地。也許有更容易的路，在第一齡結束前，牠們就來到了奶媽那裡；在第一齡的最後時刻，牠們在我眼前，不著邊際地晃來晃去，探勘著牠們的食物。換新皮和用餐的時間還沒有到。牠們也許有一大部分鑽進了石蜂的毛孔裡，這就是為什麼我剛開始尋找時一無所獲的原因。

有些事實似乎表明，如果道路難開，進入居所可以拖上整整幾個月。有時，一些卵蜂虻幼蟲面對的是變態即將結束的石

蜂蛹。還有，牠們在已經變成成蟲的石蜂身上；雖然這樣的情況很少見。這些幼蟲可遭了殃，一臉病態，食物太硬，再也無法進行精細的哺乳。要不是小蟲子在蜂巢的高牆上流浪得太久，這些落後者是從哪裡來的？牠們在有利的時節進不去，便再也無法發現合適的菜肴。西塔利芫菁的初齡幼蟲從秋天一直持續到來年的春天，卵蜂虻的初齡也很可能一直這樣持續著，牠並非無所事事，而是固執地嘗試穿越厚厚的城牆。

　　我的小蟲子連同食物一起被裝進管子裡，一般有十五天保持不變。最後我看到牠們收縮，然後蛻下表皮，成為我焦急期盼的幼蟲，對我所有的疑惑提出最後的解答。牠便是卵蜂虻的幼蟲，這白奶油的圓柱體，頭部像個小圓扣，後面連著一個突起。沒有任何耽擱，牠將吸盤貼在石蜂身上，蟲子開始進食了，又要持續十五天。接下去的事我們已經知道了。

　　在和小蟲子告別之前，讓我們對牠的本能寫上幾行。牠剛剛在太陽的酷曬下孵化出來。牠的搖籃是粗糙的石頭表面，礦物的堅硬迎接著牠的新生，牠的蛋白纖維幾乎還沒有凝固。但是拯救發生在內部，啟動的活蛋白原子開始和石頭搏鬥。牠執著地鑽探著石頭的孔隙；牠鑽進去，向前爬，退後，再重來。種子萌芽後長出的胚根在進入鬆軟的地面時，並不比牠鑽進砂漿塊中更不屈不撓。有什麼神諭推動著牠奔向石塊底下的食

物，有什麼羅盤在指引牠？對這些地下建築裡的食物及其分配狀況，牠知道些什麼？什麼都不知道。植物的根對土壤的肥沃與否又知道些什麼呢？也不會知道得更多。兩者卻都走向了富有營養的地方。有人提出了一些理論，都很有學問，說什麼毛細作用、滲透作用、細胞滲透，以此來解釋胚莖的朝上和胚根的朝下。小蟲子進入凝灰岩也可以用物理或化學的力量來解釋嗎？說實在話，我屈服了，但卻無法理解，甚至不想努力去理解。這個問題對於無能的我們來說太高深了。

除了關於卵的一些細節還不得而知外，卵蜂虻的傳記現在完整了。大部分的完全變態昆蟲從孵化起，就出現了應該一直保持到蛹的幼蟲形態。卵蜂虻透過一種顯著的不一致，為昆蟲學開啟了新的局面。牠在幼蟲時接連的兩種形態，相互間差異很大，無論是結構還是其扮演的角色。我把這種兩個階段的構造用「幼蟲的雙態現象」來稱呼。從卵裡出來的最初狀態稱為「初齡幼蟲」，第二種形態是「二齡幼蟲」。在卵蜂虻身上，初齡幼蟲的作用是到達糧食倉庫，因為母親無力在上面產卵。牠可活動，並有運動觸鬚，這使纖細的牠能鑽進蜜蜂蜂巢圍牆上最小的縫隙中，穿過蛹室的絲，進入供雙翅目昆蟲食用的幼蟲旁。這個目的達到了，牠的角色便告終。於是出現了二齡幼蟲，這時什麼行走的方法牠都不會了。牠待在入侵的居所內，無法自己出去，就像牠無法自己進來一樣。牠的使命就是進

食，就像一個塞滿食物、消化食物、積聚營養的胃。然後蛹態出現，牠具有出去的工具，就像初齡幼蟲具有進來的工具一樣。一旦破殼而出，就出現了成蟲。成蟲要做的事就是產卵。卵蜂虻的生命週期因此分成四個時期，每個時期都有相應的形態和特殊的功能：初齡幼蟲進入糧倉內；二齡幼蟲進食；蛹鑽開圍牆，帶領著蟲子重見天日；成蟲產卵。然後，循環就再重新開始。

幼蟲的雙態現象讓人想到過變態的開始。短翅芫菁、西塔利芫菁和其他芫菁，從卵裡出來的形態都很好動，長了很出色的腳和其他的運動器官。牠停在菊科的花上，蜷縮在蜜蜂的通道中，等著採蜜者經過，然後緊緊摟住牠們的體毛，讓自己這樣被載運到覬覦的蜂房內。芫菁和卵蜂虻這兩種微小的生物，在功能上的一致是很明顯的。兩者都嚴格且持續長時間的戒絕飲食，牠們的使命就是進入到食物所在的地方，只不過這裡是沈睡的幼蟲，那裡是蜜餅。只要食物有了保證，兩者接下去都變成不能動的幼蟲，唯一要做的事就是進食、長大。

演變的類似性到現在都完全一致，但二齡幼蟲之後便不再繼續下去。蛹出現之前，芫菁要經歷兩種卵蜂虻都沒有的階段：擬蛹和三齡幼蟲，我現在弄不清甚至無法猜想牠們的角色分配，因為這兩態在昆蟲世界中是絕無僅有的。但這也無妨；

既然邁出了新的一步，就不會沒有價值。我們現在已經證實，除蕪菁之外，也有昆蟲有初齡幼蟲及其後的二齡幼蟲；幼蟲的雙態會指引我們來到過變態。我很快就有機會填補一些兩者間的空缺。

我剛剛打下基礎的原則會相當重要，如果我能再從其他類別的昆蟲中，找到一些例子來證實它。好運使我得到了如下的幾個例子。

再說說褶翅小蜂這個吃石蜂幼蟲的傢伙吧。我說過，在棚簷石蜂的巢上，我看到同一個蜂房在不同的時間被鑽探過幾次。從外部無法看出一個居所已經被開採過，其他的鑽探者一個接一個地到來，將產卵管植入，彷彿牠們是最先的行動者。我說過，這些重複的產卵造成了一個蜂房裡有好幾個卵，不論是在棚簷石蜂的巢裡，還是在卵石石蜂的巢裡。我甚至同時發現過五個，而且無法證明這個數字不會被超過。這個被確認的事實在與另一個事實比較時，會令人驚訝：無論什麼時候造訪蜂巢，在石蜂的房間裡，都僅有一隻褶翅小蜂的幼蟲，吃著犧牲品或者已經進食完畢。一方面，常常見到好幾個卵；另一方面，永遠只有一個食客。這個不解之謎值得關注。很快地，這個問題獲得解決，它可比不上卵蜂虻困難重重的故事所帶給我的波折。

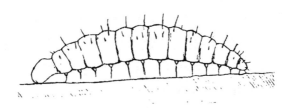

巨型褶翅小蜂的初齡幼蟲

　　七月初卵產下來後，立即孵化，出來了一個與我們已認識的幼蟲毫不相像的小蟲子。牠長得真是奇怪，如果我不知道牠的來源，一定不會把牠看作是某種膜翅目昆蟲的初齡幼蟲。這是一隻分節清晰的小蟲子，透明得近似玻璃，長度在一至一‧五公釐之間，最寬處寬〇‧二五公釐。不包括頭部，體節有十三個，從中間向兩端逐漸變窄。與身體其他部位相比，頭稍大，從第一胸節的一個像頸部一樣收縮的地方突出來。頭拉長、彎曲、薄薄的。它那淡琥珀色的體色說明它比較結實。顯微鏡下看到的兩個筆直的小角，是觸角，還有一道褐斑或者說口腔的開口，我費了好大的勁才看出這是兩片單薄的大顎。沒有任何視覺器官，在陰暗處生活的動物都遵循這個準則。

　　所有的體節，除了末節或者說尾節，腹面都有一對透明的剛毛，每根剛毛的基部都是一個圓錐形突起，可自由活動的那一端稍微膨脹成橄欖形。這些剛毛較長，差不多和昆蟲相應部

位的體寬一致。這十二個節在背上有三根同樣的剛毛，但基部不是圓錐形。整個身體上還豎滿了短短的、透明的、硬直的毛，形狀像骨針。我無法認出氣孔，儘管在身體每一側，從頭到尾，我都能看到一條氣管。

休息時，小蟲子微微將身子彎成弓形，只用頭尾兩端貼在石蜂幼蟲身體上，身體其他部分則藉由垂直指向支撐面的剛毛，與石蜂保持一段距離，看上去好像有一道柵欄將牠們隔開似的。牠行走的樣子讓人想到尺蠖。小蟲子以尾節的末端為支撐，垂下頭，把頭的邊緣固定在一點上。然後弓起身子將後端向前拉。一步走好了，牠焦急地豎起身子，用肛門上的某種黏液固定住尾部，身體在空中突然搖動幾下。先是西塔利芫菁，然後是卵蜂虻，現在是褶翅小蜂，用一種根本猜測不到的器官進行運動。三種習性各異的小蟲，都用隱藏在黏性吸盤裡的腸腔末端邁出步子。這些雙腿殘缺者，用臀部行走。

在肛門的幫助下，新生的褶翅小蜂環繞牠的奶媽轉了一圈。牠做得很好，因為牠準備從事長途旅行。牠似乎喜歡在附近繞一圈，就算只走上一法寸遠。我看到牠放開石蜂幼蟲，撐起運動剛毛，像在踩高蹺一樣，很忙碌地繞著現在作為蜂房的玻璃管行走；我還看到牠不小心闖入我用來劃分領地的棉塞裡。牠能從這個棉塞的迷宮中出來，認清歸途，回到奶媽身上

嗎？我很擔心，我以為鑽探者迷路了。呵，沒有！牠根本沒有
迷路。等了幾個小時之後，我發現牠重新趴在石蜂幼蟲身上，
長途旅行的疲憊，讓牠似乎得休息一下。等到力氣恢復了，牠
再次開始遠征，並總能成功地返回。就這樣交替著，牠在石蜂
幼蟲身上休息，再到附近轉轉。褶翅小蜂在初齡幼蟲形態下的
五、六天，就這麼過去了。

　　褶翅小蜂的初齡與卵蜂虻的初齡迥然不同，後者一進蜂
房，就只前後左右地探勘奶媽，始終不離開。褶翅小蜂怎麼會
有旅行的習性？剛剛從卵裡出來，牠就在狹窄的玻璃管囚房所
允許的範圍內行走，冒險遠行。牠以尺蠖的行走方式在找什麼
呢？尋找牠要吃的幼蟲嗎？是的，也許是吧。但還有別的，因
為找到這個幼蟲後，牠又拋下牠，四處遊蕩，回來休息之後又
重新出發。褶翅小蜂的初齡幼蟲把五、六天的時間都花在費心
的尋找上。在記錄下這個初步結果後，繼續我們的研究吧。

　　我把玻璃管用棉塞劃分出普通居所的大小，將褶翅小蜂侵
占的石蜂蜂房轉移進去。在這些蜂房裡，有的只有一個侵犯
者，其他的從兩個到五個不等。此外，我加進去一些卵，使實
驗更有說服力。我在為數不少的只有一個卵的蜂房裡，放進三
到六個褶翅小蜂的卵，而石蜂幼蟲只有一隻。這樣，在天然和
人為干預兩種因素作用下，我得到了一系列從單一的卵到多個

的卵的恰當組合。

這些準備工作會導致什麼樣的後果呢？我所有玻璃房裡的結果都一樣。一個卵的蜂房裡有一隻初齡幼蟲；多個卵的蜂房裡，無論卵的數目是多少，還是只有一隻初齡幼蟲，不會更多。無論多少卵，孵化的結果都一樣；也就是說，如果分開，每個卵都會孵出幼蟲，但住在一起，就只有一個會出現幼蟲。同居是致命的，當然最早熟的那個除外。的確，當第一隻褶翅小蜂幼蟲出現時，我們很快就會發現，不必再指望其他的卵發育了，其他的卵即使直到那時外形最好的，也開始乾枯萎縮。我看到有的破裂了，拖出一小塊帶狀蛋白來，還看到有些皺巴巴的或者縮成一團。所有的卵都死了，只有一個活下來。最早熟的卵，可能也是最早產下來的卵，孵化後就會讓其餘的卵全部死亡。這便是我實驗裡一成不變的結局。

現在讓我們把幾個事實聯繫起來。石蜂的幼蟲對於褶翅小蜂的發育是必需的。對牠來說糧食雖然足夠，但並不多，因為食物最後只剩下一張實在無法入口的表皮。因此，在石蜂的蜂房裡，只能提供一隻幼蟲的食物。事實上，我從未見過兩個食客。然而，褶翅小蜂也有弄錯的時候。牠們有時會把卵產在別人已經產過卵的蜂房裡，這樣食物的分配就會不足，於是就要求多餘的卵消失。第一隻幼蟲出生後，所有的卵都將死去，這

種情況屢見不鮮。

此外，幾天之內，我們看到這隻幼蟲在蜂房裡走來走去，非常忙碌；牠從上到下，從前到後，巡視每個角落，這只能解釋為在躲避一種危險。這個危險，如果不是不守規則孵化出來的餓殍與牠競爭，又是什麼呢？我總是錯過觀看屠殺的好時間，因此對新生兒的暴行還不敢肯定，我希望事情能用另一種方式解釋。但唯一與毀滅蟲卵有關的角色就是牠，能掌握牠們命運的還是牠。因此我必然會得出這個醜惡的結論：褶翅小蜂初齡幼蟲的角色是消滅競爭者。

當新生兒焦慮地在房間的天花板上行走的時候，這是在確認是否有多餘的卵掛在上面；當牠遠征探勘時，是為了消滅可能減少口糧的對手。牠用牙咬壞任何遇到的卵，剛剛我們看到第一個卵孵化之後枯萎的芽都是這樣死去的，牠們是長兄殘忍權利的犧牲品。透過這種強盜行徑，小蟲子最後成為糧食唯一的主人。接下來，牠脫去殲滅者的外衣——角質頭盔和尖尖的甲冑，變成皮膚光滑的昆蟲，即二齡幼蟲，安穩地吸乾食物的脂肪，這是牠犯下這些惡行的最終目的。

在卵蜂虻之後，褶翅小蜂再次向我們展示了初齡幼蟲不論在職能還是在形態上，是如何不同於二齡幼蟲。對褶翅小蜂而

言，初齡幼蟲要完成滅親的惡行，使自己沒有競爭者來爭奪只夠一隻蟲吃的糧食配給；對卵蜂虻而言，初齡幼蟲爲了獲取食物，必須要越過那道只有牠才越得過的障礙。這個生物學的話題，我今天只開了個頭，還非常不完整，因此除了兩個例子，昆蟲的習性和進食方式很可能會使初齡幼蟲的角色更爲多樣。我如願得到了第三個例子，但不太詳細。

讀者還記得三齒壁蜂的寄生蟲——寡毛土蜂嗎？還記得壁蜂圓柱形卵上的紡錘狀卵嗎？這便是我的觀察對象。我的發現物只有一個。確實，我曾經得到很多寡毛土蜂的蛹室，以及以壁蜂爲食的幼蟲，但我只有一個寄生卵，產在最高的那個蜂房裡面。更糟糕的是，我那時還不知道幼蟲的雙態現象，我是後來在研究卵蜂虻和褶翅小蜂時才對此有所了解。我那時的注意力沒有放在這方面，我只是瞥了一眼，而沒有一絲不苟地觀察。此外，爲了安全起見，我把一段裂開的樹莓放入玻璃管裡，觀察一隻附著在壁蜂卵上的卵會變成什麼樣子，這使得細緻的觀察很難進行。我一邊期待著好運能使我重新做一次這個過於草率的觀察，一邊在我的記錄本上原樣抄下結果。

七月二十一日，寄生卵在壁蜂卵上孵化，模樣沒有變化。出來的小蟲子白色，半透明，無足。頭部以一個收縮處清楚地和身體區隔開來，並長著很短很細的觸角。我一點也看不出牠

像一隻膜翅目昆蟲的幼蟲。那這是什麼？牠看上去像一隻鞘翅
目昆蟲。小蟲子很好動，牠扭動著，低下身子，前半部來回豎
起垂下。牠將壁蜂的卵咬了幾口，於是卵萎縮變小，然後成為
乾枯的皮，而新生兒就在上面活動。二十六日，我再也看不到
卵的痕跡，寄生蟲在蛻變。然後我的疑慮停止了：在我眼前是
一隻膜翅目昆蟲的幼蟲，牠此後將動也不動地，開始吃壁蜂的
幼蟲。

　　我的資料僅限於此。儘管語句不多，但說明了幼蟲雙態現
象的基本特徵。從卵裡出來的好動傢伙，與吃食物的小蟲子不
同。初齡讓人難以聯想牠是膜翅目昆蟲的幼蟲，我一開始也迷
惑了，以為牠是一種鞘翅目寄生蟲。在蛻變之後我才確定了這
個問題生物的特性。我所熟知的膜翅目昆蟲特徵無可辯駁地出
現了。這種蛻變不僅僅是表皮的更換，也是一種徹底的更新。
功能改變，身體也變化了，我非常遺憾沒有仔細觀察這種出乎
預料的變態。沒關係，我所見到的已足夠為寡毛土蜂幼蟲的雙
態現象作個總結了。

　　初齡幼蟲的角色是摧毀作為競爭者的卵。西塔利芫菁的初
齡幼蟲便是這樣做的，褶翅小蜂的初齡幼蟲也是這樣做的，可
惡的是後者毀掉了同胞的卵。為了果腹，競爭是多麼殘酷，方
法是多麼陰險啊！一隻小蟲子，戰備精良，從卵裡出來就會消

滅妨礙牠未來的東西。牠專門為了這種殘忍殺手的職業而存在的，並且完美地完成了任務。殺戮的工作一結束，牠就改頭換面，變成平靜的食客。

最後，我要說一種將來要研究其怪異習性的昆蟲。八月二十四日，在艾格河沖積平原上，我用鏟子挖掘六帶隧蜂的巢穴時，從土裡挖出幾個蜂房。蜂房完好無缺，沒有任何被撬過的痕跡；但每個蜂房裡面都有兩種居民，一種吃，一種被吃。被吃的是隧蜂的幼蜂，牠吃光了蜜餅，已經發育完全。正在進食的是一種陌生的幼蟲，此時體長二至三公釐。牠固定在犧牲者腹面的前端，在要變成隧蜂胸節的那個區域。在玻璃管中，我的發現物毫無困難地成長著。

在發育得最完全的時候，陌生的幼蟲體長十二至十五公釐。牠全身沒有被毛，無足，近似透明的白，而且背上的結節引人注目。牠略彎成弓形，很像是某一種膜翅目昆蟲的幼蟲。頭部和身體其他部位一樣透明。前三節每節上方都有兩個尖尖的突起，兩邊則各有一個乳突，末梢是一個圓扣形突起。這些突起是未來腳的雛形。其他節的上方有四個圓錐形突起，從前到後突出程度越來越小，最後一節只有兩個突起。

八月底，我看到了最早出現的蛹，以下便是對其簡單的描

述。前胸上有兩個圓錐形突起，穗狀，相當長；中胸上長著兩個相同的東西；後胸也有，但短得多。腹節的前五節上每個節都有四個穗狀突起，但第六、七節只有兩個。頭、觸角、退化的鞘翅、翅膀和腳都讓人想到了成蟲，牠在九月中旬出現，是椿象。

因此，六帶隧蜂的敵人是椿象，這個奇怪的半翅目昆蟲，牠那張開的翅膀和退化成小鱗片的鞘翅，使牠看上去像隻蒼蠅，牠的名字也會讓人這樣聯想。當隧蜂幼蟲食用儲存的蜜時，這種半翅目昆蟲的幼蟲便以牠為食。我想知道這個不能動的無毛小蟲，是怎麼進入隧蜂的蜂房，來到牠要吃的幼蟲身邊。昆蟲配備的工具太差，不能穿透地下建築。八、九月，我常常看見牠在刺芹開著花的頭狀花序上，但我從未見過牠的成蟲出現在隧蜂的洞穴中；此外，被入侵的蜂房是完全按照隧蜂的規則封閉起來的，根本看不出被外人撬過的痕跡。

因此我寧願接受幼蟲剛剛孵化後，有一種適於長途旅行的形態，並透過自己的行動，進入膜翅目昆蟲的蜂房，在變態後吃掉裡面的居民，就像這種深居簡出的生活所要求的那樣。總言之，我會接受椿象有幼蟲的雙態現象。牠的初齡幼蟲可能和卵蜂虻的初齡幼蟲功能相同：纖細靈巧，能通過無法察覺的縫隙進入蜂房。

這便是今天我能為這個尚未開發的研究領域打下的基石。四種不同昆蟲類別的幼蟲雙態現象，兩個例子很詳細，第三例是隱約看到，第四例很有可能向我們展示出，我們現在面對著一個今後值得研究的生物學法則。這個法則，我試著這樣制定出來。

最常見的情況是：當幼蟲擁有母親為牠提供的食物時，牠唯一的功能就是進食長大，出生後的形態會一直保持到變成蛹態之前，這叫「進食形態」。但也有的從卵孵出來後，小蟲子要經過鬥爭，用各種方式找到食物並獲取它們。牠便有了一種過渡形態，即「獲取形態」。這種形態需要斷食，唯一的作用就是進入並取得食物。任務完成之後，蟲子便改頭換面，由黷武的征服者變成安靜的進食者。前面一種形態就是我說的初齡幼蟲，第二種則是二齡幼蟲。過變態是從雙態現象開始的。

第十二章
步蜩蜂

　　據我所知，寫在標題上的這種膜翅目昆蟲，至今對牠的介紹僅限於系統分類學上的特性簡述，且語焉不詳。有人說，幸福的人是沒有故事的。我承認這一點，但有個故事應該也不至於使幸福中斷吧。我堅信自己不會打擾牠的舒適與安逸，我要試著用生氣蓬勃、積極活躍的蟲子，來代替被釘在軟木盒子裡的昆蟲。

　　人們為牠取了一個有學問的名稱：源自於希臘文的「Tα χυτησ」，就是「快、敏捷、迅速」之意。看得出蟲子的教父略通希臘文，但這個命名實在糟糕，它想告訴我們一種鮮明的特徵，卻將我們引上了歧途。迅速在這裡意味著什麼呢？為什麼是這樣一個標籤，是要讓我們以為牠具有無與倫比的速度，是一種跑得飛快的蟲子嗎？還是要說牠們是敏捷的掘洞者和迅

捷的狩獵者？當然，步蚜蜂算得上是，但與其不相上下者的大
有蟲在。飛蝗泥蜂、砂泥蜂、泥蜂，還有許多其他的蟲類，無
論是飛還是跑，都自認不會輸給牠。築巢時，牠們是一整群小
狩獵者在一起，吵吵鬧鬧地活動，工作迅速應歸功於大家，不
能說誰比別人的貢獻更大。

　　如果在編纂名冊時我有表決權，我會建議給步蚜蜂取一個
簡短一點的名字，要悅耳，擲地有聲，只表示所指事物的意
義。看，飛蝗泥蜂這個名字多好啊！它既不會造成聽覺上的不
適，也不會產生讓初學者產生偏見。我很不喜歡砂泥蜂這個名
字，它會讓我將一種安家時離不開堅實土地的動物，當成是喜
歡沙子的蟲子。

　　如果我必須不惜一切代價，在拉丁文或希臘文中混進一個
讓人想起這種蟲子主導特徵的稱謂，我會試著這樣說：醉心於
蝗蟲的愛好者。這種對蝗蟲的喜好，可以一直延伸到牠的總類
直翅目昆蟲；這是一種具有排他性的愛，代代相傳，時間也改
變不了這種忠誠。是的，用這樣的說法來描述步蚜蜂，比用賽
馬場裡的術語更確切。英國人吃烤牛肉，俄國人吃魚子醬，那
不勒斯人吃通心粉，皮德蒙人吃玉米粥，卡爾龐特哈人吃陶鍋
燉菜①，步蚜蜂吃的是蝗蟲。在牠的國度，吃的菜肴與飛蝗泥
蜂相同，我大膽地將這兩者聯繫在一起。系統分類學逃避活生

生的城市而參照墓地；根據翅脈和觸鬚節的不同，將這兩類遠
遠分開。我則冒著被當成異端分子的危險，因菜單相同而將牠
們相互對照。

　　據我所知，這個地區有五種步蚚蜂，全都喜歡享用直翅目
昆蟲大餐。其中一種裝甲車步蚚蜂，腹部底部有一條紅帶，可
能相當稀有。有時，我會在道路邊坡和小徑兩旁看到牠在工
作。牠在那裡挖洞，每個洞至多只有一法寸深，洞與洞之間相
互分離。牠的獵物是一種蝗蟲的成蟲，體型中等，就像白邊飛
蝗泥蜂捕獵的那種。某一種喜愛的獵物不見得會被另一種嫌
棄。牠就像飛蝗泥蜂那樣，抓住獵物的觸角，將其拖到巢邊放
下，頭朝向洞口。事先準備好的地窖，用石板和細細的砂石暫
時蓋住，以防狩獵者不在時，或是有路
過者進犯，或是洞因為土坍塌而被堵
住。白邊飛蝗泥蜂也採取了同樣的預防
措施。牠們有相同的食物與相同的習
慣。

裝甲車步蚚蜂

　　步蚚蜂清掃了隱居所的入口，獨自進去。隨後又把頭伸了
出來，抓住獵物的觸角，倒退著將牠拉進去儲存好。我像以前

① 陶鍋燉菜：將各式切碎的蔬菜置於陶鍋中，在加入烹調過的肉類或海鮮一起烹
　煮的菜餚。——編注

對待飛蝗泥蜂那樣戲弄牠。[2]當步岬蜂在地底下時，我將獵物移遠。蟲子探出頭時，沒有在門前發現任何東西。牠只好走出來，重新去抓牠的蝗蟲，並像第一次那樣放在門口。做好以後，牠又獨自進去了。牠剛一轉身，我將獵物再次拖遠。膜翅目昆蟲只好又出來，再重頭開始。但是，無論這種實驗重複多少遍，牠始終堅持獨自進門。其實，牠很容易就能中止我的挑釁：只要和牠的獵物一起下去，而不要將其擱在門口一段時間。但牠忠於自己種族的習慣，堅持和祖先做得一樣，儘管這種古老的習慣可能會使牠蒙受損失。就像我也打擾過多回的黃翅飛蝗泥蜂一樣，這是個愚笨的保守者，什麼也不會忘記，但什麼也不會去學。

還是讓牠安靜地工作吧。蝗蟲消失在地底下，步岬蜂將卵產在被麻醉者的胸部。這便是全部：每個蜂房各有一隻獵物，不會再多。隱居所入口最後被堵了起來，剛開始用礫石來防止房間裡的土石坍方，然後還要掃上一層塵土，這樣可以將地下居所遮掩得全無痕跡。現在結束了，步岬蜂不會再來。牠要去張羅其他的洞，這些洞由於牠流浪的習性而散布各處。

八月二十二日，我在村中的一條路上，看到了一個儲存著

② 這個實驗見《法布爾昆蟲記全集 1——高明的殺手》第六章。——編注

食物的蜂房，一個星期後，蛹室完成了；發育得如此迅速的例子，我倒是見得不多。這個蛹室從形狀和組織上來看，都會讓人想到泥蜂的蛹室。它很硬而且礦化，也就是說，它的絲線隱沒在厚厚的沙石鑲層中。這種混合式作品在我看來應該算是該類屬的特徵，至少我在三種蟲子的蛹室上看到過。如果說步蚜蜂在食性上與飛蝗泥蜂很相近，在幼蟲的技藝上卻與之相去甚遠。前者是一些做馬賽克的工人，將沙子鑲嵌在絲網上；後者則純粹織絲。

　　跗骨步蚜蜂[3]的體型較小，身著黑衣，腹節邊緣還鑲著幾道細絨銀色飾帶，常常成群聚集在軟質砂岩的峭壁上。八、九月是牠們工作的季節。如果礦脈開採起來很容易，牠們的洞就會一個接著一個，因此，只要找到礦脈，就能收集到大量的蛹室。天氣晴朗時，我造訪了附近的這樣一個採砂場，沒花多久時間，手心已經滿載著蛹室。除了小一點之外，它和前面說的那種蛹室沒有什麼不同。儲存的糧食是一些小蝗蟲，體長在六到十二公釐之間。蝗蟲成蟲對於步蚜蜂的幼蟲來說可能過於堅硬，因此被排除在外。主菜全都是蝗蟲幼蟲，翅膀才剛開始長

---

[3] 我曾向佩雷報告我將談論的這種膜翅目昆蟲，根據他的說法，這種步蚜蜂很可能是一種新品種，如果牠不是拉普勒蒂埃說的跗骨步蚜蜂，或潘澤說的單色步蚜蜂的話。任何一個想要澄清此點的人，都將繼續藉由習性來辨識這種引起爭論的昆蟲。至於我則覺得，這對於我現在進行的研究，是無益於作出更精確的描述的。──原注

出，背部完全裸露，讓人想起某種窄禮服的短燕尾。獵物越柔
嫩，體型也就小，要滿足進食的需要，數目必須增多。每個蜂
房中我都看到二至四隻。等到適當的時機，我們將了解這種食
物配給有別的原因。

　　弒螳螂步蚜蜂④和同類裝甲車步蚜蜂一樣，披著一條紅
帶。我認為牠的分布並不普遍。我是在塞西尼翁的森林裡認識
牠的，牠住在或者說曾住在這些細沙沙丘裡，我擔心經過我不
斷的挖掘，如今牠們人口稀少甚至已經滅絕。風吹來的細沙堆
積在迷迭香花叢中，形成了這些沙丘。除了這個地點外，我沒
有再見過牠。牠的故事很多，並伴隨著牠的整個發育過程。現
在我只說說牠的存糧，那是一些螳螂的幼蟲，主要是修女螳
螂。在我的記錄中，每個蜂房中有三至十六隻幼蟲。又是很不
平均的食物配給，其原因將在稍後探討。

　　對於黑色步蚜蜂，我要說些什麼呢？還有什麼是我在黃翅

---

④ 弒螳螂步蚜蜂是由佩雷提出研究的，但他並未做確認。對我們的動物誌來說，
　這個品種很可能是新發現。我只把牠叫做弒螳螂步蚜蜂，至於牠的拉丁文名
　字，就交給專家去美化吧，如果牠真的還未被分類的話。在我看來，較好的稱
　呼是「螳螂捕獵者」。根據這種資訊，我當然不可能在我這個地區誤認這種昆
　蟲。我還要補充的是，這種昆蟲是黑色的，腹部的前兩個體節、腳和跗節是鐵
　紅色的。雄性的外貌和雌性相同，但是體型小得多，特別顯著的是，活的雄性
　有漂亮的檸檬黃眼睛。雌性的身長約12公釐，雄性則是7公釐左右。──原注

飛蝗泥蜂的故事裡沒有提到的呢？我在那個故事裡描述了牠和
飛蝗泥蜂的衝突，我以為牠強占了後者的洞穴；我敘述牠在路
邊拖著一隻被麻醉的蟋蟀，牽拉著牠的觸角；我說過牠的猶
豫，這讓人懷疑牠是一個無家可歸的流浪者；最後我還說到，
牠將獵物放在一邊，似乎對其既滿意又不安。除了和飛蝗泥蜂
的爭鬥，我的觀察記錄中沒有別的。這爭鬥我已看過許多回，
但從未見過其他的事。儘管黑色步蚺蜂是我住所附近最常見的
一種，對我而言卻始終是個謎。關於牠的居所、幼蟲、蛹室，
以及牠家人的行動，我都一無所悉。因為牠拖著的獵物從未改
變，我所能確認的就是，牠應該和黃翅飛蝗泥蜂一樣，用非成
蟲的蟋蟀餵養自己的幼蟲。

　　牠是搶劫別人財產的偷獵者，還是按規矩辦事的捕獵者？
我的疑惑一直存在，儘管我知道自己應該多麼謹慎。以前我懷
疑過裝甲車步蚺蜂，我指責牠利用白邊飛蝗泥蜂的獵物。今天
我不再指責牠了：牠是一個勤勞的工作者，牠的戰利品就是牠
捕獵的成果。在事實尚未澄清、我的懷疑尚未排除之際，最後
說一下我所知的那一丁點內容：黑色步蚺蜂以成蟲形態過冬，
並會從居所中出來。牠過冬的方式與毛刺砂泥蜂一樣。溫暖的
庇護所，光禿禿的陡直小坡，便是膜翅目昆蟲傾心的地方。我
確信冬天的任何時候都可以見到牠，只要稍微挖掘一下布滿了
通道的土層。我看到牠們一個個蜷著身體，待在某個通道深處

溫暖的地方。如果溫度較高，天高氣爽，牠便在一、二月從隱蔽處出來，到斜坡表面曬個日光浴，看看春天是否提前到了。當暮色降臨、熱度減退，牠又回到冬季的宿營地。

棄絕步蚋蜂是種族裡的巨人，差不多和隆格多克飛蝗泥蜂一樣大小，腹部底部也同樣披著一條紅帶，是同屬中最稀少的一種。我只遇過四、五次，牠單獨出現，總是能為我們提供很好的條件，使我們近似確定地歸納出其獵物的特性。這個昆蟲像土蜂一樣在地底下狩獵。九月，我看見牠進入地下，剛剛下過的小雨使土壤很鬆軟，經過翻攪後的起伏地面，使我很容易察覺到牠在地底下的行進。牠像隻鼴鼠，鑽入草地去尋找金龜子的幼蟲。牠出來的位置離入口差不多有一公尺的距離，這麼長的地下行程才花去牠幾分鐘的時間。

難道牠的挖掘本領特別出色嗎？一點也不，也許棄絕步蚋蜂是名強健的礦工，但牠不可能在這麼短的時間內完成這樣的工作。地下工作者能如此敏捷，是因為牠走的是別人留下的犁溝。路徑全部是現成的，讓我們描述一下，因為它在膜翅目昆蟲介入之前，就清清楚楚地顯露出來了。

在地表至多兩步長的範圍裡，土裂開形成一條彎曲的帶子，大約有一指寬。從這條帶子的左右，又叉出一些分布極不

規則、短得多的分支。對昆蟲學並不在行的人，也能一眼看出，在這些地面略微隆起的土帶中，有螻蛄的足跡，牠是昆蟲界的鼴鼠。就是牠在尋找合適的樹根時，挖了這條蜿蜒的隧道，一條主幹道，加上左右兩方延伸出去的探勘通道。通道因此是空著的，或者只被坍塌物堵住，步蚋蜂對此應付自如。這就解釋了牠的地下探訪爲何如此迅速。

但是牠在那裡做什麼呢？我難得觀察到的幾次，牠總是在那裡。如果沒有目的，膜翅目昆蟲是不喜歡在地下遠行的。而這個目的一定是爲了尋找給幼蟲吃的獵物。結論必然是：探勘螻蛄通道的棄絕步蚋蜂，以螻蛄作爲餵養幼蟲的食物。選擇的獵物非常可能是幼蟲，因爲成蟲過大。況且，除了考慮食物的分量外，也得考慮品質。幼蟲柔嫩的皮肉很受歡迎，這一點在跗骨步蚋蜂、黑色步蚋蜂、弒螳螂步蚋蜂身上都顯示出來，三者皆選擇了自己的幼蟲能咬得動的食物。不用說，捕獵者從地底一出來，我就挖開了通道。再也看不到螻蛄了。步蚋蜂來得太晚，我也是。

唉！我當時確定步蚋蜂喜歡蝗蟲是有道理的嗎？種族的食物規範是多麼堅定不移！又是怎樣的分寸拿捏，能使食物雖然各不相同，卻都沒有超出直翅目昆蟲的範疇！看看蝗蟲、蟋蟀、修女螳螂、螻蛄，牠們的整體外觀有什麼共同點？當然沒

有。我們當中不會有人，如果他不懂解剖學上的精細組合，敢將這些蟲子歸成一類。另一方面，步蚫蜂並不會弄錯。牠依照那種與拉特雷依的學說相左的本能，將牠們歸類在一起。

如果看到一個洞裡的食物種類也不盡相同，這種本能的生物分類學就更令人吃驚。比方說弒螳螂步蚫蜂，會不加區分地將附近所有螳螂作為獵物。我見過牠儲存三種螳螂；在我那個地區，我也僅認識這三種。牠們是修女螳螂、灰螳螂和椎頭螳螂。步蚫蜂蜂房內占絕大多數的還是修女螳螂，第二位是灰螳螂。椎頭螳螂在附近的灌木叢中相對稀少，在膜翅目昆蟲的庫房裡於是也相應稀少；但牠的重複出現仍可證明，狩獵者一旦遇上牠，還是接受這種獵物的。三種獵物都處於幼蟲狀態，翅膀的雛形才剛出現。牠們的體型差別較大，體長在十到二十公釐之間。

修女螳螂擁有一身明亮的綠色，前胸很長，身手靈活。灰螳螂則一身淺灰色，前胸較短，行動笨拙。但體色不能影響狩獵者，步伐也不能。不論是綠色還是灰色，敏捷還是遲緩，牠都感興趣。對牠來說，儘管兩者模樣如此不同，但都是螳螂。牠是對的。

對椎頭螳螂要說些什麼呢？在我們的國家，昆蟲世界中還

沒有比這更怪異的生物。孩子是傑出的命名專家，他們爲這種
昆蟲取了一個與其形象相符的名稱——小鬼蟲。牠的確是個幽
靈，一個值得用石炭筆描繪下來的魔鬼幽靈。即使是「聖安東
尼的誘惑」中那些怪誕的妖魔群像，也不過如此恐怖。牠的腹
部平坦，邊上有齒形的紋飾，形成拱狀；牠錐形的頭上有兩個
分叉的角，就像是匕首；小小尖尖的臉可以往兩邊斜視，活似
梅菲斯特[5]的猙獰面目；牠長長的腳在關節處有疊層的附屬器
官，就像古代騎士手肘上穿戴的臂鎧。從四隻長長的後腳上，
高高豎立起牠的身體，腹部回捲，胸節豎直，用於戰鬥捕獵的
前腳合攏縮在前胸；牠輕輕地晃動著，在一根樹枝的末梢左右
搖擺。

　　第一次看到牠可怕姿勢的人都會嚇一跳。步蚋蜂沒有這些
驚恐，只要一看到牠便抓住牠的脖子插入匕首。這將是牠家人
的佳肴。牠怎麼能認出這個怪物是修女螳螂的近親呢？當步蚋
蜂在遠行狩獵中已經熟悉了修女螳螂後，在搜捕中突遇「小鬼
蟲」，步蚋蜂怎麼會知道這個奇怪的發現物也是可口的獵物，
可以拿來放在庫房裡呢？對於這個問題，我恐怕提不出任何站
得住腳的答案。其他的狩獵性昆蟲已經讓我們陷入了迷霧之
中，還會有別的昆蟲再爲我們製造謎團。我以後會重提這個話

⑤ 梅菲斯特：歐洲中世紀關於浮士德的傳說中的魔鬼。——編注

題，但不是爲了解決它，而是要表明它有多莫測高深。先讓我們結束弒螳螂步蚓蜂的故事。

我所觀察的蜂群就定居在細沙沙丘裡。兩年前，爲了挖出幾隻泥蜂的幼蟲，我自己切開了這個沙丘。步蚓蜂住宅的入口朝向切面的小豎坡。七月初，蟲子們正熱烈勤奮地工作著。想必兩個星期前工作就已經展開，因爲我發現了一些發育得很成熟的幼蟲，以及新近的蛹室。就在那裡，一百隻雌蜂挖著沙土，或者帶著獵物遠行歸來。牠們的洞相互挨得很近，整個覆蓋面積差不多有一平方公尺。這個小市鎮面積不大但人口密集，向我們展示了以螳螂爲食者的倫理面，而吃蝗蟲的裝甲車步蚓蜂，雖然外表和牠如此相似，卻不具備這一點。儘管工作時都是單打獨鬥，但弒螳螂步蚓蜂習慣與同類群居，就像某些飛蝗泥蜂一樣；裝甲車步蚓蜂則選擇獨居，像砂泥蜂一樣。無論外形或工作的方式，都決定不了群居性。

雄蜂快樂地在太陽下、沙地上和坡底下蜷縮著，牠們等候著雌蜂，等這些雌蜂經過時向牠們調情。癡情的情人模樣很可憐，長短只有異性的一半，體積小八倍。從遠處看，牠們頭上似乎披著一種鮮豔色彩的緞帶。近看時，可以確定有這個巨大的頭飾，強烈的檸檬黃幾乎會讓人頭暈。

　　上午十點鐘，當暑氣開始變得令人難耐時，弒螳螂步蚈蜂在一塊範圍不大的狩獵場裡，來來回回往返於洞穴和草叢，或者是不凋花、百里香、蒿屬植物之間。旅程如此之短，膜翅目昆蟲常常只要飛一下就可以把獵物帶回家。牠提著獵物的前部，這種小心是必要的，也有利牠迅速地將獵物儲存起來；因為這樣螳螂的腿會沿著身體的軸在後面拉長，而不是橫著折起來或彎起來。否則，進入狹窄的通道時，就會因為阻力而難以通過。長長的獵物在捕獵者身下懸空晃動，乾癟、麻痺、沒有生氣。弒螳螂步蚈蜂則始終飛著，在家門口停下腳來，馬上就將獵物拖在身後帶進屋去；這和裝甲車步蚈蜂的習慣不同。在母親來到時一隻雄步蚈蜂會突然出現，這樣的情況並不少見，後者將遭到無禮的對待。現在是工作而不是快樂的時候。遭拒絕者在陽光下重新開始等待，主婦則做食物儲存工作。

　　困難總是有的。讓我說說儲存時發生的一件不幸的事吧。在洞的附近，有一株植物把蟲子黏住了。這是波多雪輪屬植物，這種怪異的植物愛長在海濱沙丘裡，原產於葡萄牙，就像牠的名字提示的那樣；但牠深入內陸直到我們這個地區，也許牠是上新世古海所倖存下來的海濱植物吧。海消失了，海邊的一些植物卻保存了下來。無論在分支還是主莖幹，這種雪輪屬植物在大部分節間裡，都有一個黏黏的環狀物，寬一到二公分，上下分界明顯。黏膠是淡褐色，黏性極強，只要稍微一碰

就能抓住對方。我見過牠抓小飛蟲、同翅目昆蟲、螞蟻，從菊苣頭狀花序上飛來的帶冠毛的種子。一隻大小和藍蒼蠅差不多的虻，在我眼前中了圈套。一到危險的祭壇，牠的後腳跗節就被絆住。雙翅目昆蟲拼命地掙扎，牠從上到下搖晃著細細的植物。牠剛把後腳跗節掙脫，前腳跗節又黏上了，只好再從頭來。我懷疑牠有沒有可能解脫，在爭鬥了整整一刻鐘之後，牠最終還是掙脫開了。

但是在虻逃過劫難的地方，小飛蟲則無法逃脫。有翅膀的同翅目昆蟲、螞蟻、蚊子和其他許多小蟲子都脫不了身。植物要拿捕獲物怎麼樣？這些吊著翅膀或腳的屍首作為戰利品有什麼用？用黏膠捕蟲的樹能從這些瀕死者身上得到好處嗎？一位達爾文主義者認為植物有食肉型的，他應該拿出證據來。至於我，我不相信這種危險的話。波多雪輪屬植物上繞著黏帶。為什麼？我不知道。有些昆蟲落入牠的陷阱，這對植物有什麼用？什麼用也沒有，僅此而已。讓膽大的人相信這種奇特的言論吧，去把枝節裡滲透出來的東西當作是一種消化液，相信它會將捕獲來的小蠅蟲轉化成肉汁，為植物製造營養。我只想說，被黏上的蟲子並沒有成為糊狀，而是在太陽下毫無用處地被曬得乾枯。

再回頭說說步蚜蜂吧，牠也會受到植物的欺騙。忽然，一

隻狩獵者帶著牠那長長的垂著身體的獵物出現了。牠飛翔的位
置與雪輪屬植物的黏液貼得很近。螳螂的肚子被黏住，至少持
續了二十分鐘；膜翅目昆蟲始終在飛，牠一直拉著獵物，想將
獵物拉出來。牽引的方法經過努力無濟於事後，牠不再嘗試其
他的方法。最後小傢伙疲憊了，牠向雪輪屬植物低頭，放棄了
螳螂。

對於達爾文主義者來說，這是難得的機會，可以使他慷慨
地給予動物理性的光芒。請不要將理性和智力混淆，但人們常
常會這樣做。我對其中的理性予以否定，但智力在很有限的範
圍內是無可辯駁的。我說，運用一下推理的時候到了，該去了
解中斷的原因，找出困難的源頭。對於步蚋蜂來說，事情再簡
單不過。牠只要直接在獵物黏著的肚子上方，抓住獵物的皮
膚，就能把牠扯出來，而不該抓著頸部不放。這麼簡單的力學
問題，昆蟲卻無法解決，因為牠不會從結果推出原因，也不會
猜想中斷的原因。

有一些吃糖的螞蟻，習慣於走一座橋到達糖倉，當橋中間
斷開一截，牠們便被阻斷了。牠們只要用幾粒沙子填上空缺，
重建通道，困難就會迎刃而解。但牠們一刻也不會這樣想。其
實，牠們本身就是勇敢的挖土工，能豎起幾堆土石小山。我們
見過牠們堆起巨大的錐形土丘，這是本能的工作。我們卻從未

見過牠們連續放上三小粒沙土，因為這是理性的結晶。螞蟻和步蚼蜂一樣不會推理。

詭計多端的狐狸在馴化後面對飯盆時，只會使盡全身氣力，拉扯使牠與食物保持一兩步距離的繩子。牠像步蚼蜂一樣地拉著，徒勞無功，只好躺下來，小眼睛直瞪著飯盆。牠為什麼不轉身呢？牠如果趴下來，加長自己的控制範圍，也許能用後腿搆到菜肴，將菜拉向自己。但牠沒有想到這個主意，仍然是缺乏理性。

我的狗布林也不會更有天賦，牠只是更通人性罷了。我們穿越樹林時，牠常常會被拴野兔的黃銅環套住。牠像步蚼蜂一樣拼命地拉，但這樣只好使結越拉越緊。當牠無法以牽拉的暴力弄斷繩子時，必須由我來鬆開牠。當門栓虛掩著時，牠為了出去，只會把臉伸進去，就像在光線很窄的小角落裡一樣。牠往前衝，朝各個方向出擊。狗天真的方法只會有一個必然的結果：門閂被朝後拉時，只能使門關得更緊。牠用腿就能將一個門閂輕易地拉向牠，這樣就可以打開出口。但這是一種後退的運動，與自然衝動相違背，因此牠不會想到。又是一個沒有理性的動物。

步蚼蜂執著地拉扯黏住的螳螂，不知道用其他任何方法，

將獵物從雪輪屬植物的陷
阱裡拉出來。這向我們展
示了膜翅目昆蟲不值得誇
耀的一面。智力多麼貧
乏！昆蟲只有在解剖方面
才顯現出傑出的才能。好

修女螳螂

多次我都強調本能這個令人不解的科學，現在我又冒險重覆。
見解就像釘子，只有多敲才能使其深入。經由一次次使人驚訝
的現象，我希望它們能進入最無動於衷的大腦。然而，這一次
我要倒過來，先讓人類的知識說話，然後再探討昆蟲的知識。

　　修女螳螂的外部結構，足以使我們看出其神經中心的位
置，步蚋蜂要損害神經來麻醉犧牲品，這樣可以不傷及獵物而
活生生地吞食牠。窄長的前胸把一對前腳與兩對後腳分開。因
此，前面有一個單獨的神經節；後面，大約隔著一公分長，有
兩個貼得很近的神經節。解剖證明了這些預見：胸部有三個大
大的神經節，和腳的分布一致。第一個主管前腳，位置處在前
面。這是三個當中最大的，也是最重要的，因為牠掌管著蟲子
的武器——兩只有力的手臂，成鋸齒狀，上面還有鐵鉤。另兩
個與前者保持整個前胸的長度，每一個都對應著相應位置的那
雙腳，因此兩者之間距離很近。在此之外還有腹部神經，我就
不提了，因為昆蟲做手術時不是常用得著牠。腹部的運動是簡

單的抽動，沒什麼可怕之處。

　　現在讓我們對這個沒有理性的昆蟲做點推理。祭司體弱，
而犧牲品卻相對強壯。因此，揮動三下手術刀就必須消滅任何
防範性動作。第一下該是什麼？螳螂的前臂是真正的戰鬥武
器，是一雙強壯的、長著齒的大剪刀。當牠彎起來的時候，冒
失鬼一夾進兩片鋸刀間，就會被切得粉碎；如果碰上了末端的
鉤子，牠就會被剖腹。這個殘酷的機器潛伏著巨大的危險，必
須要冒著生命危險首先制服，其餘的則不用擔心。因此，步蜱
蜂螫針的第一下，就應小心翼翼地指向獵物兇殘的前腳。然
而，這樣做解剖者自己也有危險，不能有絲毫猶豫，這一下需
要撲的非常準確，否則祭司就會被剪刀抓住。其他兩對腳對於
手術者而言一點也不可怕，如果只為自身安全考慮，完全可以
忽略牠們；但手術者是為卵而工作，對後者而言，作為糧食的
螳螂需要完全無法動彈。後腳的神經支配中心因此也要被針刺
過。此時螳螂的戰鬥力已經沒有了，刺後腳有足夠的時間。這
兩對腳和牠們的神經中心與攻擊點離得很遠，中間有一段長長
的間隔，即前胸，是根本不必插入螫針的，這個間隔要跳過
去。秘密的內部解剖要相對著後退，退到第二個神經節，然後
是附近的第三個。簡而言之，外科手術是這樣進行的：第一下
在前，然後往後退一段很大的距離，大約有一公分，再在兩個
很近的點上戳上兩針。這是人的科學，遵循了解剖結構的理

性。說完這個之後，讓我們看看蟲子的實際操作。

　　讓步蚜蜂當著我們的面進行手術一點也不難，只要用代換法（我也用過多次），也就是說，取走捕獵者的獵物，代以一隻大小差不多的活的螳螂。對於大部分步蚜蜂來說，替代是行不通的。牠們一下子就飛到家門口，很快就帶著獵物消失在地下了。但是偶爾有幾隻從很遠的地方飛來，也許是不堪重負，牠們在離洞有段距離的地方掙扎，甚至放下獵物不管。我便利用這難得的機會觀看演出。

　　失去獵物的膜翅目昆蟲很快就發現了替換物，但這不再是沒有反抗能力的獵物。也許是為了示威，本來一直默不作聲的牠現在發出嗡嗡的聲響，牠的飛翔也變成始終跟在獵物身後的極迅速的擺動。這是鐘擺式的加速來回，只是擺的時候沒有垂線。螳螂肆無忌憚地以四隻腳著地，豎起前半身，將牠的大剪刀打開、關上、再打開，向敵人示威。牠將頭朝這邊轉轉，再朝那邊轉轉，這種其他任何昆蟲都做不到的動作，很像我們環顧四周的方式。牠面對著進攻者，準備攻擊到來時隨時反擊。這是我第一次看到如此大膽的防衛。這一切會導致什麼呢？

　　膜翅目昆蟲繼續在後面擺動著，以防可怕的機器將牠抓住。而後猛然間，當牠覺得螳螂被牠迅速的動作轉暈了頭時，

牠撲到蟲子背上，用大顎抓住牠的頸部，用腳繞住獵物的胸部，匆忙地往前刺上一針，就在危險的前腳那裡。大功告成了！致命的大剪刀無力地垂落下來。施行手術者於是像從一根桅杆上滑下來那樣，在螳螂的背上往後退，退下來大約一指寬的長度後停住。這一次，牠不急不忙地麻醉著兩對後腳。手術完成以後，患者一動也不動地躺著，只有跗節還在顫動，在最後的抽搐下抖動著。祭司擦擦翅膀，將觸角放進嘴裡打磨，這是激鬥之後重歸寧靜的習慣表示。過了一下子，牠抓住獵物的頸部，繞住牠，將牠帶走。

你們怎麼看這件事？學者的理論和蟲子的實踐，不是相當一致嗎？解剖學和生理學所預見的東西，昆蟲不是完美地完成了嗎？本能是先天的產物，是沒有意識的神跡，與費力獲得的知識不相上下。最令我們震撼的，就是第一針以後的後退。毛刺砂泥蜂為牠的毛毛蟲動手術時也後退，但那是一步一步的，從一個節到另一個節。牠對手術的精細考慮應該在施力一致上找到某種解釋。但對於步𧉈蜂和螳螂，我們無法使用這種精巧的論證。這裡的針不再是有規則地刺上去；相反地，手術沒什麼章法，如果患者的組織結構不作嚮導，牠就想不到這些。因此，步𧉈蜂知道獵物的神經中心在什麼地方；或者說得更好一些，牠的行為使牠看上去像知道一樣。

　　這種不被了解的科學，牠和牠的種族不是經由一代一代更加完善得來的，這不是一代代傳下來的習慣。我將證明一百次、一千次──不可能！這種手藝絕對不可能經由實驗來學會，因為第一下失手就會完蛋。你們要對我說遺傳，遺傳將微小的成功經由累積擴大，但新手只要弄錯了武器的方向，就會被雙鋸碾得粉碎，反而成為殘暴的螳螂的獵物。攻擊蝗蟲失敗後，平靜的蝗蟲都會出其不意地反抗。肉食類的螳螂連比步蚜蜂強壯的食物都吃，當然更會反抗甚至吃掉粗心者；獵物吃掉獵人，作絕妙的追捕。做螳螂的麻醉師這種職業是最危險的，容不得只成功一半；必須冒著死亡的危險，第一次就出色的完成。不，步蚜蜂的手術不是後天學會的。因此，它如果不普遍存在於一切活著的步蚜蜂身上，那麼又是從哪裡來的呢？

　　如果拿走修女螳螂，換上一隻小蠍蠍兒，會發生什麼事呢？在我的飼育中，我發現步蚜蜂幼蟲很適應這種食物。因此我很驚訝的發現，步蚜蜂母親並不仿效蚹骨步蚜蜂這個前例，牠不會捨棄自己選擇的危險獵物而就蝗蟲，提供給一家大小。說到底菜單是一樣的，可怕的剪刀已不再是危險。對於同樣的患者，手術方法也應保持一樣；解剖者是依然在頸下面刺一針再突然退後，還是根據新的神經組織對應調整技術呢？

　　後一種假設是沒有任何可能性的。預測麻醉者根據犧牲者

的不同類型，變化傷口的位置和數目是荒謬的。牠精於上天賦予牠的工作，但除此之外昆蟲便什麼都不知道了。第一種假設似乎有一定的機率，值得實驗。我將步蚰蜂的螳螂拿走，換上一隻小蠣蠣兒。牠的後腳已被剪去，防止蹦跳。這隻殘廢的螽斯在沙上疾走。膜翅目昆蟲在牠身旁飛了一下子，不屑地瞥了殘廢者一眼，然後什麼也不嘗試就退開了。不論提供的獵物大還是小，灰還是綠，短還是長，像不像螳螂，我的嘗試全告失敗。步蚰蜂很快就發現這與牠無關，這不是牠要給家人吃的獵物；牠走開了，甚至都不用大顎碰一下我的蝗蟲。

這種固執的拒絕不是因為飲食上的理性動機；我說過我養的幼蟲是吃小蠣蠣兒的，就像吃小螳螂一樣。兩種菜對牠似乎沒有分別，牠對於我選擇的食物和牠母親選擇的食物同樣滿意。但母親卻看不上蝗蟲，牠的拒絕出於什麼呢？我只能看出一個原因：這個不屬於牠的獵物，也許像陌生人一樣引起了牠的害怕；可怕的螳螂不會使牠退卻，平靜的蝗蟲卻嚇倒了牠。此外，就算牠擺脫了恐懼，牠也不知道如何控制這些昆蟲，特別是如何進行手術。每個人都有適合自己的職業，每個蟲子的螫針只戳向一個地方。條件只換了一點點，這些有才華的麻醉師便什麼都不會做了。

織造蛹室的技術也是各有不同，差異極大，幼蟲展示了牠

所有本能的方法。步蚋蜂、泥蜂、巨唇泥蜂、孔夜蜂和其他挖
掘者造的是複合式的蛹室，像果核一樣堅硬，在絲網中鑲嵌沙
粒而成。我們已經知道的是泥蜂的作品。泥蜂幼蟲先是用白白
的純絲織出一個水平的錐形囊，開口敞著，並有絲線將牠與居
所的隔牆固定起來。我看這個囊可以和漁網相比，因爲牠們的
形狀相近。工蜂不離開小房子，牠從開口處伸出頸子，在外面
採一小堆沙粒，儲存進工地內部。然後牠一粒粒地選擇，將沙
粒鑲嵌在身邊的絲囊裡，並用自己吐絲器裡的液體將之凝固，
液體很快就變硬了。當工作完成時，牠還要關上居所；可是，
直到此時居所還是大開的；因爲隨著內部的沙粒用完，牠還要
一點一點地儲存新的沙粒。就這樣，在開口處織出了一個絲質
的帽狀拱頂，最後，幼蟲將保存未用的材料鑲嵌進去。

　　步蚋蜂則用別的方式織造蛹室，儘管工作一旦完成，牠的
蛹室與泥蜂的看上去並沒有什麼區別。幼蟲先是在身體中段的
周圍織上一圈絲帶，無數條線很不規則地分布著，並與蜂房的
隔牆連在一起。在工蜂身體可及的範圍內，一些沙子堆在這個
基架上。於是使用小工具的步蚋蜂開始工作了；沙石是沙粒，
水泥是吐絲器裡的分泌物。第一層基礎打在吊懸著的環帶前
緣，線路繞好後，第二層是液體黏在絲上的沙粒，豎在剛剛做
成的硬邊上。步蚋蜂就這樣一個環帶接著一個環帶地進行著工
作。一點一點地，直到蛹室有了正常的一半長度後，便形成圓

帽形，最後關閉起來。步蚚蜂幼蟲的建築方法，讓我想到建造
一條環形路的砌石工，在一個類似狹窄圓塔的通道裡，牠占據
著中心位置，繞著自己身體四周放置材料，一點一點地將自己
套上磚石套子。工蜂也就是這樣給自己套上馬賽克的。為了織
造蛹室的後半部分，幼蟲轉過身，以同樣的方式在起初那個環
帶的另一邊開始織起來。大約三十六小時之內，堅固的殼就會
完成了。

觀看泥蜂和步蚚蜂這兩種職業相同的工作者，使用迥異的
方法做出同種作品，是很有趣的。前者開始用一堆純絲，隨後
用沙粒鑲嵌在蛹室的內部；後者是更膽大的建築師，牠省下絲
牆，只用懸帶，一層一層地建。建築材料是相同的，沙子和
絲；兩個工蜂工作的地點也相同，沙地裡的居所；然而，每個
建造者都有自己獨特的藝術、自己的工期、自己的操作方法。

與居住的地點、使用的材料一樣，食物的類型對於幼蟲的
才能也不發揮作用。巨唇泥蜂，這個將沙鑲在絲裡織造蛹室的
建築師，向我們提供了證據。強壯的膜翅目昆蟲在軟砂岩裡挖
洞。就像弒螳螂步蚚蜂一樣，牠捕獵同一地區的各種螳螂，主
要是修女螳螂，只是牠強壯的身材要求更大的食物，但獵物還
不需要達到成蟲的大小和形狀。一個蜂房裡有三到五個獵物。

巨唇泥蜂的蛹室更加堅固、寬敞，可以與最大的泥蜂相比；那蛹室是如此的獨特，一眼望過去就能區分得出來，對此我還沒有找到過第二個例子。在規則的外殼邊緣，突起了一道粗粗的墊圈，上面黏著沙土塊。這個隆起能使人從所有的蛹室中認出牠是屬於赤角巨唇泥蜂的。

幼蟲織造蓋子的方法會向我們解釋原因。剛開始，一個錐形的純白色絲囊織了起來；看上去像泥蜂一開始的網；只是這個囊有兩個開口，一個朝前開得很大，另一個在旁邊開得很窄。從前面的開口，巨唇泥蜂隨著內部鑲嵌的需要，不斷存進沙子，蛹室就這樣被加固，然後建成帽形拱頂關閉起來。直到這時，織造工作還和泥蜂的工作完全一致。現在封閉在蛹室內的工蜂，在修整房屋的內部。為了這些最終的修補，牠還需要一點沙子。牠從建築物的邊上特別開著的開口採集沙粒，這是一個狹窄的老虎窗，恰好供牠纖細的頭頸進出。儲備品帶了進來，這個只在最後時刻用得上的附屬開口也關了起來，用一層砂岩，從裡到外地塗上。這樣在外殼邊緣，便形成了一個不規則的突起。

今天，我不打算講赤角巨唇泥蜂，牠的傳記將在此章之外被詳細地描述。這裡我只涉及牠織外殼的方法，用牠來和泥蜂、特別是步蚋蜂進行比較。這兩種蟲子也一樣是吃修女螳螂

的。經由這種平行比較，我似乎能得出結論：我們今天看成是
本能起源的生存條件，包括食物類型、幼蟲生活環境和建造防
衛圍牆的必要材料，以及其他演化論沒有說到的動機，都不影
響幼蟲的工作。我那三個用沙織造蛹室的建築師，儘管所有條
件都一樣，甚至食物的特性也相同，但牠們做同一項工作時用
了完全不同的方法。這是些從不同學校畢業的工程師，儘管學
的東西都差不多，但學派不同。工地、工作、糧食都不能決定
本能。本能在前，它決定法則而不會聽命於法則。

第十三章

三種帶芫菁

關於芫菁科這些奇特的寄生蟲，我們講得還不完整。牠們當中有一些，如西塔利芫菁、短翅芫菁，牠們像小蝨子一樣，貼在各種食蜜類昆蟲的毛皮上，混進蜂房，毀掉蜂卵，然後再以蜂蜜為食。我離在家門口幾百步遠的地方得到了一個最不期而至的發現物，牠又一次提醒我，一般化的方法是如何危險。根據在此之前我們收集到的所有材料，我們似乎可以接受：在我國，芫菁科的所有生物，都攫取食蜜類昆蟲儲存的蜜食。這的確也是基礎最牢靠、推理最自然的一種歸納。很多人毫不猶豫地接受了，而我也屬於其中一個。當我們想制定一個法則時，我們應該相信什麼呢？我們以為自己上升到了一定的高度，卻陷入了謬誤。芫菁科的法則應當從其他種類的慣例中剔除出來。這一章就要向我們證明這一點。

一八八三年七月十六日，我和我的兒子埃米爾挖掘著沙土堆。幾天之前，我在這個沙土堆裡觀察了弒螳螂步岬蜂的工作和外科手術。我的目的是要收集幾個掘地者的蛹室。蛹室在我的小鏟下大量出現，這時，埃米爾給我看了一個陌生的東西。我正忙著收穫，便把這個發現物放進箱子裡，並沒有仔細觀察，只瞥了一眼。我們離開了。在回去的路上，挖掘的熱情已經平靜了下來，漫不經心地與蛹室一起放在箱子裡的那個可疑物，突然在我的頭腦中閃現……嘿，嘿！我對自己說，是不是這個呢？為什麼不是。但是，是的，就是這個，正是牠。埃米爾隨後就驚訝莫名地聽到了這段獨語：

「我的朋友，你剛剛做了一個偉大的發現。這是芫菁科的擬蛹。牠是難以估價的資料，給這些昆蟲奇怪的檔案又提供了新的內容。讓我們仔細看看這東西，說看就看。」

我把牠從箱子裡取了出來，吹去上面的灰塵，仔細地觀察起來。在我眼前真真切切的是某種芫菁的擬蛹。牠的形狀我從

謝菲爾蠟角芫菁的擬蛹

未見過。這倒不重要，我對牠們早就很熟悉了，不會認錯牠的來源。一切都向我證明，我現在看到的是一種與變態奇特的西塔利芫菁、短翅芫菁相仿的生物；此外，更有價

值的細節是，牠身處螳螂祭司的洞中，這向我表明牠的習性會
全然不同。

「天熱了，我可憐的埃米爾，我們倆都已經筋疲力盡。但
是顧不了這麼多，讓我們回到沙丘，繼續挖掘尋找吧。我要找
到擬蛹之前的幼蟲。如果可能，我還需要擬蛹形成的成蟲。」

我的熱情成功的得到了回報。我們發現了數目可觀的擬
蛹。發現得更多的還有吃著螳螂的幼蟲，而螳螂本是步蚵蜂的
存糧。這些幼蟲確實是擬蛹的製造者嗎？這種可能近似於確
定，然而還存在著疑點。只有家中的飼育才能驅散可能的迷
霧，以確定的晴空取而代之。這個疑點就是：找不到任何成蟲
的蹤跡，能使我了解寄生蟲的特性。未來，讓我們期望牠填補
這個空白。這便是打開沙地裡第一條溝後得到的結果。此後的
挖掘只是豐富了我的收穫，但並未帶來新的資料。

現在讓我們開始觀察我的這兩個發現物。首先看擬蛹，是
牠使我醒悟的。這是一個沒有生氣的身體，僵硬、蠟黃、光
滑、有光澤，在頭那一邊彎曲成鉤形。用一個高倍率的放大鏡
看，只見體表遍布著一些很小的點，略微突出，比身體內側光
亮得多。牠共計有十三個節，包括頭在內。背部是突起的，腹
部則是平的，一道鈍稜將兩個面分隔開來。三個胸節，每個都

有一對小小的錐形乳突，深紅褐色，是未來的腳的雛形。氣孔非常清晰，看上去是一些紅褐色的點，比外皮上那些點的顏色更深。有一對氣孔，那是最大的一對，在胸腔的第二節上，幾乎就在與第一節的分界線上。接下去有八對氣孔，除了最後一個腹節，每個腹節上都分布著一對。氣孔總共有九對。最後一對，或者說第八腹節上的那一對，是所有氣孔中最小的。

肛門端沒有任何特殊之處。頭部的面具則包括了八個圓錐形結節狀隆起，顏色是深褐色，讓人想起腳上的結節。頭的兩側分佈了六個隆起，其餘兩個則在兩側之間。對於每側的三個乳突來說，中間的那個是最有力的；牠無疑就是將來的大顎。這個身體的長度具有很大的可變性，在八至十五毫米之間不定，寬度為三至四公釐。

從總體形狀上看，我們發現，牠的模樣具有和西塔利芫菁、短翅芫菁和帶芫菁擬蛹一樣的特徵。同樣堅硬的角質外皮，棗子或是純蠟般的紅褐色；同樣的面具，未來的還只是一些輕微的隆起；同樣的胸腔突起，這是腳的痕跡；以及同樣的氣孔分布。因此我異常堅定地確信：螳螂追捕者的寄生蟲只能是芫菁科昆蟲。

讓我們記下那個奇怪的幼蟲的體貌特徵，牠被發現時在步

蚋蜂的洞裡吃著成堆的螳螂。牠光禿禿的、無目、白白軟軟的，彎曲得很厲害。看牠的模樣，會讓人想起某種象鼻蟲科的幼蟲。再說得確切一點，我可以把牠與斑痕短翅芫菁的二齡幼蟲相比，以前我在《自然科學年鑑》裡提供過後者的圖像。把這幅圖像大幅度縮小後，我們就差不多得到了步蚋蜂寄生蟲的肖像。

粗粗的頭，微微帶著點紅褐色。強壯的大顎，彎成尖尖的鉤形，末端黑色，根部是濃烈的紅褐色。觸角很短，嵌在大顎根部附近。我看到觸角有三個關節，第一個粗大並呈球狀；另外兩個呈圓柱形，最後一個是被突兀截去一段的截柱。頭之外還有十二個節，相互間的分界很清晰。第一個胸節比其他的長一些，背部是很淡的紅褐色，和頭一樣。從第十節開始，身體向後逐漸變窄。一層齒形的軟墊將背面與腹面分開。

短短、白白、透明的腳，末端有個小小的指甲。中胸上有一對氣孔，位置大約在與前胸的連接處；八個腹節的每一邊也都有一個氣孔；九對氣孔的分布就像擬蛹的一樣。這些氣孔小小的，呈紅褐色，較難辨認。幼蟲的身材變化較大，這和牠要變成的擬蛹一樣。牠平均長十二公釐，寬三公釐。

六隻短腳，儘管很弱小，卻有著人們一開始預想不到的功

效。牠們包圍要吃的螳螂，將牠放置在大顎下面，幼蟲側身躺臥，就隨心所欲地開始進食。這些腳同時還用來行走。在一個堅硬的表面，比方說我書桌的木頭上，幼蟲很優雅地移動著，牠腆著肚子，邁著碎步，身子挺得筆直。但在精細而流動的沙子上，行動就變得困難。幼蟲彎成弓形，牠仰面或側身行走，有點像是匍匐前進，牠用大顎挖掘並刨著沙子。但是只要有一堵不倒塌的牆做支撐，牠進行長途跋涉也不是沒有可能。

我將我的房客養在一個盒子裡，並用紙做隔牆將盒子分成幾小間。每個房間的容積與一個步岬蜂的蜂房差不多大，上面鋪著一層沙，一堆螳螂和幼蟲便在上面。然而，這個餐廳不止一次出現了混亂，本來我是想把食客們一隻一隻隔離開來，每隻都有專門的餐桌。但前一天吃光了糧食配給的幼蟲，第二天又會在另一間餐廳裡出現，和牠的鄰居分享著食物。牠應當是越過了本來就不高的隔牆，或者打通了某個開口。我想，這就足以確定，蟲子不像吃條蜂蜜餅的西塔利芫菁和短翅芫菁那樣，老老實實的待著不動。

我想，牠在步岬蜂的洞裡，吃完一堆螳螂後，就會從一個蜂房轉移到另一個蜂房，直到胃口得到滿足。牠地下的遠行不會很遠，但總是要走訪鄰近的幾個蜂房。我說過步岬蜂儲存的螳螂數目變化是很大的。數目少的那些當然是屬於雄性的，牠

們對於同伴而言是孱弱的侏儒；豐盛的那些則屬於雌性。遇上
了瘦弱雄性的小蟲子也許會感到口糧不夠，牠必須經由轉換房
間獲得補充。如果運氣好，牠就不會挨餓，並充分發育。而如
果牠亂轉了半天什麼也沒發現，就只好節食，身材就一直瘦小
下去。這也許可以解釋，為什麼我看到的幼蟲或擬蛹相互間存
在差異，單是長短就會有兩倍，甚至更大的差別。所遇到的居
所裡的食物有多有寡，它的數量決定了寄生蟲的大小。

在活動期間，幼蟲要經歷幾次蛻變。我至少看過其中一
次。蛻去了表皮之後，昆蟲又呈現出先前的模樣，沒有任何形
狀上的變化。拋棄舊衣時中斷了的飲食，牠又重新吃了起來，
牠用腳從食物堆中繞住一隻螳螂，開始啃食牠。無論是蛻一次
皮還是蛻好幾次，這種蛻皮與過變態中的改頭換面都毫無共同
之處，後者是如此深刻地改變了昆蟲的模樣。

在分成幾間的盒子裡進行了十幾天的飼育後，我足以得到
證明，我把吃螳螂的寄生蟲幼蟲看成是擬蛹的起源，這是正確
的。為了這個擬蛹，我忙個不停。我為昆蟲提供了任其食用的
餐點，直到牠最後停止進食。牠停止活動，將頭縮進去一點，
身體蜷成弓形。然後，皮膚裂了開來，頭上是橫向裂開，胸腔
上則是縱向。皺巴巴的表皮往後褪著，擬蛹出現了，完全是光
禿禿的。牠起初是白色，就像幼蟲那樣；但很快的，牠一步一

步變成了純蠟的紅褐色，在將成爲未來的腳和嘴的隆起末稍，顏色則更加濃烈。這種露出擬蛹體態的蛻皮，讓人想起短翅芫菁的變態方式，但與西塔利芫菁和帶芫菁的不同。後者的擬蛹處處都被二齡幼蟲的皮膚包著，這是一種時鬆時緊的皮囊，永遠不會有裂痕。

起初的迷霧已被驅散。這的的確確是種芫菁，實實在在的芫菁，在牠那一類寄生蟲當中，牠也是最奇特的特例。牠不吃蜜蜂的蜜，而以步蚋蜂的螳螂爲食。美國的博物學家最近告訴我們，蜜並非始終是芫菁這發泡藥的食物，某些美國的芫菁吃蝛蝛兒的卵。這些卵是牠們正當的收穫物，而不是攫取他人的財產。據我所知，還沒有人設想出食肉芫菁的眞正寄生理論。在大西洋的兩岸，都發現了發泡藥對蝗蟲的愛好，這倒是很引人注意的：一種是吃蝗蟲的卵；另一種作爲其同類的首席代表，吃著修女螳螂及其同族。

誰能向我解釋這種對直翅目昆蟲的愛好？牠所屬部落的頭目短翅芫菁，可是只接受蜜餅的。爲什麼我們分類時歸在一起的昆蟲有著如此迥異的口味？如果牠們起源相同，爲何肉食者取代了食蜜者？綿羊怎麼成了狼？這是不久前寡毛土蜂反過來向我們提出的重大問題，這個食肉土蜂的食蜜親戚，這個問題我要讓給有權回答的人作出解釋。

　　第二年的六月初，我的擬蛹中有幾個從頭的後方橫向裂開，並從背的中線縱向裂開，只有最後兩三節除外。第三齡幼蟲便這樣形成了。經過放大鏡下的簡單觀察，我覺得牠的整體輪廓與二齡幼蟲一致，即吃步蚺蜂存糧的那一齡。牠光禿禿的，淡黃色，讓人想起奶油的色澤。牠很好動，但動起來舉步維艱。通常牠是斜躺著的，但也可以保持正常的姿勢。小傢伙努力地使用著腳，但找不到足夠的支撐點。短短幾天之後，牠又重新回到完全休息的狀態。

　　十三個體節，包括了頭，頭很大，顱頂四方形，邊緣稍圓。短短的觸角，有三個粗粗的關節。大顎短而強健，末端有兩三個齒狀物，顏色是較鮮豔的紅褐色。唇上的觸鬚短而茂密，和觸角一樣也有三個關節。嘴、上唇、大顎和觸鬚能夠稍許移動搖擺，彷彿在尋找食物。在觸角基部附近有一個小小的褐點，就在未來眼睛的位置。前胸比接下去的各環節都要寬。這些同樣寬度的環節用一條溝和邊緣淺淺的墊圈清清楚楚地相互分離。腳短小透明，沒有末端的指甲。這是一些有三個關節的殘肢。淡色的氣孔共有八個，像在擬蛹裡那樣排列著，也就是說第一個，也是最大的那個，在胸節前兩節的分界線上，其他七個在腹節的前七節上。二齡幼蟲和擬蛹還有一個很小的氣孔，在腹部倒數最後一節上。這個氣孔在三齡幼蟲體上消失，至少我無法用我優良的放大鏡看到牠。

　　簡而言之，牠有著與二齡幼蟲同樣強健的大顎，同樣孱弱的腳，同樣像象鼻蟲幼蟲的容貌，同樣能運動，但是和第一種比起來，形態不那麼明顯。擬蛹的過渡並未帶來眞正值得特別注意的變化。在這個特殊的階段之後，幼蟲又和牠以前一樣了。短翅芫菁和西塔利芫菁也是如此。

　　既然又回到起點，那麼擬蛹這個階段又有什麼意義呢？芫菁似乎在一個循環裡打轉：將牠剛剛做的事中斷，前進之後又往後退。有時我把擬蛹看成是一種具備高級機制的卵，昆蟲以牠為起點，開始遵循昆蟲形態的普遍法則，依次經歷幼蟲、蛹和成蟲各種狀態。第一次孵化，即一般卵的孵化，芫菁經歷的是卵蜂虻和褶翅小蜂的幼蟲雙態現象。初齡幼蟲來到食物處，二齡幼蟲進食。第二次孵化，即擬蛹的孵化，又回到正常的進程，蟲子遵照三種有規律的形態演變：幼蟲、蛹和成蟲。

　　三齡幼蟲時間短促，大約只有兩個星期，牠的蛻皮是從背上一條縱向的縫開始，就像二齡幼蟲一樣，裂開後便出現了蛹。可以看得出這是鞘翅目昆蟲，觸角便可近似地確定出其類型和種別。

　　在第二年發生的這種演變上，我遇到了挫折。我在六月中旬得到的那幾個蛹開始乾枯，牠們連成蟲的形態都沒達到。我

還剩下了一些擬蛹，也沒有任何進一步變化的痕跡。我將這種拖延歸結於不夠炎熱。因為我把牠們放在陰涼處，就在我書房的書架上，而在自然條件下，牠們是曬著最酷熱的太陽，待在幾法寸厚的沙層上的。為了模擬這些條件，且不使我高度期望的飼育對象陷進沙中，我將剩下的擬蛹放在一個鋪著新鮮沙層的容器底部。陽光的直射是行不通的，因為在地下生活的時期，這可是致命的。為了避免這種情況，我在容器口捆了幾個用黑呢布做的複製品，作為沙的自然隔熱屏。這樣準備好之後，我將容器放置在最強烈的陽光下幾個星期，並且就放在我的窗戶上。由於織物的顏色極利於吸收熱量，在它的遮蔽下，白天的溫度就像蒸氣浴室裡的一樣。然而擬蛹依舊不為所動。七月都快過完了，還看不出任何接近孵化的跡象。在確信我的加熱實驗無法成功後，我又將擬蛹放在陰暗之處：書架上、玻璃瓶裡。在那裡牠們度過了第二年，始終保持著這種狀態。

六月又來了，接著，三齡幼蟲出現了，然後是蛹。這個發育階段又一次無法通過，蛹像去年一樣乾枯了。這一次失敗也許是因為我那些容器的環境過於乾燥，但這會使我們無法知道吃螳螂的芫菁的性別和種類嗎？幸而不會。經過推理和比較，謎很容易就能解開。

我雖然尚不了解我那個地區僅有的那些芫菁的習性，但在

牠們當中，身材能與有爭議的幼蟲和擬蛹相符的，只有十二點斑芫菁和謝菲爾蠟角芫菁。前者我七月在鄰海山蘿蔔屬植物的花上發現過；至於後者，五月末和六月，我在耶荷群島的不凋花的花序上發現過。從日期上看，後者能更恰當地解釋從七月起在步蚜蜂的洞裡就能看到寄生蟲的幼蟲和擬蛹。此外，蠟角芫菁在步蚜蜂出沒的沙堆旁大量存在，而斑芫菁在那裡卻看不

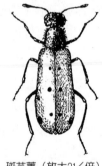

到。這還不是全部，我獲得的那幾隻蛹有著奇特的觸角，末端聚集著濃密而不規則的鬚毛，其對應物只有在雄性蠟角芫菁的觸角上才能找到。因此斑芫菁應當被排除，牠們呈蛹態時的觸角應當像成蟲時那樣具有規則並且形狀統一。那就只剩蠟角芫菁了。

斑芫菁（放大2¹∕₂倍）

　　如果還有疑問，還有機會可以解釋。幸運的是，我的一位朋友──博赫噶博士，在我之前就為發泡藥做了傑出的工作，他擁有施雷貝爾蠟角芫菁的擬蛹。他來到塞西尼翁進行深奧的研究工作，並在我的陪同下挖掘步蚜蜂的沙地，將吃螳螂的幾隻擬蛹帶到巴黎，觀察其成長過程。他的實驗和我的一樣遭到了失敗。但是將塞西尼翁的擬蛹和施雷貝爾蠟角芫菁的擬蛹相比較（這些擬蛹來自亞維農附近的阿哈蒙），他發現兩種機制有著極為相似之處。這一切都證明，我的發現物只能源於謝菲

爾蠟角芫菁,而另一種蠟角芫菁則必須排除,牠在我附近地區極為稀少。這就足以說明問題了。

令人煩惱的是,來自阿哈蒙的芫菁的菜單尚不為人知。經由類推法,我會自然地將施雷貝爾蠟角芫菁當成是跗骨步蚜蜂的寄生蟲,這種步蚜蜂在高高的沙土坡裡挖掘著小蝗蟲的蟲堆。兩種蠟角芫菁可能具有類似的菜單。但是我想請博赫噶先生留意澄清這一重要的習性。

謎底揭曉了:吃修女螳螂的芫菁是謝菲爾蠟角芫菁。春天,我在不凋花的花上多次看到過牠。每一次,我都注意到一種少有的特性:個體之間身材差異極大,即使是同種性別也是如此。我看到一些瘦得皮包骨頭的,有雌性的也有雄性的,只有牠們發育得最好的同類的三分之一大小。十二點斑芫菁和四點斑芫菁在這方面也有同樣明顯的差異。

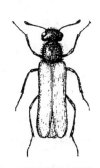

謝菲爾蠟角芫菁
（放大3倍）

同一種昆蟲甚至同一種性別之間,形成了侏儒與巨人之分,這只能解釋成食物數量不均造成的結果。如果像我猜想的那樣,幼蟲必須自己找到步蚜蜂儲存獵物的倉庫,如果第一個的存量過於貧瘠,還要探訪第二個第三個。那麼,運氣的不同

就會使牠們面對不同的際遇：有些糧食會很充足，有些會缺糧。沒法填飽肚子的就變得很小，而吃得飽飽的就變得粗壯。這種身材上的差異充分表現了寄生的理論。如果母親自己用心積攢糧食，或者牠的家人有辦法直接獲取食物而不是利用別人的，食物配給彼此就會差不多相等，體積的不同只是常常展現在兩種性別之間。

此外，這裡還可得出一種不穩定的、依靠運氣的寄生理論，即芫菁無法確定能發現食物。西塔利芫菁可以依靠條蜂的載運，靈敏地獲取食物。牠出生在蜜蜂的通道口，直到鑽進主人的皮毛裡才會離開。蠟角芫菁則被迫流浪，自己尋找合適的餐桌，就有吃粗茶淡飯的危險。

要把謝菲爾蠟角芫菁的故事說完，還要再添上一段，就是起初狀態的那一段：產卵、卵和初齡幼蟲。在監視吃螳螂的寄生蟲的發育過程中，我小心翼翼地想發現作為發育起點的第一年。像我剛才說的那樣，如果除去我所知的部分，在附近地區的芫菁裡，尋找那些身材符合從步岬蜂洞裡挖出的擬蛹的物種，我就只能找出謝菲爾蠟角芫菁和十二點斑芫菁。我努力飼育牠們，期望得到牠們產的卵。

作為對照組的四點斑芫菁身材大一些，牠也加入前兩者的

行列當中。第四種是鈍帶芫菁，我知道牠與此事無關，我認識
牠的擬蛹，只是用牠來擴充我的產卵者學校。如果可能，我也
想得到牠的初齡幼蟲。最後，我還飼育了西班牙芫菁，想觀察
牠的產卵過程。總之，五種發泡藥在一個大籠子裡飼育著，我
的記錄本上也從而留下了幾行筆記。

　　飼育的方法再簡單不過。在一層腐殖土上加上一個大大的
金屬罩，每一種都罩在裡面休息。圍牆當中有一個裝滿水的瓶
子，裡面浸著保持著新鮮的食物。對於西班牙芫菁，這是一簇
梣木的枝葉；而四點斑芫菁則是田旋花或是補骨脂屬植物，蟲
子只嚼它們的花冠。對十二點斑芫菁，我用山蘿葡屬植物的花
餵牠；給帶芫菁餵食用的是刺芹盛開的頭狀花序；供給謝菲爾
蠟角芫菁的是耶荷群島不凋花的頭狀花序。後三種尤其愛吃花
藥，很少吃花瓣，從不吃葉子。

　　可憐的智力，可憐的習性，根本不會為精心的飼育帶來回
報。吃著食物，做著愛，在土裡挖洞，漫不經心地產卵，這便
是芫菁成蟲的整個生活。只有當雄蟲戲弄同伴時，遲鈍的昆蟲
才會有些興趣。每個物種都有自己表白激情的習慣，因此，就
算旁觀者看來，這種具備普世性的情慾表現有時顯得很奇怪，
也沒有任何不妥。情慾是普遍的現象，牠支配著世界，最粗魯
的人也會為之顫慄。這是昆蟲的終極目標，牠改換面貌就是為

了這一盛典。在此之後牠便死去，不再做任何事情。

　　也許我可以寫一部有趣的書：《昆蟲的愛情》。以前這個主題就曾使我心動過。四分之一個世紀以來，我做過的記錄塵封在我資料堆的角落中。我取出了關於西班牙茺菁的記錄。我知道，寫梣木茺菁愛情序曲的，我並非第一個。但由於敘述者有所不同，其內容或仍有其價值；它確認了我曾經說過的話，我還要披露一些尚不為人所知的內容。

　　一隻雌性西班牙茺菁平靜地吃著葉子。牠的一個情人過來了，從後面貼近，突然竄到牠的背上，用兩對後腳將牠纏繞起來。雄茺菁盡量將腹部伸直，並用它拼命鞭打著雌蟲的腹部，左邊右邊來回不斷，鞭打的速度飛快。牠本來一直空著的觸角和前腳，現在也開始瘋狂地鞭打雌蟲頸部。當擊打如冰雹一樣不斷降落在身體的前前後後時，情人的頭和胸沒有規律地搖晃震動著，就像是癲癇發作。

　　然而美人卻縮了起來，牠半張著鞘翅，將頭藏起來，腹部往下曲著，似乎要避開背上暴風雨般的愛情表示。衝動開始平靜下來。雄蟲把神經質般顫動的前腳伸展成十字架形，在這種喜悅至極的姿勢中，牠似乎是要將老天當成牠旺盛情慾的證人。觸角和肚子動也不動，繃得筆直，只有頭和胸繼續從上到

下猛烈搖擺。這段休息的時間持續得不長。但無論多短，雌蟲
在追求者熱烈的宣言中，胃口卻沒有被打擾，牠又重新開始堅
定地吃起葉子來。

又一次衝動爆發了。被纏繞者的頸上再次遭受雨點般地擊
打，牠趕緊把頭彎在胸下。但雄蟲不希望美人藏起來。牠用前
腳，並借助小腿和跗節連結處的特殊缺口，一支一支地抓住牠
的觸角。跗節折了起來，觸角就像被一個鑷子夾著。求愛者往
自己身邊拖拉著，而無動於衷的傢伙被迫抬起腦袋。雄蟲這種
姿勢讓人想到高傲地坐在坐騎上的騎士，兩手牽著韁繩。就這
樣，坐騎的主人一下子動也不動，一下子又瘋狂地東奔西跑。
然後，他用長長的腹部向後鞭打，這一側完了又是另一側。牠
也用觸角、拳頭和頭在前方抽著、撞著、拍打著。被追求者如
果不屈服於如此熱烈的宣言，那也實在太無情了。

但牠還是繼續讓雄蟲哀求。激情者再次喜悅至極般地一動
也不動，戰慄的腳擺成了十字架形。短促的間歇之後，求愛的
暴風狂潮又一波波重新湧現，猛烈而執著的拍打，然後暫停。
此時，雄蟲將前腳伸展成十字架形，或者說把觸角當作繩控制
著雌蟲。最後被拍打者終於被打擊的魅力感動了。牠讓步了。
交尾開始了，持續有二十分鐘。雄蟲的美好角色結束了。牠在
雌蟲的身後舉步維艱地倒退著，可憐的傢伙努力想把伴侶關係

拆散。牠的同伴來到認爲合適的地方，按照自己的興趣，選擇
合自己口味的葉片，並一片一片塞給牠。牠偶爾也勇敢地下定
決心，開始像雌蟲那樣吃了起來。幸運的小傢伙，爲了使你們
四五個星期的生命不至於有一刻浪費，同時滿足你們愛情和胃
腸的需求吧。你們的座右銘就是：瞬間的美麗。

蠟角芫菁和西班牙芫菁一樣是鍍金的綠色，服裝相同，愛
情形式似乎也有部分相近。雄蟲在昆蟲界始終是姿態優雅的，
牠有一些特別的技巧。牠的觸角顏色華麗而複雜，好似一頭濃
密頭髮上的兩道黑色髮束。這便是蠟角芫菁名稱的緣由：戴著
角飾的動物。當一道強烈的陽光照進鐘型罩裡時，不凋花的花
簇上很快形成了一對對情侶。雄蟲立在雌蟲身上，用兩對後腳
纏住並控制著牠，然後整個身體搖動起來，從上而下，由頭至
胸。這種搖擺運動沒有西班牙芫菁的那麼猛烈，牠來得安靜得
多，並且彷彿帶有規律。此外，腹部是動也不動的，牠不參與
這種晃動，可是食樺木的情人的肚子卻有力地擺動著。

當身體前半部分搖擺時，前腳在被纏繞者身體每一側都做
著催眠的誘導動作，就像是一種轉動極其迅速的小風車，肉眼
很難看得清楚。雌蟲對這種用於鞭笞的風車，顯得沒有什麼感
覺。牠非常單純地捲起了觸角。遭拒絕的求婚者放棄了牠，又
來到另一個跟前。牠那小風車似的、令人眩暈的催眠，處處都

遭到拒絕。時候還沒有到，或者說地點並不適合。未來的母親如果受到控制會不堪重負。追隨者的情話，必須到自由的場所去聽，在陽光照耀的、布滿金黃不凋花的斜坡上，懷著喜悅迅速地在花叢中一簇一簇地飛來飛去。但沒有小風車的田園詩，沒有這種將西班牙芫菁拳頭溫柔轉化的方式，蠟角芫菁拒絕在我的面前進行婚禮的最後行為。

雄蟲之間常常也有同樣的身體晃動，同樣的相互鞭打。當上面的東搖西晃，作著猛烈的小風車的動作時，下面的那位保持著緘默。有時會出現第三個冒失鬼甚至第四個，爬在先行者的上方。最上面的搖擺著，用前腳猛烈地晃動，其他的則保持不動。這樣，被拒絕者的悲痛得到了一時的安慰。

帶芫菁，吃兇殘的刺芹的頭狀花序，這種粗魯的種族，是看不起溫柔的開場白的。雄蟲觸角迅速地震動幾下，這就是全部。宣言再簡短也沒有了。一對情侶便將身體末端貼在一起，持續大約一個小時。

斑芫菁的序曲也應該是非常簡潔的，以至於我的鐘形罩在兩個季節裡便熙來攘往，使我得到了許多的卵。可是，我沒有任何看到雄蟲求愛的機會。那就讓我們說說產卵吧。

　　兩種斑芫菁的產卵都發生在八月。在金屬罩裡的腐殖土層上，母親挖著一口深兩公分、直徑與身體相當的井。這是卵的居所。產卵持續半個小時左右。我見過西塔利芫菁的產卵持續了三十六個小時。斑芫菁產卵迅速，表明其家庭成員要少得多。隨後小居所關了起來。母親用前腳掃著雜物，並用耙子一樣的大顎將牠們集中起來，推進井裡，然後牠下井踏了踏土層，並用後腳堆起來，我看到後腳很迅速地抽動著。踏完了這一層之後，牠又重新開始耙新的材料，直到將溝填滿，一層一層，細心地踏著。

　　當牠從事這項疊土石堆工作的時候，我將一位母親放到井的遠處。我用一支畫筆的筆尖，很細心地將牠挪開了兩法寸遠。昆蟲沒有回到產卵的地方，甚至不再尋找卵。牠在金屬罩上爬著，和牠的同伴一起，吃著田旋花或是山蘿蔔屬植物，不再操心牠的卵，而卵的居所還只填上了一半。第二位母親只被挪開了一法寸遠，也不知道重新回去工作，甚至想都不再想了。第三位剛剛把身子轉過去一點，我便將牠拖回井裡，而健忘的傢伙已經爬上了金屬網。我把牠領回卵的居所，頭朝著入口。母親一動也不動，似乎極端窘迫。牠晃著頭，把前面的跗節放在大顎裡，然後離開，爬向穹屋的高處，什麼也沒有做。這三個實驗後，我只有自己將溝填滿。畫筆碰一下便忘了職責，離開一法寸遠的距離便失去了記憶，這種母愛算什麼？將

成蟲的這種欠缺與初齡幼蟲的高度靈巧相比，後者知道糧食在
哪裡，牠試著敲打幾下就知道到哪裡能找到吃的。時間和經驗
能爲本能帶來什麼作用？剛生出來的小蟲子那種精確的眼力，
令我們嘖嘖稱奇，成蟲卻愚蠢得讓我們驚訝。

　　兩種斑芫菁產的卵都是四十多個，與短翅芫菁和西塔利芫
菁相比，數目太微不足道了。根據產婦在地下室裡待的時間，
便能看出這個家庭的數目有限。十二點斑芫菁的卵是白白的圓
柱體，兩端圓圓的，長一‧五公釐，寬半公釐。四點斑芫菁的
卵是稻草那樣的黃色，細長的卵形，一端比另一端突出。長度
是兩公釐，寬不到一公釐。

　　在所有收集到的卵中，只有一個成功地孵化了。其他的可
能太瘦弱，這個猜想也符合籠子裡交尾數目稀少這個事實。七
月產下的十二點斑芫菁的卵，到九月五日才開始孵化。據我所
知，這種芫菁的初齡幼蟲還不爲人知，我要對牠進行一番描
述。如果寫一個章節，爲研究過變態的歷史留下一些新的內容
的話，牠便將是這一章的開篇。

　　這種幼蟲長約兩公釐。牠從一隻大大的卵裡出來，顯得比
西塔利芫菁和短翅芫菁的幼蟲更強壯。粗大的頭，邊緣圓圓
的，比前胸稍微要寬一些，顏色是一種較深的紅褐色。強健的

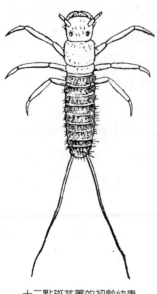

十二點斑芫菁的初齡幼蟲

大顎，鋒利、彎曲，在尖端交叉，顏色與頭相同，末端褐色。黑黑的眼睛，突出呈球形，非常引人注目。觸角相當長，從三個關節處生成，最後一個關節最細最尖。觸毛相當明顯。

　第一個胸體節直徑比頭稍小一些，長度與後面的體節相比要長得多，形成一種長度與三個腹節相等的保護甲；前部被一道直線截開，後部則在兩邊變圓；顏色是鮮豔的紅褐色。第二個體節只有第一個的三分之一，也是紅褐色，但有點偏褐。第三節是很深的褐色，並且有點轉綠，整個腹部也都是這種顏色。以至於從顏色上來講，小昆蟲分成了兩個區域：前半部是比較鮮豔的紅褐色，包括了頭部和前兩個胸節，後半部是一種帶綠的褐色，包括第三個胸節和九個腹節。三對淡紅棕色的腳，與頭部的短小相比，顯得又強壯又粗長。腳的末端是一片單指甲，長長尖尖的。

　九個節的腹部，整個都是帶著橄欖綠的褐色。將各個節連

在一起的間膜是白色的，從第二個胸體節起，小傢伙就間雜著
白色和帶著橄欖綠的褐色。所有褐色的體節上都豎立著短短稀
疏的毛。尾部的節比其他的節要窄小，末端帶著兩個長長的觸
鬚，非常細，有一點捲，長度大約與腹部相等。

　　這樣的描述向我們展示一種強健的小蟲子，牠可以用大顎
有力地捕捉食物，用大大的眼睛探勘四周，並用牢固的鉤爪作
爲支撐而來去自如。牠們不像短翅芫菁那樣是孱弱的小蟲，後
者停在菊苣的花上，準備鑽到正在收穫的食蜜類昆蟲的皮毛
裡；牠們也不是西塔利芫菁那樣的小黑點，這些小黑點甚至在
孵化時也聚成一堆，待在條蜂的門口。我看到小斑芫菁舉步維
艱地在牠剛剛出生的玻璃管裡行走。牠在找什麼？牠需要什
麼？我將一種食蜜類昆蟲放在牠面前，那是一隻隧蜂。我想看
看牠會不會來到隧蜂的身體上，就像西塔利芫菁和短翅芫菁常
常做的那樣。我的饋贈遭到了蔑視。我的囚徒要的不是一種有
翅膀的交通工具。

　　斑芫菁的初齡幼蟲沒有模仿西塔利芫菁和短翅芫菁的所做
所爲，牠不會跑到主人的皮毛上，溜進裝滿糧食的倉庫裡。牠
要自己尋找並發現食物堆。一次產卵時的稀少數目同樣也要求
這種結果。讓我們想想，比方說，短翅芫菁的初齡幼蟲，無時
無刻監視著來花間造訪的任何一種昆蟲，一旦發現便在牠的身

上安身。無論這位來訪者毛多毛少，是造蜜的，還是做動物罐頭的，或者並沒有確定職業的；不論牠是蜘蛛、蝶蛾、食蜜蜂、雙翅類還是帶鞘翅的，都無所謂。一發現來客，黃色的小蟲子便竄到牠的背上，和牠一起走。接下來的可就靠運氣了！要是去的不是蜜庫，吃不到牠們不可替代的食物，這些迷路的傢伙怎能不因此而死！於是，為了補救這種的損耗，母親生產的家庭數目會多的無法估計。短翅芫菁的產卵數目就非常可觀。同樣可觀的還有西塔利芫菁的產卵，因為牠也會遇到類似的不幸。

如果斑芫菁同樣憑著牠三、四十個卵來碰運氣，也許連一隻幼蟲也無法達到預期的目的。對於一個數量如此有限的家庭來說，方法應當更保險一些。初生兒不應該利用交通工具來到獵物籃旁，或者說更可能是蜜罐旁，這樣會冒著永遠達不到目標的風險。牠應當自己去。我依照事物的邏輯推理，在下面將十二點斑芫菁的故事補充完全。

母親將卵產在地下，就在奶媽常去的地方附近。剛剛孵化出的初生兒在九月離開牠們的家，在四周尋找有存糧的洞穴。小傢伙強壯的腳使得這些地下探勘能夠完成。同樣強壯的大顎，自然也要有牠們的用處。進入糧食倉庫的寄生蟲發現了膜翅目昆蟲的卵或是小幼蟲。這些是競爭者，一定要盡快掃除。

於是大顎的鉤開始派上用場，它將卵或是毫無防備的小蟲撕裂。在這種強盜行徑之後（這種行徑與西塔利芫菁的初齡幼蟲，剖開並吸吮條蜂的卵可以匹敵），芫菁作為糧食唯一的所有者，脫下牠的戰袍，變成大腹便便的蟲子，喜孜孜地食用以粗暴手段獲取來的食物。對我來說，這只是些猜想，僅此而已。我相信，直接觀察會證明這些，因為它們與已知的事實連接得非常緊密。

兩種帶芫菁是酷暑時刺芹頭狀花序的宿主，牠們也屬於我那個地區的芫菁。牠們是鈍帶芫菁和灼帶芫菁。在前一冊裡我談過前者，我是在兩種壁蜂的蜂房裡認識了牠的擬蛹。其中一種是三齒壁蜂，牠把房屋建在樹莓乾枯的莖幹裡，另一種則是三叉壁蜂或拉特雷依壁蜂，牠們都在棚簷石蜂的巢中築屋。第二種帶芫菁今天要為一個還非常不完整的故事增添資料。我起初獲取灼帶芫菁，是在肩衣黃斑蜂的棉囊裡，這種蜂像三齒壁蜂一樣在樹莓裡築巢。後來，我在柔絲切葉蜂的皮囊裡也發現了牠，這些皮囊是用普通洋槐薄薄的葉片做的。第三次，我在好鬥黃斑蜂的家裡發現了牠，這個家是黃斑蜂用樹脂作隔牆在死蝸牛的螺旋體裡建築的。後一種黃斑蜂也同樣是鈍帶芫菁的

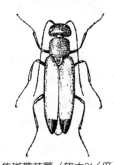

焦斑帶芫菁（放大2½倍）

犧牲品。兩種鄰屬的開採者，開採著同一種對象。

　　七月的後半，我看到灼帶芫菁的擬蛹出來了。牠呈圓柱體，有些彎曲，兩端變圓。牠身上緊緊罩著二齡幼蟲的皮，這是一張透明皮囊，沒有任何出口。皮囊的每一邊都蜿蜒著一條白色氣管帶，連接著各個氣孔開口。我很輕易地認出了七個腹部的氣孔，牠們圓圓的，從前到後逐漸縮小。我還看到了胸部的氣孔。最後我認出了腳，腳很小，指甲也不硬，尚不能支撐自己的身體。在嘴那個部位，我只看到了大顎，它們短短小小的，呈褐色。總之，二齡幼蟲軟軟的，白白的，大腹便便，無目，有著呈雛形的腳。鈍帶芫菁二齡幼蟲蛻下的皮也讓我看到了類似的情況，像牠的同類一樣，皮是一個沒有開口的皮囊，緊緊貼在擬蛹上面。

　　再讓我們研究一下灼帶芫菁的遺留物。擬蛹是棗子般的紅褐色。孵化時，擬蛹保持完整，除了前部成蟲要脫殼而出。擬蛹完整的時候，形成了一個圓柱形的皮囊，壁堅硬而有彈性。分節清晰可見。放大鏡下，看得見在鈍帶芫菁身上看到過的星形細斑。氣孔開口突出，顏色深紅褐色。連最後一個氣孔都是清晰分明的。腳的痕跡是一些顏色偏深、略略突出的凸起。頭上只有幾個難於辨別的突起。

281

在這個擬蛹殼的深處，我發現了一個白色的小棉團，將它
放在水中變軟，再用畫筆筆尖耐心地將牠打開，我便看到了一
個白色的物質，粉末狀，是蛹工作時的尿酸產物。外面還有一
個皺皺的膜，我認出那是蛹的皮。我還沒有見過的就只剩下三
齡幼蟲了。我用針尖戳放在水裡的擬蛹殼，隨著殼慢慢破裂，
我看到它分成了兩層，一層外層，易碎，角質的模樣，顏色是
棗子般的紅褐色。另外還有一層內層，形成了一道透明的彎曲
的薄膜。毫無疑問，這層內層即是三齡幼蟲，牠的皮膚還貼在
擬蛹殼上。這一層相當厚實，我只能把它撕成幾塊才能分離開
來，因為它與易碎的角質外殼黏得太緊。

擁有了一定數量的擬蛹後，我便利用了一些，想看看在接
近變態結束時，裡面有什麼。我永遠也發現不了任何可以分離
的東西，永遠無法找出一隻第三種形態的幼蟲。而在西塔利芫
菁琥珀色的皮囊中，就可以輕易獲取；在短翅芫菁和蠟角芫菁
中，幼蟲是自己從裂開的擬蛹外殼裡出來的。當硬殼第一次包
含了一個不與其他東西黏附在一起的物體時，這個物體就是
蛹，而不是別的。封住牠的壁是內部一層粗糙的白皮。我把這
種顏色看作是三齡幼蟲外皮的顏色，那是一層貼在擬蛹殼上無
法分開的皮。

因此帶芫菁身上有一種其他芫菁不存在的特別之處，即緊

密套在一起的套子。擬蛹殼在二齡幼蟲的皮裡，這層皮形成了一個沒有開口的羊皮袋，與包裝物緊緊相連。而三齡幼蟲的皮更加緊密地貼在擬蛹殼的內部，只有蛹與外殼不相黏。蠟角芫菁和短翅芫菁的過變態中，每一種形態都經由一種完整的去核與前一種皮分開，內含物從裂開的容器中脫離，並與它一刀兩斷，再無關聯。西塔利芫菁的外皮連續，沒有斷裂，一直一個套著一個，但相互間存在著距離，以至於連第三齡幼蟲都可以移動，必要時還可以在這個圍牆裡轉身。帶芫菁和牠的蛹殼相同，區別在於：直到蛹出現，從一層皮到下一層皮，都沒有空隙。三齡幼蟲無法移動，牠不是自由的。從牠的皮緊緊貼著擬蛹的殼便證明這一點。因此，如果沒有擬蛹皮囊裡那層膜對此確認的話，人們無法發現這種形態。

要補充帶芫菁的故事，還缺少初齡幼蟲，我現在對牠還不認識；金屬罩裡的養育還沒有使我得到牠產的卵。

第十四章

變換菜單

「告訴我你吃的是什麼，我就能說出你是哪種人！」當布利翁－薩哈罕[1]說出他這句名言時，他確實想不到，在昆蟲的世界裡，他這句話得到了怎樣的證明。美食家只是想說，生活的甜美使人們的口味變得難以調理；但他也許能用更嚴謹的方法，來歸納他的公式，並考慮到菜肴會因緯度、氣候和習俗的不同而產生差異。或許他尤其應當考慮到平民的困苦。又或許，他理想的道德價值會更常在盛鷹嘴豆的盆裡被發現，而不是在盛著肥鵝肝的罐裡。這並不重要，他的名言只是關於美食的俏皮話，但如果我們忘記餐桌上的奢華，去看看我們身邊小世界裡的居民們吃些什麼，這句名言倒成了一種嚴肅的事實。

---

① 布利翁－薩哈罕：法國作家，也是一位美食家。——譯注

　　每種蟲子都有著自己的餅。甘藍菜上的紋白蝶幼時吃十字花科含芥子末的葉子，蠶除了桑葉什麼都不吃，大戟天蛾必須吃大戟類植物的乳狀苛性劑，谷象鼻蟲吃麥粒，豆象吃豆科的種子，象鼻蟲吃榛果、栗子和橡實，短喙象鼻蟲吃蒜的珠芽。每種蟲子都有自己的菜肴，有自己的植物，每種植物也都有自己的食客。關係如此確定，以至於在很多情況下，都可以根據植物來確定蟲子，或者從蟲子來確定植物。

　　如果您認識百合花，看看百合花上那朱紅色的金龜子，在有一層污物的葉子下面的是牠精神飽滿的幼蟲，把牠叫作負泥蟲吧。如果您認識負泥蟲，那就把牠肆虐的植物叫做百合吧。這也許不是普通的百合，而是另一類頭巾百合，一種有鱗莖的百合，呈長矛形，帶深色條紋，金黃色，來自阿爾卑斯或者庇里牛斯山區，或者是從中國和日本帶來的。相信負泥蟲吧，牠無論對異國和本地的百合都瞭如指掌，您儘管相信這個植物園裡奇特大師的話，把那個您不認識的植物叫作百合吧。不論花是紅的、黃的、金褐色還是有幾點胭脂紅，不論它們的特徵與我們熟悉的潔白無瑕如何不一致，您不必猶豫，採用金龜子給您定下的名字吧。在人有可能弄錯的地方，牠是不會弄錯的。

　　昆蟲的這種植物學，為農民帶來了很多的苦難，他們儘管只是很普通的觀察者，但他們的感觸卻會長久難以磨滅。看到

甘藍田被一種毛毛蟲侵犯，農民就認識了紋白蝶。無論是為了實用價值，或是出於真的熱愛追尋真實，科學知識補全了實踐的不足。今天關於植物和昆蟲的關係，已經有了一本資料彙編，無論從哲學的角度還是從農業的實踐來看，這本彙編都很重要。但昆蟲的動物學我們卻所知不多，因為它與我們的關係也不密切。這種動物學是指昆蟲為了餵養幼蟲而做出的選擇，選了這個或那個種類的動物，而排除了其他種類。這是個廣博的主題，一本書都不足以探討窮盡；此外，大部分情況是我們還缺少資料，需要等到遙遠的未來，才能將生物學上的這個範疇，上升到植物問題已經達到的高度。這裡只需談幾個觀察到的例子就足夠了，它們散見於我的文章或記錄裡。

　　狩獵性膜翅目昆蟲以什麼為食？當然我是指幼蟲。首先，我們看到了一系列的昆蟲，吃著同一屬別或者同一族群裡不同種類的獵物。砂泥蜂毫無例外地只捕獵黃昏蛾的毛毛蟲，而體態迥異的黑胡蜂口味也相同。飛蝗泥蜂和步蚓蜂吃直翅目昆蟲。節腹泥蜂除了很少的幾個例子外，都是忠於象鼻蟲的。大頭泥蜂和孔夜蜂只捕膜翅目昆蟲，蛛蜂專門追捕蜘蛛，異色泥蜂青睞臭蟲的芬芳，泥蜂喜歡雙翅目昆蟲而別無所求，土蜂只吃金龜子的幼蟲，細腰蜂烹飪小圓網蛛。巨唇泥蜂則意見不一，在我家附近的兩種巨唇泥蜂中，一種赤角巨唇泥蜂將螳螂放入牠的食櫥，另一種三齒巨唇泥蜂則裝入黃葉蟬。最後，方

頭泥蜂向蠅科徵稅。

　　根據我如實記錄的這些狩獵性昆蟲的菜單，我們已經看到可以做出什麼樣的分類。只依據糧食的特徵，一些自然組別便勾勒了出來。我希望未來系統化的理論將考慮這些飲食的法則，這樣會使剛接觸昆蟲學的新手輕鬆不少。他們常常會被昆蟲的嘴、觸角、翅神經弄得焦頭爛額。我呼籲有這樣一種分類方法：昆蟲的能力、菜單、工作、習俗，比觸角的節更為重要。會有這一天的，但是要到什麼時候呢？

　　如果我們要從泛泛之論回到細節上來，我們會看到在很多情況下，可以根據食物特性來確定昆蟲的種類。從我冒著酷暑挖掘土坡，想了解其居民那時起，我已看到無數以蜜蜂為食的大頭泥蜂的洞穴，也許都有幾千個。這麼多儲糧的倉庫，有新有舊，有的特意暴露在外，有的是我偶然遇見的。而我只有一次，僅僅一次，發現了蜜蜂之外的遺骸：沒有爛的翅膀還是成對地合在一起，頭和胸上覆著一層紫色的固著絲，這是日久天長後，遺物自然形成的裹屍布。無論是今天還是很久以前，我剛剛起步的時候，無論在北方還是在南方，無論是山地還是平原，大頭泥蜂的菜單都是不變的。牠需要蜜蜂，始終是蜜蜂，從來不會是別的，儘管有很多特性相似的獵物。因此，如果在挖掘陽光照耀下的斜坡時，您發現了地下有一小堆肢解的蜜

蜂，您便可以完全相信，這裡有成群的
食蜜蜂大頭泥蜂。只有牠才會以蜜蜂為
食。負泥蟲剛才教會我們認識百合，現
在蜜蜂腐爛的屍首，又使我們發現了大
頭泥蜂和牠的居所。

食蜜蜂大頭泥蜂
（放大1¼倍）

　　同樣，雌短翅螽斯也成為隆格多克飛蝗泥蜂的特徵。牠的
殘留物——鈸和長刀，準確無誤地標明了貼在一起的蛹室的名
稱。腳像胭脂紅飾帶的黑蟋蟀，是黃翅飛蝗泥蜂不變的標籤。
葡萄根犀角金龜的幼蟲像最好的描述文字一樣，向我們準確講
述花園土蜂。花金龜的幼蟲宣布了隆背土蜂的存在，而細毛鰓
金龜幼蟲的食客是沙地土蜂。

　　講述過這些認定一個就不放，不屑於改變菜單的昆蟲之
後，讓我們列舉出那些中庸者，牠們常常在一個非常確定的族
群裡，選擇適合牠們身材的不同獵物。櫟棘節腹泥蜂特別鍾愛
小眼方喙象鼻蟲（牠是最大的象鼻蟲之一），但必要時牠也接
受其他方喙象鼻蟲和鄰屬的象鼻蟲，只要獵物的身材使之滿
意。沙地節腹泥蜂將牠的狩獵範圍鋪得很廣，任何中等大小的
象鼻蟲科昆蟲都是牠喜好的捕獲物。弒吉丁蟲節腹泥蜂不加區
分地接受所有吉丁蟲，只要後者不超出牠們的力量範圍之外。
佩冠大頭泥蜂用最大的隧蜂填滿牠的倉庫。比牠同類小得多的

劫持者大頭泥蜂則儲存那些最小的隧蜂。任何長兩公分的蝗蟲成蟲都適合白邊飛蝗泥蜂。只要年輕肉嫩，各種鄰近屬別的螳螂都可以被放入巨唇泥蜂和弒螳螂步岬蜂的餐櫥裡。沙地砂泥蜂和毛刺砂泥蜂在每個洞穴裡都只放上一隻，但很豐滿，總是那些在黃昏時活動的類別，不同的體色說明了種類的差異。柔絲砂泥蜂的食物則要求最好的搭配，每個食客必須有三到四隻獵物，裡面既要有夜蛾也要有尺蠖蛾，這些都是牠所喜好的。褶翅旋管泥蜂在死去但仍柔嫩的柳樹裡安家，牠明顯偏好維吉爾蜂，即黏性鼠尾蛆，但牠還會加上懸垂溝牙岬，有時做為配菜，有時做為主食；儘管這兩種蜂體色上差別很大。如果看褶翅旋管泥蜂那些難以確定的食物殘渣，也許還要在牠的狩獵記事本裡再記上很多其他的雙翅目昆蟲。金口方頭泥蜂是另一種

鼠尾蛆

枯柳裡的開墾者，牠不加區分地喜好各類食蚜蠅。流浪旋管泥蜂，樹莓和矮接骨木乾枯莖幹裡的房客，在儲糧室裡的戰利品中有隱喙虻、肉蠅、食蚜蠅、黑蜘蛛等，而且看上去還有許多其牠的種類。

不必再繼續列舉這種乏味的例子，我們就能清楚地得出結論。每個捕獵者都有其個性鮮明的口味，以至於一看到菜單，我們就能看出食客的屬別，甚至種別。於是那句名言就站得住

腳了:「告訴我你吃的是什麼,我就能說出你是哪種人!」

對於部分昆蟲來說,獵物需要始終如一。隆格多克飛蝗泥蜂的後代,像進行宗教儀式似的品嚐短翅螽斯,這種菜肴被祖先和後代同樣珍視;傳統習慣不會做任何的更新。有些可以吃多種食物,若不是因為口味,就是因為儲存的方便,但食物也只是保持在不可跨越的界限裡選擇。一個自然類群、一個屬別、一個科,很少會是一整目,這便是狩獵的範圍,絕對不可僭越。法則不容置疑,大家都嚴格而謹慎地不去違反。

請用同樣大小的蝗蟲代替修女螳螂,為弒螳螂步䖴蜂餵食,但牠不屑地拒絕了。既然裝甲車步䖴蜂選擇了蝗蟲,弒螳螂步䖴蜂就故意要表現得口味高雅。但再給牠一隻椎頭螳螂,後者的形狀與顏色與修女螳螂相去甚遠,牠卻毫不猶豫地接受了,並且在您眼前吃了起來。儘管姿態怪異,小鬼蟲還是馬上被步䖴蜂認出是螳螂類,是牠能吃的獵物。

把櫟棘節腹泥蜂的方喙象鼻蟲換成吉丁蟲,這是牠某個同類的美食。但牠對這個佳肴絲毫看不上眼。要吃象鼻蟲科的蟲子接受這個?啊!一輩子都不可能!再給牠一個其他種類的方喙象鼻蟲,或者任何一種牠很可能從未見過的大型象鼻蟲,牠不會認識所有能放進洞裡的食物。這一次,蔑視不再有了,食

物被纏住並按照規矩遭刺死，而且就地儲存起來。

　　請試著說服毛刺砂泥蜂，蜘蛛有一種榛果的味道，拉蘭德蟲可以作證，您會看到您的暗示受到怎樣的冷落。再努力說服牠，晝行性蝶蛾的毛毛蟲和夜行性蝶蛾的毛毛蟲是同一回事，您連這個也做不到。但是，如果您用另一種地下毛毛蟲代替牠那灰色的地下毛毛蟲，無論換的毛毛蟲夾雜著黑黃色、鐵銹色還是別的什麼色彩，顏色上的變化不會妨礙牠認出這是適合牠的犧牲品，是與灰毛蟲同等的替代品。

　　我能用實驗證明，還有別的蟲子也是如此。每一種都固執地拒絕與牠的儲備有別的獵物，每一種都接受其儲存範圍內的類別。當然，條件是替換獵物的體積和發育程度與被替換者接近。於是，跗骨步蚋蜂這位喜歡吃嫩肉的美食家，不同意將牠的一撮蝗蟲的小幼蟲換成單個的大蝗蟲，那應該是裝甲車步蚋蜂的儲備；而後者也從來不會將牠的蝗蟲成蟲換成小蝗蟲。屬和種都相同，年齡不一樣，這就足以決定獵物是被接受還是被拒絕。

　　當蟲子肆虐的是一個較為廣闊的族群，牠如何將牠的食物與其他種類區分開來呢？牠為什麼只需瞥一眼，就能保證不會弄錯洞裡的庫存呢？是外觀在指引牠嗎？不是，因為在泥蜂的

住所裡，我們會發現一些細長帶形的隱喙虻，和一些絨團狀的
蜂虻。在柔絲砂泥蜂的倉庫
裡，正常體形的毛毛蟲和尺
蠖緊靠在一起，後者像一個
活的鉗子，向前一開一合；
在赤角巨唇泥蜂和弒螳螂步
蚜蜂的庫房裡，螳螂旁邊有
成堆的椎頭螳螂，牠是種誇
張到難以辨認的螳螂。

隱喙虻

　　是不是色彩呢？也不可能。例子不勝枚舉。杜福命名的節
腹泥蜂以吉丁蟲為狩獵對象，這些吉丁蟲的色彩是多麼的豐
富，各種各樣的金屬光澤，構成了無數的模樣！即使是畫家的
調色板，布滿金色、青銅色、紅色、翠綠色、紫晶色的碎塊，
也很難與吉丁蟲豐富的色彩媲美。然而，節腹泥蜂不會弄錯：
整個族群儘管色澤多樣，但對牠來說就像對昆蟲學家來說一
樣，都是吉丁蟲的家族。方頭泥蜂的儲糧倉裡有灰棕和紅色外
衣的雙翅目昆蟲，還有些佩著黃帶，帶著胭脂紅斑點，其他的
是鋼藍、檀木黑、銅綠。在這些多樣的服飾下對應的，是不變
的雙翅目昆蟲。

　　讓我們用一個例子來做更確切的說明。鐵色節腹泥蜂是象

鼻蟲的消費者。通常儲存在牠們的洞穴裡的，有暗灰色的葉象
鼻蟲和根瘤象鼻蟲，有黑色或者樹脂般褐色的耳象鼻蟲。然
而，我有時會在蜂的家裡挖出一些真正的珠寶，牠們耀眼的金
屬光芒與耳象鼻蟲灰暗的顏色形成了最強烈的對比。這是把葡
萄樹葉捲成煙捲的槭虎象鼻蟲。牠們有的呈天藍色，有的金銅
色，都同樣鮮豔。捲煙者的顏色分成兩種，節腹泥蜂如何認出
這些珠寶是平淡無奇的葉象鼻蟲的近鄰的呢？牠遇上這樣的情
況也很可能不太在行，牠的種族傳遞給牠的只是一些很不確定
的傾向，因為牠似乎也不經常食用槭虎象鼻蟲。在我許多次的
挖掘中，只有很稀少的發現，這也證明了這一點。也許，牠第
一次經過一個葡萄園時，看見那富麗的金龜子在一片葉子上閃
閃發光；這對牠來說並非日常進食的菜肴，不是家族古老習慣
所認同的。牠是新的、奇特的，與眾不同的。然後，這個奇特
的傢伙顯然被當作象鼻蟲存進了倉庫。槭虎象鼻蟲光彩奪目的
盔甲在葉象鼻蟲灰色的頭盔旁找到了位置。不，顏色也不能決
定選擇。

　　具決定作用的更不會是形狀。沙地節腹泥蜂狩獵所有中等
身材的象鼻蟲科昆蟲。如果我把牠儲糧間裡所有的獵物統計出
來，那將是對讀者的耐心的極大考驗。我只說兩種，這是我最
近在村子附近做研究時發現的。膜翅目昆蟲在附近小山上的綠
橡樹枝頭，捕食柔毛短喙象鼻蟲和橡實象鼻蟲。兩種鞘翅目昆

蟲有什麼共同點呢？我所說的形狀，並不是要去追究謹慎的分類學家用放大鏡觀察到的細緻結構，也不是像拉特雷依那樣為了建立一種生物分類學而援引精細的特徵，我只看整體的樣貌，就是沒有受過訓練的人一眼都可看出的整體舉止。我要讓不懂科學的人來比較一些昆蟲，特別是小孩子，他們是最敏銳的觀察者。

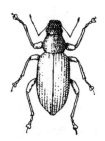

柔毛短喙象鼻蟲

　　這樣說來，短喙象鼻蟲和橡實象鼻蟲有共同點嗎？不論觀察者是都市人、鄉下人、小孩，還是節腹泥蜂，都會說：沒有，絕對沒有任何共同點。前者的體型幾乎是圓柱形，後者則是單薄的形體；前者是錐形，後者是橢圓形或是心形。前者是黑色，還散布著老鼠身上那種灰暗的點，後者則是赭石的紅褐色。前者的頭有一個吻端，後者的頭則變細為一種彎彎的喙，像鬃毛一般纖細，和身體其他部分一樣長。短喙象鼻蟲的嘴粗大，分界明顯；橡實象鼻蟲卻似乎吸著一個長度荒謬的煙斗。

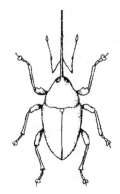

橡實象鼻蟲（放大$3\frac{1}{2}$倍）

　　誰會把這兩種如此不協調的生物聯繫在一起，並給牠們取同樣的名字？除了以此為業的人，誰也不敢。比我們敏銳的節腹泥蜂，能把這兩種都看成是象鼻蟲，都是神經系統集中的獵物，牠要用矛喙下去，為他們動手術。在以粗喙昆蟲（在牠的地下洞穴中，有時只堆積著這種食物）作為豐盛的獵物之後，牠現在突然遇上了吻管怪異的傢伙。習慣了前一種，牠會不接受第二種嗎？不，從第一眼，牠就認出那是屬於牠的；已經儲存了幾隻短喙象鼻蟲的居所，會以橡實象鼻蟲作為補充。如果這兩種都缺少，如果洞穴遠離綠橡樹，節腹泥蜂就會攻擊象鼻蟲科昆蟲，屬、種、形狀、顏色都可以不盡相同。根瘤象鼻蟲、耳象鼻蟲、棒卵象鼻蟲等等，都是牠的貢品。

　　我絞盡腦汁做徒勞無功的猜想，搶掠者是靠什麼符號來指引自己，才能在如此多樣的獵物中不脫離同一個類群？特別是牠究竟如何認出奇怪的橡實象鼻蟲具有象鼻蟲的特徵，這可是牠犧牲品中唯一帶著長煙斗管子的。我想求助於演化論、遺傳論以及其他被冠以“論”的學說，讓牠們在榮譽和風險中解釋我自愧無法企及的東西。用誘鳥笛捕鳥的人給兒子吃紅喉雀、朱頂雀、燕雀的烤肉串，我們就匆忙地得出結論，這種藉由胃的養育將使孩子從烤肉入門認識鳥類群體，輪到他自己放置黏鳥板時，便不會混淆類別？一代代地重複消化烤小鳥串，是否就足以造就一個老練的捕鳥者？節腹泥蜂吃象鼻蟲，牠的祖先

也都吃，而且很嚴格。如果您從這裡看出膜翅目昆蟲成為象鼻蟲科專家（其敏銳絲毫不亞於職業的昆蟲學家）的原因，為什麼您拒絕承認捕鳥者的家庭能產生同樣的結果呢？

我趕緊擺脫這些糾纏不清的疑問，開始從另一個角度探討糧食問題。每種狩獵性膜翅目昆蟲的獵物，一般都局限於一個很有限的類別。牠有牠鍾情的獵物，除此之外的對牠來說都是可疑的、有危險的。實驗者採用圈套使其脫離獵物，再扔給牠一個替代品；物主在遭到搶劫之後，很快發現牠的財產成了另一種模樣，但牠在驚異之餘卻不會上當。屬於牠的，牠會很快地接受，不屬於牠的，則固執地拒絕。對家庭從未使用過的獵物，這種不可克制的反感從何而來？這可以借助實驗來回答。讓我們求助於它吧！它的話是唯一值得信賴的。

第一個出現的想法，我想，也是唯一能想到的，那就是這個吃肉的新生兒幼蟲有牠的偏好，或者說得更好一些，牠的口味是排他的。一種獵物適合牠，另一種不適合牠。母親根據牠的口味餵食，這種口味對於每種昆蟲都是一成不變的。這個家庭的菜肴是蛇，那個是象鼻蟲，還有的是蟋蟀、蝗蟲和修女螳螂。這些不同的食物對各自的食客來說當然總是很好的，但對於還沒有形成習慣的消費者來說，也許就是有害的。吃蝗蟲的幼蟲會覺得毛毛蟲是難以接受的食物，喜歡毛毛蟲的幼蟲則會

視蝗蟲為可怕之物。但我們很難分清楚,從味道和營養上來看,蟋蟀的肉和短翅螽斯的肉的區別在哪裡。儘管如此,分別吃這兩種食物的飛蝗泥蜂卻都各自擁有不可動搖的堅持,每種昆蟲都根深蒂固地推崇自己傳統的菜肴,而對另一種深惡痛絕。口味是不容妥協的。

此外,衛生也是可能的原因。蜘蛛是蛛蜂的美味,但對於吃蚜的泥蜂來說就是毒藥或者不潔食物。砂泥蜂愛吃的多汁毛毛蟲會令吃乾蝗蟲的飛蝗泥蜂反胃。母親對這種獵物推崇,對另一種不屑一顧,原因可能在於嬰兒的滿意還是厭惡。食物供應者根據消費者飲食的要求制定菜單。

食植物的幼蟲無論如何也不願改換食物,這使得食肉幼蟲進食的排他性顯得更加可能。儘管被飢餓所迫,吃大戟類植物的大戟天蛾毛毛蟲,面對甘藍葉仍無動於衷,鬱鬱而死,因為那是紋白蝶幼蟲獨一無二的食物。牠的胃被辛辣的調味料灼燒慣了,覺得含硫豐富的十字花科植物平淡無味,無法入口。紋白蝶幼蟲則絕不碰大戟類,否則對牠來說有生命的危險。竊蠹蟲的幼蟲吃茄科麻醉劑,主要是馬鈴薯,而且只要這個。任何沒有加茄鹼的東西對牠來說都是有毒的。並不只是以生物鹼和毒素為食的幼蟲拒絕食物更新,其他的幼蟲即使菜單最沒有味道,也不會妥協。每一種昆蟲都有自己的一種植物或一類植物

群，除此之外沒有任何可以接受的東西。

　　我記得有一次春寒，一夜之間便凍僵了桑樹最早萌發的葉芽。第二天，我家附近那些佃農們都焦急萬分：蠶已經孵化出來，食物卻突然缺少了，要等陽光來彌補災難。但如何能使這些飢餓的新生兒再維持幾天的生命呢？人們知道我對植物很熟，我穿越田野採集藥材，使我得到了草藥商的外號。我用虞美人的花配製明目的仙丹，用琉璃苣調出治百日咳的糖漿，還從山上的茶葉中提取精華，蒸餾出洋甘菊茶劑。簡而言之，植物給了我配製藥品的聲名。這總也算得上是件好事吧。

　　主婦們都跑來找我，她們眼裡噙著淚水，向我陳述事情的經過。在桑樹重新發芽前，該拿什麼給她們的蟲子吃呢？這可是件非常嚴重的事，值得憐憫和同情。有位主婦指望著這一屋子蟲子來給待嫁的女兒買布料。另一位則向我說，她想買一頭豬，等到第二年冬天養肥。所有的主婦都心痛著放在櫥櫃深處的錢，這些放在一隻襪子裡的錢，可以使手頭緊的日子過得寬鬆。她們怨憤滿腔，將一條法蘭絨布在我眼睛前掀開一半，只見上面聚滿了蟲子。她們說：「看！先生，我們沒有東西給牠們吃！啊！上帝啊！」

　　可憐的人們！你們的職業是多麼的艱辛，在所有的人當

中，你們的職業是最值得尊敬，卻又最不確定的！你們忘我地
工作，當你們差不多達到目標時，一個驟然而至的寒夜，幾個
小時就使收穫化為烏有。而我卻很難幫助這些可憐的人。但我
還是以植物學為引導，做了一番嘗試。植物學告訴我，榆樹、
樸樹、蕁麻、牆草這些鄰科的植物可以作為桑樹的代用品。這
些樹的新葉被切得細細的，放在蟲子的面前。每個人都憑著靈
感進行其他一些沒有什麼道理的實驗。一切努力都是枉然。新
生兒任憑自己餓死，直到最後一個。我這個草藥商的名聲，在
這次失敗中應當受到了影響，但這真是我的錯誤嗎？不，這是
蠶的錯誤，牠太過分忠於牠的桑葉了。

　　我開始試著用一種不同於尋常菜單的獵物，飼育食肉類幼
蟲，這個實驗我幾乎相信同樣是成功不了的。因為有了前車之
鑑，我便在不多的熱情下，嘗試了在我看來應該慘敗的東西。
工作的季節已到了盡頭。只有泥蜂還在附近山丘的沙地上來
往，牠們還能向我提供一些實驗的主題，使我不必把研究拖得
過長。跗節泥蜂提供了我想要的東西：一些相當幼小的幼蟲，
牠們還需要很長的一段時間來進食，但牠們已經發育得足夠成
熟，受得了搬家的考驗。

　　這些蟲子挖出來後由於表皮嬌嫩，得到了悉心的照顧，獵
物同時也原封不動地挖掘了出來。牠們是母親剛剛運過來的，

是幾種雙翅目昆蟲,其中有卵蜂虻。一個舊的沙丁魚罐頭,裡面鋪著一層細沙,並用紙隔牆分成了幾個房間,我的飼育對象便一個隔一個地放在房間裡。我想把這些吃蠅蟲的食客,改造成吃蠼蠼兒的美食家,便用飛蝗泥蜂或者步岬蜂的菜單,來替換這些泥蜂的菜單。我不想作乏味的巡訪,來為餐廳儲存食物,便在門檻旁碰運氣。一隻帶著鐮刀狀短刀的鐮刀樹螽,正掃蕩著矮牽牛的花冠。是讓牠將功贖罪的時候了。我挑選了一些長度在一到二公分之間的小蟲,並使其無法動彈。我做得不甚客氣,就是把牠的頭給碾碎了。牠便這樣送給了泥蜂,代替牠們的雙翅目昆蟲。

如果讀者和我一樣,出於極端充足的理由,確信飼育無法成功;那麼,他現在將會與我一樣驚訝萬分。不可能變成了可能,荒謬變成了合理的事,預設與事實相悖!自從世上有泥蜂以來,這道菜是第一次出現在泥蜂的飯桌上,牠居然被毫無反對地接受,並被很滿足地消化了。讓我們看看我對一位食客作的詳細記錄,其他食客的日記只是在某幾點上略有不同。

一八八三年八月二日 泥蜂的幼蟲和我將牠從洞裡挖出來一樣,差不多只發育了一半。在牠身旁我只看到一些食物的細小殘渣,主要是卵蜂虻的翅膀,一半是半透明的,一半呈燻黑色。母親應當是一天一天地補充著新的食物來源。我給卵蜂虻

進食者一隻小的鐮刀樹螽，螽斯被毫不猶豫地吃掉了。食物品質上如此深刻的變化，似乎根本沒有令幼蟲擔心，牠用大顎大口大口地咬著豐富的肉塊，直到吃完才鬆口。到晚上，被掏空的獵物用另一隻同種的新鮮食物替換，但大得多，長兩公分。

八月三日　第二天，我發現鐮刀樹螽被吃掉了，只剩下沒有被肢解的乾枯外皮。裡面所有的東西都消失了，獵物從腹部的一道大裂縫被掏空了。真正吃蠍蠍兒的食客也未必比這做得更好。我用兩隻小螽斯代替了這個沒有價值的外殼。幼蟲起初並沒有碰牠們，牠已經被前一天豐盛的食物撐得腦滿腸肥。然而到了下午，兩隻獵物中的一隻已經開始被吃了。

八月四日　我換了食物，儘管前一天的還沒有吃完。我每天都要換糧，以使我所養育的蟲子能常有新鮮的食物可吃。變質的獵物會干擾牠的胃。我的螽斯不是活著不動的犧牲品，牠們沒有被精緻的方法麻醉過，而是被猛然碾碎了頭的屍體。由於氣溫炎熱，肉變質得很快，這使我不得不在沙丁魚罐頭做的餐廳裡頻繁更新食物。我放上了兩隻獵物，一隻很快被吃了起來。幼蟲還是完全和以前一樣吃津津有味。

八月五日　起初的好胃口平靜了下來。我的飯菜給得過於慷慨，應當在這種暴飲暴食之後謹慎地讓幼蟲餓上一段時間。

母親必然要節省得多。如果整個家庭都像我的客人那樣敞開肚子大吃，母親就無法滿足牠們。因此出於健康原因，今天禁食齋戒。

　　八月六日　再次用鐮刀樹螽餵食。一隻被全吃了，另一隻開始被吃。

　　八月七日　今天配給的食物只被嘗了一下，就被丟開了。幼蟲似乎很焦慮。牠用尖尖的嘴巴頂著房間的隔牆。這種跡象表明織造蛹室的工作接近了。

　　八月八日　昨天夜裡，幼蟲織了牠的絲辮。牠現在正嵌進去一些沙粒。隨著時間的推移，接下來開始了變態的正常程式。吃了本族不認識的螽斯後，幼蟲並沒有任何不妥，牠和吃雙翅目昆蟲的姐妹一樣，正完成自己發育的各個階段。

　　用小螳螂做食物也取得了同樣的成功。有一隻這樣餵食的幼蟲甚至讓我相信，牠寧願吃新菜，而不願吃種族裡傳統的菜。兩隻鼠尾蛆和一隻修女螳螂組成了牠一天的菜單，從最初幾口開始，鼠尾蛆就遭到了蔑視，而牠在嘗了一下螳螂後，便感覺非常之好，甚至完全忘記了雙翅目昆蟲。牠是在多汁的肉的吸引下，喜歡上了這美味嗎？我無法確認這點。泥蜂對雙翅

目昆蟲並不始終癡迷，牠會放棄牠，轉到另一隻獵物身上去。

　　預想中的失敗變成了極大的成功，這是否有足夠的說服力？我們除了實驗的證明，還能信賴什麼？看著這麼看似基礎牢靠的體系坍塌成為廢墟，如果沒有事實的證明，我連二加二等於四都不能肯定地說出來。我以下的論證雖然沒有事實作依據，但卻有著最合情合理的可能性。就像我們事後總能找到一些理由，支撐我們起初不願接受的觀點一樣，現在我想作如下的推論。

　　植物是一個大工廠，作為生命材料的基本有機物，在無機材料的伴隨下生長。有些產品在整個植物體系內都是相同的，但其他更多的產品只在特定的實驗室裡準備。每個類型、每個物種都有牠的商標，有的加工香精，有的加工生物鹼，有的是澱粉、脂肪、樹脂、糖、酸。這些物質產生特殊的能量，並非任何草食動物都能適應。的確，需要專門的胃才能消化烏頭、秋水仙、毒芹、天仙子，沒有特製的胃，就不能承受類似的菜單。此外，食毒動物也只能承受唯一的一種毒。竊蠹蟲的幼蟲對馬鈴薯的茄鹼感興趣，但大戟類的苦澀就會要了牠的命，大戟類植物是大戟天蛾的食物。食草幼蟲的口味必須具有排他性，因為植物的特性在不同類別之間差異極大。

相對於植物產品的多樣化，更多作爲消費者而並非生產者的動物，產品卻具有一致性。鴕鳥蛋和燕雀卵的蛋白，母牛、母驢乳汁中的酪蛋白，狼、綿羊或者田鼠、青蛙、蚯蚓的肌肉，始終是蛋白、酪蛋白或者纖維蛋白，即使沒有人嘗試過，也是可以吃的。這裡沒有恐怖的調料，沒有特殊的苦澀，沒有只供特定消費者食用的致命的生物鹼，因此可食性動物不會只限於一種食客。人有什麼東西不吃？遙遠的北極地區，人們用海豹血做湯，將一片柳樹葉做爲蔬菜包住鯨脂塊；中國人吃油炸的蠶；阿拉伯人吃曬乾的蝗蟲。既然已經克服了習慣上，甚至是實際需求上的厭惡感，人還有什麼不吃的呢？獵物在營養成分上是一致的，食肉的幼蟲因此必須適應任何獵物，尤其當新的菜肴並不太偏離約定俗成的習慣時。如果我要從頭做起，我就會這樣推理，因爲可能性很大。但是，就像我們所有的論證都比不上一個事實一樣，最後是否還需要讓實驗說話？

這便是我第二年的研究內容，範圍更廣，對象更多。我對這種新藝術的實驗和爲此做的個人飼育留有記錄，但我不想陳述出來，那裡面盡是當天的失敗和第二天吸取教訓後獲得的成功。全部說出來過於冗長乏味，我只簡短地說出結果和掌理精細的餐廳的條件，應該就足夠了。

首先，不要想把卵從原本附著的獵物身上取走，再放在另

一個獵物上。卵的頭端是緊緊貼在獵物身體上的,將牠移位會無法避免損傷牠。因此我任憑幼蟲孵化,讓牠有足夠的力氣,能毫髮無傷地承受搬遷。此外,我挖掘時最常發現的是幼蟲形態的實驗對象。我選擇發育到正常體態四分之一至一半的幼蟲進行飼育。其餘的不是過小而存在著危險,就是太老,人工進食只能局限在很短的時間內。

其次,我避免獵物的數目過多,最好一隻獵物就足以維持成長的整個過程。我已經說過,還要在這裡再說一次,每隻被食用的獵物需要非常的精細,食物要保持兩個星期的新鮮,只能在牠差不多就要被完全吃光時才能真的死去。死者的屍首是留不下來的,當生命之光完全熄滅時,身體消失了,只剩下一張表皮。吃單一大獵物的幼蟲具備一種特殊的進食藝術,這種藝術具有危險,一不小心就會送命。提前咬了某一點,犧牲者就會腐爛,並迅速招致進食者中毒而死。幼蟲只要攻擊點稍稍變換,就再也找不到合適的那塊肉了。牠解剖錯了獵物,就會因獵物腐爛而死。如果實驗者給牠一種牠不習慣的獵物又會怎樣呢?牠不知道如何遵循規則進食,便將獵物殺死,糧食一兩天內就會腐爛。我說過我是如何無能為力地用犀角金龜的幼蟲飼育隆背土蜂的,我用繩索固定住犀角金龜的幼蟲。我還使用了被隆格多克飛蝗泥蜂麻醉的短翅螽斯。在這兩種情況下,新的菜肴都毫不猶豫地被接受了,這可以證明牠是適合新生兒

的。但一兩天之內獵物便開始腐爛，土蜂在散發惡臭的食物塊上死了。保持短翅螽斯新鮮的方法是飛蝗泥蜂所熟知的，但我的房客卻不接受，對牠而言，這就足以將一道美味的菜肴變成毒藥。

就這樣，我用一個大獵物替換正常食物配給的其餘嘗試，也都可憐地失敗了。在我的記錄中只有一例是成功的，但非常艱難，而且我再也做不到第二次。我成功地用一隻黑蟋蟀成蟲餵食毛刺砂泥蜂的幼蟲，食物像砂泥蜂正常的獵物毛毛蟲一樣被心甘情願地接受了。

為了避免需要長時間進食的食物腐爛（這些食物如遵循必要的進食方法是無法吃完的），我使用了小的獵物，每隻獵物都可以被幼蟲在最多一天的時間內吃完。這樣，不管獵物是如何被隨意地肢解切割，還在抽動著的肌肉是沒有時間腐爛的。於是幼蟲開始狼吞虎嚥，牠們隨意地撲食，對食物也不加以區分，比方說，泥蜂幼蟲吃完了一個雙翅目昆蟲，然後再吃另一個；節腹泥蜂的幼蟲則有條不紊地，一個接一個地吃著牠的象鼻蟲。從大顎的頭幾下動作開始，被吃的獵物就可能死去了。但這絲毫沒有不便，進食時間的短促足以使屍體免去腐爛發臭之虞。在旁邊，其他活著的獵物無法動彈，始終保持著新鮮，等著一個一個地輪到自己。

　　我是個拙劣無知的外科醫生，無法模仿膜翅目昆蟲自己做的麻醉手術。在神經中心滴上氨水這樣的腐蝕液，會留下足以趕跑房客的氣味。我現在要殺死蟲子，使牠們無法動彈。一次完成的事先儲存看起來是行不通的，食物配給裡的一隻獵物被吃掉之後，其他的就壞了。我只剩下一條路，非常艱苦，就是每天更換存糧。所有條件齊備之後，人工進食要取得成功也依然存在困難。不過，多用點心，尤其再加上很大的耐心，成功還是能大致有保證的。

　　我就這樣用蠹斯和螳螂的小蟲子飼育跗節泥蜂，牠本是卵蜂虻和其他雙翅目昆蟲的食客。我還用小蜘蛛飼育柔絲砂泥蜂，牠的菜單主要是尺蠖。車工細腰蜂是吃蜘蛛的，現在進食一些嫩的蝗蟲類。沙地節腹泥蜂本來非常鍾情象鼻蟲，現在讓牠吃隧蜂。原本只吃蜜蜂的大頭泥蜂，現在用鼠尾蛆和其他雙翅目昆蟲飼育牠。儘管由於我們剛才陳述的原因，沒有達到最終目標，我還是看到隆背土蜂心滿意足地吃著取代了花金龜的犀角金龜幼蟲，並且對從飛蝗泥蜂洞裡取出的短翅蠹斯也很適應。我還看到三隻毛刺砂泥蜂，牠們在吃替代毛毛蟲的蟋蟀時胃口很好。我剛剛說過，牠們當中的一隻，在一些已經不可能再梳理得清楚的情形下，甚至會將牠的食物配給保持新鮮，這使牠可以完全發育直至織造蛹室。

　　這些例子是我的實驗到目前為止能達到的。在我看來，它們足以使我得出結論：食肉幼蟲沒有專一的口味。母親為牠提供的如此單一、品質如此有限的食物配給，可以被另一些同樣適合其口味的食物取代。多樣化的菜單並不令幼蟲反感，牠和單一飲食一樣有益於幼蟲，甚至對幼蟲的種族更加有利，這一點我們稍後便將看到。

第十五章

給演化論戳一針

　　用一串蜘蛛餵養毛毛蟲的食客，是一種單純的行為，不會妨礙公共安全；我得承認，這也是一種幼稚的行為，適合那些在神秘的課桌裡東翻西找、想發現一些比翻譯練習更有意思的玩意的小學生們。要是從餐廳裡得出的結論沒有使我發現某種哲學道理的話，我就不會進行我的研究，我自己還會善意地少說一點。但我覺得這牽涉到了演化論。

　　確實，這是一件大事，與人類的萬丈雄心相符。這種雄心想將宇宙套入公式的模型，並使任何真理都服從於理性的範疇。幾何學就是這樣發展的。它定義了錐體這個理想化的概念，然後它用一個平面切開這個錐體。切面屬於代數，它使方程式誕生；這樣一個個連貫下去，公式的雛形又誕生了橢圓、雙曲線、拋物線，及其焦點、切線、正切、法線、共軛軸、漸

近線等等。太奇妙了，讓你興奮不已，儘管你只有二十歲，還在不適合做數學這種嚴肅問題的年齡。太奇妙了，你以為看到了一種創世紀。

事實上，這只是一個概念的不同方面，公式使各個面向輪番出現。代數告訴我們的一切全包含在錐體的定義中，但那只是萌芽狀態，潛在的形式，計算的魔法將它們轉化到清晰的形式。我們的思維賦予它的原始值，然後獲得方程式，不多不少，一個字也不差。就因為這樣，計算成為一種嚴謹的事，所有受過教育的智力都必然折服於它那明晰的準確之下。代數是絕對真理的權威判斷，因為它在一大堆符號下面，只展示了思維已然具有的東西。我們送進二加二，工具便運轉起來，然後讓我們看到了四，僅此而已。

但是，我們想讓這個在理想範疇內無所不能的計算處理一個小小的事實——一粒沙粒的降落或物體的鐘擺運動，工具便不再運轉，或者要讓真實幾乎全消除掉才能運轉。它必須有一個理想的物體，一根理想的硬線，一個理想的懸掛點，這樣的鐘擺運動才能用公式表達出來。但是，如果擺動的物體是一個真實物體，有體積有摩擦；懸線是一根真正的線，有重量、有軟硬度；懸掛點是一個真實的點，有阻力和變形，一切分析的手段都會遭到唾棄。還有別的問題也是這樣，儘管都很微小，

卻使得真正的事實與公式相背離。

　　是的，最好能把世界放在方程式裡，能經由一個蛋白細胞的無數次變形，看到千奇百怪的生命，就像代數在對錐體切面的討論中得到橢圓和許多曲線一樣。是的，這會非常奇妙，可以讓我們一下子長大。唉！我們的壯志如此難酬啊！對於一個微粒的墜落，我們都把握不住事實，更遑論追溯生命，到達它的起源！這可比代數無法解決的問題要尖銳得多。它有太多的未知數，比物體的阻力、變形和磨擦更加不可解。我們要排除它們，才能好好地建立理論。

　　算了吧！對於這個拋棄自然、只顧理想狀態，不顧事實真理的博物學，我的信心受到了動搖。於是，我要和演化論開開玩笑，並非刻意尋找機會，這不是我要做的事，但是機會一旦出現，我還是會抓住的。我玩弄一下演化論，這個古老建築的威嚴穹頂，在我看來只是不值得尊敬的氣囊，我要用大頭針戳它一下。

　　這是新的一針。吃多種食物是動物繁榮的基本因素，是種族在生命的嚴酷鬥爭中得以擴張，並取得統治地位的首要因素。最可憐的物種，便是那些生命只繫於一種無可替代的食物的物種。要是燕子必須只吃一種特定的小蟲子，牠會變成什麼

樣子？況且蠅蟲的壽命本來就不長，這個蟲子一旦消失，鳥便會餓死。燕子毫無選擇地吃空中飛舞的各種蟲子，這對牠、和我們的住所都是幸事。如果雲雀的砂囊只能一成不變地消化一種種子的話，牠會變成什麼樣子？這種種子收穫的季節一結束，況且收穫季節一般都很短，犁溝裡的房客也就會死了。

人類的最高特權之一，是否就是他的胃適合吃最多樣的食物？他跨越了氣候、季節和地域的障礙。狗是唯一能夠四處跟隨我們的家畜，牠甚至能伴我們進行最嚴酷的遠征，牠如何做到的呢？這還是因為牠能吃的東西多，因此可以四海為家。

布希翁－薩哈罕說，發現一種新菜，對於人類來說比發現一種新的行星還要重要。在這句話中，內容的真實比形式的幽默更為重要。確實，那位第一個會碾碎小麥、揉粉、在兩塊熱石頭之間煮麵團的人，比起發現第二百號小行星的人，要來得有成就的多。發現馬鈴薯也比發現海王星有價值得多，儘管後者也很了不起。能增加我們飲食來源的發現，都是最有價值的。在人身上正確的事情，不會到了動物身上就錯了。世界屬於能吃各種食物的胃。同樣的理由，自然會得到相同的真理。

現在再讓我們說說昆蟲。要是我相信演化論者說的話：各種狩獵性膜翅目昆蟲是從少數物種演化而來的，而這些少數物

種本身，又是藉由無數次的演變關係，從某些變形蟲和單蟲衍生而來，最初都是從第一個偶然濃縮的原生塊變過來的。不要追溯得這麼遙遠，不能讓我們沈浸在虛幻和謬誤極易出現的迷霧中。讓我們選擇一個界限分明的主題，這是唯一可以達成一致的方式。

各種泥蜂都源自一個單一的物種，這個物種本身也經過多次變化才成形，牠像牠的後代一樣，用獵物餵養牠的家人。從形狀、顏色，尤其是習性上看，似乎步蚍蜂也可以歸入其同宗。行了，就說到這裡。請問，泥蜂的原型捕什麼獵物？牠的菜單是多樣的，還是單一的？如果無法確定的話，就讓我們將兩種情況都研究一下。

首先，假設菜單是多樣的，我為泥蜂的新生兒深感慶幸。牠有最好的條件繁衍後代，牠可以吃任何與其力量相稱的東西，不會出現因地點、時間的局限而造成的斷糧；牠始終能找到養活家人的口糧，只要是新鮮的蟲肉，其特性是無所謂的。如今，牠後代的口味也應該對其有所印證。泥蜂類的始祖有最好的運氣，可以保證後代在生存的鬥爭中取得勝利，這種鬥爭將弱者和不適應生存者消滅，只保留了強者和適應生存的生物；牠具有一種極為有用的能力，並經由遺傳傳遞下來，而後代與這種珍貴的遺傳息息相關，應該將其做為積習，甚至一代

一代地對其加強，從一個變種到另一個變種。

事實與這種不謹慎的、任何獵物都吃的雜食性物種相反。我們現在看到了什麼？每種泥蜂都愚蠢地只吃一種食物；每種只有一個獵物，儘管個個幼蟲都接受。但這一種吃短翅螽斯，還非得要吃雌的；另一種只吃蟋蟀。這個除了蝗蟲什麼都不吃，那一個只吃螳螂和椎頭螳螂。這一個只吃灰毛蟲，那一個只吃尺蠖。

傻瓜！你們失去了祖先那種聰明的選擇，是多麼大的失策，而你們祖先的遺體如今在某個湖底的淤泥裡休息著呢。你們和你們的家人本來應該生活得更好！食物多的話，困難或有時一無所獲的尋找就大可避免；糧食也不必隨著時間、地點、氣候的不同而變化。如果短翅螽斯少了，就可以吃蟋蟀；如果蟋蟀缺了，就可以吃蝲蝲兒。但是，噢！我的好泥蜂，你們怎麼這麼蠢呢？如果你們現在每家人各吃各的，是因為你們湖底淤泥裡的祖先沒有將真理傳授給你們，那牠教了你們單一化嗎？假設古代泥蜂是飲食藝術的新手，在存糧中只準備了一種獵物（無論是哪一種）。然後分成了幾類並且最後大不相同的後代，經過許多世紀的漫長工作，知道了在祖先的食物之外還有許多其他的食糧。傳統被拋棄，牠們的選擇便失去了指引。在昆蟲的獵物中，牠們任意地嘗試，差不多全都試過；每一

次，幼蟲的口味都得到了滿足，就好像今天牠對我餐廳裡的東西感到滿意一樣。

每次實驗都是發明一道新菜，這在一家之主來說是重大的事情，對於家族則是不可估量的泉源，這樣牠們就可能超越缺糧的威脅，適應大幅度的繁衍，避免單一進食造成的種族消失或稀少。在吃過許多不同的菜肴之後，今天整個泥蜂家族的菜單豐富，但每一種卻還是只吃一種獵物，而對其他不聞不問，雖然不是在用餐的時候拒絕，而是在狩獵場上！經由你們一代代的實驗，你們已經發現了許多食物，多種進食為你們的種族帶來了巨大的益處；可是，你們最終卻在了解最好的方式之後將它拋棄，選擇了最差的方式。噢！我的泥蜂，如果演化論有道理，那你可就太蠢了。

為了不責備你們，並尊重每一個人，我因此認為，今天，如果你們還局限於只吃一種食物的話，是因為你們不知道有別的食物。我認為你們共同的祖先，你們的先人，無論口味單一還是多樣，都是純粹的烏托邦；因為你們之間如果有親緣關係，試過了家族的所有食物，口味也覺得不錯，你們現在就應該每一種都是沒有成見的食客，是樣樣都吃的進步者。最後我認為演化論無力解釋你們的進食。這便是從廢棄的沙丁魚罐頭做成的餐廳裡得出的結論。

第十六章

按照性別分配食物

　　從質量上看，昆蟲的食物將我們對本能起源的無知暴露無疑。成功是屬於會造勢的人，屬於堅定的確信者；只要造一點聲勢起來，什麼都會被接受。讓我們將這種詭計揭穿，承認如果要追根究底地探討事物，實際上我們什麼都不知道。從科學的角度來說，自然對於人的好奇心是一個沒有最終答案的謎。假設之後又是假設，理論像廢物聚在一起，而真理總是會溜走。了解我們的無知也許才是明智的。

　　從數量上來看，昆蟲的食物會引發同樣艱澀的問題。對於那些勤於研究膜翅目昆蟲強盜習性的人來說，有一件很重要的事會引起他們的注意；雖然我們會因為懶惰，而過於習慣輕易地一般化，但如果一個有思想的人完全無法滿足於這種一般化，寧願盡可能深入細節的奧秘。那麼，隨著我們對這些奧秘

的深入了解，奧秘會顯得如此奇妙，有時還非常重要。我好多年來都關注著一個問題，那就是在蟲子的巢裡，幼蟲的食物數量是如何變化的。

每一個物種對於祖先的飲食體系都有著謹慎的忠誠。四分之一個世紀以來，我開墾了我們地區的每一個地方，我從來沒有發現菜單會有變化。今天和三十年前一樣，每一種捕獵者都狩獵著同樣的獵物。如果說食物的本質是恆定的，數量卻是會變的，就這方面而言，兩者的差異性極大，以至於在挖掘過幾次昆蟲的洞穴後，只有最膚淺的觀察家才會看不到這個事實。在我一開始研究時，這種從單倍到雙倍、到三倍甚至到更多的變化，使我非常困惑，總令我產生一些今天被我否定的解釋。

在我最熟悉的那些蟲子中，有幾個幼蟲的食物數量變化的例子，食物的體積相互間當然是差異不大。在黃翅飛蝗泥蜂的食櫥裡，當食物儲備結束，房門掩上後，可以發現有時有兩、三隻蟋蟀，有時有四隻。赤角巨唇泥蜂的家安在軟砂岩礦脈裡，在某一個家裡牠安置了三隻修女螳螂，而另一個家裡卻安置了五隻。沙地節腹泥蜂有的要吃八隻象鼻蟲，有的要吃十二隻，甚至更多。在我的記錄中，這樣的例子比比皆是。為了說明我的觀點，沒有必要把它們全部列舉出來。最好是對食蜜蜂大頭泥蜂和弒螳螂步岬蜂列份詳細的清單，透過牠們，對食物

數量的變化進行研究。

　　吃蜜蜂的祭司常常在我家附近出現，我可以從牠那裡最不費力地得到最大數量的資訊。九月，在蜜蜂採蜜的玫瑰色歐石楠叢中，我看見這個大膽的海盜飛來飛去。強盜會突然出現、滑翔、挑選獵物，然後猛撲上去。大功告成以後，可憐的工蜂伸著舌頭，垂死掙扎，卻還是被空運到強盜的地下巢穴裡，那裡常常離捕獲地點十分遙遠。在光禿禿、陡峭的斜坡上，土石不斷地滑落，很快地就會看到強盜的住宅；因為大頭泥蜂總是成群工作，所以只要蜂城一暴露出來，我必定就能在冬天牠們停工的時候，獲得大收穫。

　　挖掘是一項很困難的工作，因為通道相當深。法維埃用鎬和鏟子挖，我敲碎土塊，打開蜂房。裡面有蛹室和剩餘的食物，我快速而小心地將它們轉移到一個小小的紙袋裡。有時蜜蜂還沒有被碰過，幼蟲也沒有長起來；更多的情況下食物是被吃過的。不過，要知道總共儲存了多少糧食，還是可能的。蜜蜂的頭、腹、胸以及裡面的肉都沒有了，只剩下一些硬硬的殼；這很容易算出數目，幼蟲雖然吃得很多，但至少還剩下翅膀，這種硬硬的器官是大頭泥蜂絕對拒吃的。經歷了濕潤、腐爛和各種天氣變化，翅膀都能保存下來，以至於老的蜂房比新的蜂房更利於統計。無論在挖掘時會出什麼樣的意外，最關鍵

的是在將紙袋裝滿時不要忘了那些遺體，然後就是工作室裡的事了。在放大鏡下，殘渣一堆一堆地分開；翅膀從殘渣中取出，四個、四個地計數，結果就是食物的清單。沒有足夠耐心的人不必作這種練習；認為非常不起眼的手段無法發現關係重大的結果，這樣先入為主的人也免了吧。

我的調查共計有一百三十六個蜂房，它們是這樣分布的：

蜂房數量	每個蜂房內的獵物數量
2個蜂房	1隻蜜蜂
52個蜂房	2隻蜜蜂
36個蜂房	3隻蜜蜂
36個蜂房	4隻蜜蜂
9個蜂房	5隻蜜蜂
1個蜂房	6隻蜜蜂

總計136個蜂房

弒螳螂步岬蜂在進食時連角質的外殼也一起吃下，一點點細微的東西都不保留，這樣就很難追溯牠們的進食數量。一吃完飯，什麼存糧的清點都不可能了。於是我便利用了還包含著卵、或者很小幼蟲的蜂房，特別是那些食物被一種小小的雙翅

目寄生蟲吃掉的蜂房。這是一種彌生寄蠅，牠吃獵物時不會損壞獵物的身體，整個表皮都完好無損。統計的二十五個藏肉室給了我下面的結果：

弒螳螂步蚋蜂（放大1½倍）

蜂房數量	每個蜂房內的獵物數量
8個蜂房	3個獵物
5個蜂房	4個獵物
4個蜂房	6個獵物
3個蜂房	7個獵物
2個蜂房	8個獵物
1個蜂房	9個獵物
1個蜂房	12個獵物
1個蜂房	16個獵物

總計25個蜂房

獵物主要是修女螳螂，但也有灰色的灰螳螂，統計的總數中還包括幾個椎頭螳螂。獵物的大小也相差很大。有些長度從八至十二公釐不等，平均是十公釐；也有些十五至二十五公釐不等，平均是二十公釐。我看到的是，如果牠們身材小，數目

就會增加，似乎步蜥蜂以數目的累積來彌補獵物的短小；我也可以將數目和大小這兩個因素都考慮進去，看看是否相等。如果狩獵者真的要計算糧食有多少，也只是很粗略地估計；牠的計算是沒有規則的；每一隻獵物，不論大小，在牠的眼裡始終都還是一隻。

於是，我想知道採蜜的膜翅目昆蟲是否像這些狩獵者一樣，進食數目不一。我數著蜜餅，量著盛蜜的小碗。大多數情況下，結果都和第一次實驗相同，存糧根據不同的蜂房而有所變化。有的壁蜂如帶角壁蜂和三叉壁蜂，給牠們的幼蟲一塊花粉，中間有一點點的蜜。但在同一組蜂房裡，蜜塊的大小會有三倍或四倍的變化。如果我把高牆石蜂的巢從卵石上取出來，就會看到一些蜂房裡容納著很多的存糧；而附近另一些蜂房裡則儲備很少，糧食屈指可數。既然這種事情很普遍，那麼就該弄清楚為什麼糧食的比例有這樣巨大的差別，為什麼會如此的不同？

我懷疑的首先是性別上的差異。對於很多膜翅目昆蟲來說，的確，雄蜂和雌蜂是不同的，不僅僅是內部或者外部的某些小結構上的不同。但這與現在的問題沾不上邊，牠們的身材大小上雖然也有差異，但卻是由食物的數量所決定的。

　　我們要特別關注一下食蜜蜂大頭泥蜂。與雌蜂相比，雄蜂就是一張肉皮；牠大概只有雌蜂的三分之一至二分之一，用眼睛就能看出來。如果要使數字精確，我需要一些可以測出毫克的精細天平。我那些農村裡的粗糙工具只能稱馬鈴薯有幾公斤重，根本達不到這種嚴格的要求。因此，我只能經由視覺來驗證，在這裡，這樣也就足夠了。和牠的鄰類相比，弒螳螂步岬蜂雄蜂就和一隻俾格米小蜂差不多大。我們常常會很驚訝地看到牠在洞口與大雌蜂調情。

　　在確認了許多壁蜂兩性身材上有差別後，牠們自然也就有了大小、質量和重量的差別。對於節腹泥蜂、巨唇泥蜂、飛蝗泥蜂、石蜂和其他蜂類來說，差別雖不是很明顯，但仍然存在著。因此一般來說，雄蜂比雌蜂要小；可能會有一些特例，但是很少，我對此很清楚。我因此要提到一些黃斑蜂，其雄蜂在身材上具有特權。但大部分情況下，還是雌蜂占有優勢。這也有它的道理。只有母親才會艱難地在地下挖掘通道和蜂房；揉灰泥，塗房屋，用水泥和沙石築巢；鑽木頭，將通道分成幾層；把樹葉做成圓形軟墊，集中放置蜜，在松樹樹膠裡採集樹脂，攪拌後在蝸牛的空殼裡建穹頂；追捕獵物，將牠們麻醉，把牠們拖進居所；採集花粉，在嗉囊裡製蜜，將蜜餅儲存起來並調和。這種累人的繁重工作，蟲子為它奉獻了整個生命，顯然必須要有一個強健的身體，這是無所事事的多情種雄蜂所做

不來的。因此，從總體上來講，對於工作的昆蟲而言，雌蜂都屬於強有力的性別。

　　既然蟲子在後來的成長中必然要長大，這種身材上的優勢，是否要求在幼蟲時期就要吃更多的食物？思考之後，我們會有這樣的回答：是的，長多少，就要吃多少。如果瘦小的雄性大頭泥蜂吃兩個蜜蜂就夠了，雌蜂就要吃雙倍甚至三倍，也就是說要吃三到六隻。如果雄步蚚蜂要吃三隻螳螂，牠的異性就要吃上一串，數量接近一打。而雌壁蜂因為相對豐滿，需要比牠的兄弟雄壁蜂多吃二至三倍的蜜餅。這一切都是眼見的事實，昆蟲不可能吃得少、做得多。

　　儘管這是顯然的事實，我還是要看看事實是否與這種最初級的邏輯相符。有的時候，最嚴謹的推斷也會和事實產生矛盾。近幾年來，我利用冬天的空閒進行收集，找一些工作時用得著的東西，如各種膜翅目掘地蟲的蛹室，尤其是食蜜蜂大頭泥蜂的蛹室，牠剛剛向我們展示了糧食的清單。在這些蛹室旁，有一些食物殘渣——翅膀、前胸、鞘翅留在蜂房隔牆上，對它們進行統計，就可以讓我知道幼蟲吃了多少食物。現在幼蟲正關在那絲質小屋裡。我就這樣一個蛹室、一個蛹室地得到了準確的食物數目。此外，我還算出了蜜的數目，我用容器來量蜂房，它的容量和儲存的食物量成正比。蜂房、蛹室、糧食

都記錄下來，這些準備工作做好之後，我的統計就走入了正軌，只要等羽化的時候確認性別了。

　　邏輯推理和實驗結果非常吻合。吃兩隻蜜蜂的大頭泥蜂蛹室就是雄的，而且始終是雄的；存糧多一點的，就是雌蜂。步蚱蜂的蛹室裡如果有三、四隻螳螂，那就是雄的；如果是兩倍或三倍的儲糧，那就是雌蜂。吃四、五隻橡實象鼻蟲的沙地節腹泥蜂，就是雄蜂；吃八至十隻的，就是雌蜂。總之，存糧多、蜂房寬敞的，對應的就是雌蜂；存糧少、蜂房狹窄的，對應的就是雄蜂；這是一個我此後可以依賴的法則。

　　在這個關鍵上，出現了一個問題，關係重大，牽涉到胚胎學裡最含糊不清的東西。要變成雌蜂的大頭泥蜂是如何從母親那裡得到三至五隻蜜蜂，而雄蜂又如何只得到兩隻？獵物在大小、氣味上和營養特性上都是一樣的，食物的價值和它的數目正好成正比關係，這是很難得的條件；如果食物是大小不同的各個種類，那就讓我們弄不清了。膜翅目昆蟲，不論是採蜜者還是食肉者，牠們怎麼能夠做到，根據嬰兒未來的不同性別，在蜂房聚積數量或多或少的糧食呢？

　　糧食是在產卵之前儲存起來的，這些存糧是根據還在娘胎裡的卵的性別需要決定的。如果卵產在儲糧之前（這有時也會

發生），比如說在蜾蠃中，人們可以想到產卵者是根據性別再堆積糧食的。但不論將來變成雌蜂還是雄蜂，卵始終都是同一個樣子；其中的區別（如果有區別的話，我也並不懷疑），對於那些受過最好訓練的胚胎學家而言，也完全是過於精妙、神秘，且不可捉摸的。一個可憐的蟲子能夠看到什麼？而且牠的洞裡是那麼的昏暗，在這個地方，連最精密的光學儀器都無法看得出什麼來。此外，就算在這種黑暗的產房中，牠比我們更爲敏銳，但牠的視覺卻沒有受過什麼鍛鍊。我剛剛說過，卵只是在糧食儲存好之後才產下來。食客還沒出世，大餐就已經準備好了。但飯的多少就是根據將要出生的小生命的需要決定的；卵巢裡的萌芽將來是巨人還是侏儒，決定了飯廳的大、小。因此，母親事先就知道牠的卵會產出什麼性別的蜂來。

這是奇怪的推論，它會把我們平常的觀念全部打翻！事實的力量把我們一直往前推。然而，儘管在接受它之前覺得太過荒謬，我們還得努力用另一種荒謬來擺脫困境。我們問自己，是否食物的數量並不取決於起初並沒有性別的卵。食物多一點，地方大一點，這個卵就會變成雌蜂；食物少一點，地方小一點，它就會變成雄蜂。母親根據牠的本能，這裡多放一點糧食，那裡少放一點；飯廳也是一下子建得大，一下子建得小；卵的未來命運就決定於食物和餐廳的條件。

　　嘗試了一切，實驗了一切，直到得出荒謬的結果。此時荒謬不經的言論，有時就是明天的真理。此外，對人工飼養的蜜蜂的歷史如此熟知，使得我們應該在拋棄荒誕的假設之前變得謹慎。將一隻工蜂的幼蟲變成雌蜂的幼蟲或是蜂王的幼蟲，不就是改變蜂房的體積，以及食物的品質和數量嗎？這時，性別的確都沒有變，因為工蜂就是沒有發育完全的雌蜂。但這種變化也很奇妙，以至於有時候可以認為，只要借助於豐富的菜單，就可以讓肉皮一般的雄蜂變成強健的雌蜂。就讓我們在實驗中得出結論吧。

　　我有一些長長的蘆竹段，在蘆竹管裡，有一種壁蜂。這是一種三叉壁蜂，牠們將居所分層，並用土做隔牆。我將在以後描述，我是如何得到這些和我期望的數目同樣多的蜂巢的。蘆竹被豎著劈開，蜂房暴露出來，還有牠們的糧食、蜜餅上的卵以及剛剛出生的幼蟲。經過無數次重複觀察之後，我知道了這個巢穴哪裡有雄蜂，哪裡有雌蜂。雄蜂占據著蘆竹的前端，就在開口的那一端；雌蜂則在深處，在那個管道上作為天然阻塞物的節旁。此外，就只有從糧食的數量能看出性別，雌蜂的糧食是雄蜂糧食的二至三倍。

　　在那些糧食稀少的蜂房裡，我利用其他房間裡吃剩的糧食，將存糧增加了二倍、三倍；而在那些存糧充足的蜂房裡，

我將蜜餅減少到一半，甚至三分之一。但仍然保留了一些證人，也就是一些受到尊重的房間裡，不論存糧充足還是稀少，存糧都原封不動。蘆竹的兩個部分被重新放置，並用幾根鐵絲緊緊連在一起。時間一到，我們就可以看到，糧食的減少或增多，是否決定了性別。

結果是這樣的。糧食本來很少、但後來被我增加了兩、三倍的蜂房裡，存在的還是雄蜂，結果和原來的自然變化是一樣的。我增加的部分糧食沒有完全消失，留下來很多；幼蟲變成雄蜂，這些食物實在太多了，牠無法全部吃光，便在剩下的花粉裡織造牠的蛹室。有了這麼多的食物，這些雄蜂的氣色雖然很好，但並不會過飽；看得出來，多出來的食物沒有被牠們怎麼利用。

那些本來食物充足，後來被我削減到一半乃至三分之一的蜂房裡，是一些和雄蜂的蛹室大小一樣的蛹室。這些蛹室沒有色澤，半透明，沒有彈性；而正常的蛹室是深褐色，不透明，手指一碰可以感覺到有彈性。人們很快就可以認出來，它們是飢餓貧血的織布工的作品。牠們的胃無法填飽，在最後一點花粉吃光之後，牠們便在死之前，努力吐出可憐的一點絲。那些食物數量減得最多的蛹室裡，只剩下一隻死去、並且乾枯的幼蟲；而其他口糧減得不是那麼多的蛹室裡，有一些成蟲形狀的

雌蜂，但身材小得多，就像是雄蜂一樣，甚至還比不上。至於那些留下來的證人，牠們則證明了我的判斷，在蘆竹開口旁邊的是雄蜂，管道末端節附近的是雌蜂。

這個實驗足以排除，性別是取決於食物數量——這種極不可靠的假設嗎？在必要時，疑問的門還是要開一下。有人會說，實驗中的人為因素達不到自然狀態的精細條件。為了斷絕任何反對意見，我最好要借助於一些實驗者不插手的事實。寄生性昆蟲可以提供這些事實；牠們將向我們證明，食物的數量乃至質量，與蟲子的特性和性別都沒有關係。當我在切開的蘆竹裡拆東牆補西牆的時候，研究的課題就從一個變成了兩個。讓我將這兩條路都走下去吧！

一隻砂泥蜂，柔絲砂泥蜂，本來只吃尺蠖；在我的餐廳裡，我用蜘蛛餵牠們。牠吃飽了之後，就開始織造蛹室。這會造成什麼樣的後果呢？如果讀者期待牠吃了一種從來沒吃過的東西後，就會產生什麼變化，他必須趕緊打消這個念頭。吃蜘蛛的砂泥蜂和吃毛毛蟲的砂泥蜂完全一樣，就像吃米飯的人和吃乳酪的人沒什麼不同，就是同一回事。我將放大鏡在我加工的產品上搜尋，但無法將牠和自然產品區分開來，只有讓最仔細的昆蟲學家來尋找它們的區別了。其他被我改換了菜單的昆蟲也是如此。

　　但我還是看到了反對意見。結果的差異並不大，可能是因爲我的實驗只是很低的一個階梯。如果梯子再伸長一些，如果砂泥蜂的後代一代一代地吃蜘蛛，那又會有什麼後果呢？這些結果差異，一開始察覺不到，未來可能會不斷加強，最終將成爲區別性特徵；習性、本能都會因此而變化；一開始吃毛毛蟲的狩獵者最終就會變成吃蜘蛛的，儘管形狀還是一樣。一個種類就此誕生。在生命變換的相關因素裡，首要的無疑是食物的種類，它的類型造成了動物的改造。這一切比起達爾文提到的其他微不足道的東西，來得重要得多。

　　創造一個種類，理論上是非常好的，以至於人們會遺憾實驗者無法一直繼續實驗下去。砂泥蜂一從實驗室飛出去，在附近的花叢中吸吮花蜜，您就跑出去追上牠，讓牠爲您產卵；您用餐廳裡的飲食餵卵，就這樣一代一代地來加強牠們對蜘蛛的口味。這樣想真是瘋了，無能的我們怎麼可以促成菜單的變化呢？完全不可能。最具決定性的實驗，是絕大部分上沒有人爲因素的連續性實驗。寄生性昆蟲做到了這一點。

　　寄生蟲習慣依賴別人生活，使自己有空閒過最舒服的日子。如果牠們真像有些人說的這樣，那可就大錯特錯了。牠們的生活是最辛苦的。如果有一些舒舒服服地安了家，另一些就要遇上缺糧、飢荒的情況。看看某些芫菁，牠們極易遭到毀

滅，以至於要保存一個幼蟲，就不得不生育一千個。在牠們的
家裡，不花錢的美食是很少的。有一些在主人家裡迷失了方
向，因為主人的飯菜不合牠們的口味；另一些則只能找到一些
數目遠遠不足的存糧。忙碌而不適合工作的傢伙，命運是多麼
悲慘，多麼絕望！讓我們指出牠們的一些不幸，這只是信手拈
來的例子。

　　束帶雙齒蜂以卵石石蜂豐富的儲蜜為食。牠有了豐足的食
物，多得令牠無法全部吃光。我已經揭露過這種浪費。然而，
在石蜂廢棄的居所裡，青壁蜂常常會在裡面築巢；這種壁蜂是
這個廢棄屋子的犧牲品，牠也要招待束帶雙齒蜂。這樣，寄生
蟲就會犯明顯的錯誤。石蜂的巢，卵石上半球形的砂岩是牠要
產卵的地方。但巢如今被陌生人壁蜂給占據了，而束帶雙齒蜂
對這種情況一無所知，牠只管趁著主人不在時偷偷產下卵。穹
屋是牠所熟悉的，就算牠自己造個屋子，也不會了解得比這裡
更多。這是牠的出生地，也該是牠家人的出生地。沒有什麼能
引起牠的擔心：房子外觀一點也沒變；砂岩和綠油灰的外殼，
將來門口還將牢牢黏上一層白灰，當然現在還沒有砌起來。牠
進去了，看見了一堆蜜。對牠來說，這只可能是石蜂的蜜餅。
如果壁蜂不在，連我們也會弄錯的。牠便在誤導中，產卵在蜂
房裡。

　　牠的失誤非常正常，絲毫無損牠作爲寄生者的高超才能，但對於牠的幼蟲來說，這卻是致命的。壁蜂小小的身材，只會儲藏很有限的食物，一小塊花粉和蜜，跟一個小豆子差不多；這樣的存糧對於束帶雙齒蜂來說是不夠的。當牠的幼蟲按常理產在石蜂的巢裡時，我說過牠是浪費糧食的人，但現在這種稱謂不恰當了，一點也不恰當。牠錯誤地來到壁蜂的餐桌上，幼蟲想挑食都挑不了；牠無法留下一點點的食物，也不能任其腐爛；牠把一切都吃光了都還不夠。

　　從這種糧食缺乏的餐廳出來的只能是個皮包骨。實際上，束帶雙齒蜂在這嚴酷的考驗後沒有死，是因爲寄生蟲具備頑強的生命力，能夠面對壞運氣。但牠只有不到普通大小的一半長，體積則只有正常的八分之一。看著牠這樣憔悴，我們會驚訝於生命力的頑強，在食物極度匱乏的狀態下，牠仍然達到了成蟲的模樣。但這終究還是一隻束帶雙齒蜂，牠的形狀一點也沒有改變，體色也是同樣的。此外，兩種性別也遵循著規律；家族有雄蜂也有雌蜂。無論是在壁蜂家裡缺糧，還是在石蜂家裡大吃特吃，並不影響物種和性別。

　　寡毛土蜂也是這樣，牠是荊棘裡的三齒壁蜂和廢蝸牛殼裡的金黃壁蜂的寄生蟲，但牠在微型壁蜂的巢裡就迷失了方向，由於沒有足夠的糧食，牠只能長成普通大小的一半。三種褶翅

小蜂穿過石蜂的水泥牆產卵。我知道兩類產卵者的名字。來自
卵石石蜂或高牆石蜂巢裡的幼蟲足夠吃飽，牠的大小可以配得
上牠的名字——巨型褶翅小蜂，這個名字是法布里休斯[1]取
的。來自棚簷石蜂的就只能配得上克魯格給牠取的大型褶翅小
蜂這個名字了，牠的食物較少，巨人小了一截，就只配稱大個
子了。從灌木石蜂中來的則還要小，如果命名專家要給它取
名，就只有取得再寒酸一點。從兩倍的大小，降到了一，儘管
菜單有變化，但仍然是同一類昆蟲；而且儘管食物數量不同，
三種幼兒的性別也未受到影響。

　　我還有從各種不同洞穴裡出來的變形卵蜂虻。從三叉壁蜂
蛹室裡出來的，尤其是從雌蜂蛹室裡出來的，是我所知中發育
得最好的。從藍壁蜂蛹室裡出來的，有時還不到前者長度的三
分之一。永遠都有兩種性別，毫無疑問的，永遠也都是同一個
物種。

　　兩種採脂的黃斑蜂——七齒黃斑蜂和好鬥黃斑蜂，把牠們
的家建在廢棄的蝸牛殼裡；後者還供灼帶芫菁住宿。芫菁如果
吃得很多，就會有正常的體積，像普通收集者看到的那樣。當

---

[1] 法布里休斯：1745～1808年，丹麥昆蟲學家，根據昆蟲的口器而不根據其翅進
　　行分類而著名。——譯注

牠搶劫了柔絲切葉蜂的食物時，牠就顯得這樣有精神。但牠有時會冒失地來到肩衣黃斑蜂可憐的餐桌前，後者把牠的巢建在荊棘乾枯的莖幹裡。黃斑蜂的稀粥使牠成為一條可憐的肉皮，但雄性、雌性都有，種族特徵也根本沒有消除。這始終還是灼帶芫菁，帶著牠種族的明顯記號：翅的端部有一塊焦斑。[2]

　　其他的芫菁，如西班牙芫菁、蠟角芫菁、斑芫菁，無論性別如何，牠們的身材是多麼的不同啊！而且為數不少者，體積降到正常的一半、三分之一、四分之一。在這些侏儒、這些不受歡迎者、這些殘疾者當中，有一些雌性長得和雄性一樣大小；但窄小的身體根本沒有冷卻牠們愛人的熱情。我們還要再重複說一遍，這些辛勤的工作者生活艱難。這些小傢伙們不從那些供糧十分不足的餐廳裡出來，又能從哪裡出來呢？牠們寄生的秉性使它們注定命運多舛。這也無所謂，不論缺糧還是吃得腦滿腸肥，兩種性別都會出現，特殊的特徵也一直保存著。

　　沒有必要在這個問題上糾纏太久，證據已經有了。寄生者向我們說明，食物在品質和數量上的變化都不會帶來特別的改變。變形卵蜂虻吃藍壁蜂幼蟲，不論儀表堂堂還是侏儒，始終

---

② 黃斑蜂、切葉蜂的詳細介紹見《法布爾昆蟲記全集 4——蜂類的毒液》第七～九章。——編注

都是變形卵蜂虻；不論吃的食物如何，黃斑蜂還是黃斑蜂，焦斑帶芫菁永遠都還是焦斑帶芫菁。想變成另外一種形狀，可能還要一種遠勝於食物變化的因素。生命的世界難道由肚子支配嗎？這個因素只是一個部分，根本不能影響繁衍。

　　寄生蟲同樣對我們說（這是我這麼多廢話的主要意圖），吃多、吃少不能決定性別。於是，奇怪的推測又比以往更確定地出現了：昆蟲為牠將產下的卵積攢合適的食物，是事先知道這個卵的性別。也許事實更加荒謬，我要在討論各種壁蜂之後，再回到這個問題來。壁蜂是這個重大事件的有力證人。

第十七章

各種壁蜂

　　二月天氣非常好，意味著冬去春來，萬物復甦。在石子堆裡的溫暖隱蔽處，大戟屬植物，希臘語稱之為 Characias，普羅旺斯語稱之 Jusclo，開始重新豎起它原本彎曲的花序，還偷偷地綻放了幾朵顏色暗淡的花，蟲子們這一年的採蜜就會從這些花開始。當莖梢完全豎直，嚴寒也就要過去了。杏樹此時也忙碌起來，它常常被陽光所迷惑，急著開花應景。只要有幾天好天氣，它就會長出白花球，玫瑰色的芽眼在裡面微笑。鄉間還沒有綠起來，但看上去像籠罩著一層圓形的白緞帷幔。只有鐵石心腸的人，才會對這百花綻放的場景無動於衷。

　　昆蟲家族中最熱情的族群，也加入了這個慶典。首先是人類飼養的蜜蜂，牠天生就是勤勞的工作者。利用冬天少有的好天氣走出家門，看看蜂巢旁邊的迷迭香是否綻放了花冠。蜂群

忙碌地在花冠上嗡嗡飛舞，一片片花瓣輕柔地落在樹下。

　　有一些蜂與這些採收花蜜的蜂群在一起，牠們數量不多，在還沒有巢的時候，牠們只吸吮花蜜，這便是具有銅色皮膚、深紅褐色體毛的壁蜂家族。有兩種壁蜂在分享杏樹的喜悅，一開始是帶角壁蜂，頭和胸是黑色的絨毛，肚子上是紅褐色的絨毛；過了一段時間，三叉壁蜂出現了，牠的體色完全是紅褐色的。牠們便是花粉採集部隊派出的第一批使者，來確認季節，並參加早開花朵的節日。不久之前，牠們打碎了冬天住的蛹室；離開牆縫裡的休息地；這時如果北風呼嘯，杏樹還凍得哆嗦，牠們就趕緊回去。你們好，我親愛的壁蜂，每一年，在窮鄉僻壤，面對捲著雪花的北風，你們最早為我帶來了昆蟲甦醒的消息。我是你們的朋友，就讓我談談你們吧！

　　我那個地方，大部分壁蜂不像牠樹莓裡的同伴那樣工作，牠們不會自己準備產卵的居所。牠們需要已準備好的房間，比方說條蜂、石蜂用過的蜂房和通道。如果沒有這些首選的房間，每種壁蜂可以根據喜好，在牆角或樹洞、蘆竹管裡、石堆下死去的蝸牛殼中隨意安身。選好的居所要用隔牆分成幾個房間，然後住宅的大門還要被嚴密地封起來，這就是牠們要做的一點點安居工程。

　　帶角壁蜂和三叉壁蜂使用軟土，這種工作像是泥塑匠而不是泥水工。這種物質不像石蜂的水泥，後者即使在一個沒有遮攔的卵石上，都可以忍受幾年的風吹雨打。這種物質只是一種乾了的泥漿，用水滴黏成糊狀。石蜂在大路上最乾、最平的地方採集水泥粉，再用唾液試劑將其溶解，水泥乾燥以後，便有了抵抗石頭的阻力。這兩種壁蜂，杏樹上最早的住客，不知道這種水拌砂漿的化學反應；牠們只會採集用泥漿天然調和成的泥土，然後將泥土曬乾，自己並不做什麼特別的事情；因此，牠們的居所必須位於深處，遮擋得很好，雨水無法浸透，否則工作就泡湯了。

　　和三叉壁蜂一樣，拉特雷依壁蜂也挖掘著棚簷石蜂寬厚地讓給他人的通道，用其他物質做房屋的隔牆和大門。牠嚼著某種產膠植物的葉子，可能是某種錦葵科植物，就這樣造出一種綠色的黏著劑，來建造隔牆和大門。當牠把家安在面具條蜂寬敞的蜂房裡時，直徑大約容得下一根手指的通道入口，被這種黏著劑封了起來。被太陽照得硬梆梆的土坡上，房子因為鮮豔的色彩而暴露了出來，看上去就像是用一層蠟封起來似的。

　　談到所使用的材料特性，我能觀察到的壁蜂可以分成兩類，一種用泥漿作隔牆，另一種用一種綠色植物黏著劑作隔牆。第一種裡有帶角壁蜂和三叉壁蜂，這兩種蜂引人注目之

處，在於牠們的角和牠們面部的結節狀隆起。

南方的大蘆竹被稱爲 Arundo donax，在鄉村裡常被用來做院子的籬笆，阻擋北風，或僅僅用來作門。截去蘆竹梢，使形狀看上去規則一些，再將它們垂直插在地上，一道籬笆就這樣完成了。我常常在裡面搜尋，想在裡面發現壁蜂的巢，但常常無功而返。這種失敗很容易解釋。我們剛才看到，三叉壁蜂和帶角壁蜂的大門和隔牆，材料都是一種用水調成糊狀的泥漿。蘆竹一旦被豎立起來，堵住開口的泥漿一旦遇上雨水，就會迅速分崩離析；房子一層層坍塌，一家老小也就被淹死了。壁蜂比我更早預料到這種困境，當然不會在豎著的蘆竹裡建巢。

這種蘆竹還有另一種用處，人們用來做「卡尼斯」——一種編製的淺筐，春天用來餵蠶，秋天用來曬無花果。四月末到五月，正是壁蜂工作的季節，卡尼斯在膜翅目昆蟲無法接觸的地方餵養著蠶；秋天，它被放在陽光下，曝曬去了皮的桃子和無花果，此時壁蜂已消失了。如果有這樣一個舊了的卡尼斯被丟到外面，橫著放置，到了春天，三叉壁蜂就會據爲己有，挖掘著蘆竹的兩端。蘆竹的兩頭被截去一部分，並打開著。

對於三叉壁蜂來說，什麼樣的家都可以利用，只要隱蔽處的空間夠大，夠堅實、衛生，並且昏暗安靜。我發現過最奇特

的房子是在蝸牛廢棄的殼裡，特別是那種最普通的蝸牛——軋花蝸牛。兩側種著橄欖樹的山坡上，讓我們看一下那些用硬石塊建成、朝南的小土牆。在這種搖晃的磚石工程的縫裡，我們會看到一些死的蝸牛，殼口上都堵著土。三叉壁蜂的家就建在這些殼的螺旋裡，用泥漿做成的壁將裡面分成好幾個房間。

讓我們再看看那些石頭塊，特別是採石場裡的石塊。那裡常常安著田鼠的家，田鼠在草地上啃著橡實、杏子和橄欖的核。這個齧齒動物吃的東西很多，無論是油質的、還是粉質的，牠都要配上蝸牛一起吃。田鼠一走，石板蓋下就留下為數不少的空殼，和其他食物殘渣混在一起。這有時會使我想起耶誕節前夜，農村裡按照習俗和菠菜一起吃的蝸牛，在第二天就被家庭主婦掃到穀倉旁。對於三叉壁蜂來說，這可是不能錯過的家居材料。此外，即使沒有田鼠的貝類博物館，這些石塊也會成為蝸牛的庇護所，蝸牛就在那裡度日，直到死亡。因此，如果我們看見三叉壁蜂進入一些老牆的縫隙，牠們的活動是顯而易見的，牠們在尋找房屋，找這個迷宮裡的死蝸牛。

數量略少一些的帶角壁蜂，很可能自己也不太會工作，也就是說住宅的形式不多。我覺得，牠看不上空殼。我只知道，牠們住在蘆竹做的卡尼斯裡面，還有面具條蜂遺棄的蜂房裡。

　　我所知道的其他壁蜂的巢，都是用綠色膠著劑做的，這是某種碾碎的樹葉的漿；除了拉特雷依壁蜂，牠們的房子都沒有角狀或結節狀隆起的防護性外殼，而那些揉和泥漿的壁蜂房子上就有。我想了解這種膠著劑是用什麼植物做成的，有可能每種壁蜂都有自己的喜好，並且有自己的職業機密；但是至今為止，我的觀察都沒有告訴我細節。無論準備膠著劑的工作者是誰，這些膠著劑的模樣大致一樣，總是純的深藍色，顯得很新鮮。然後，可能是發酵的緣故，顏色變成枯葉的褐色乃至土黃色，尤其是那些暴露在空氣中的部分，葉子原先的形狀也變得認不出來了。隔牆材料的統一並不能造成居所的統一，相反地，每種壁蜂的居所大相逕庭，而最明顯的，則是牠對空蝸牛殼的偏愛。

　　於是，拉特雷依壁蜂和三叉壁蜂一樣，挖掘棚簷石蜂那寬敞的建築，也隨意地在面具條蜂的居室中選擇精美的蜂房，當然也在橫著的蘆竹管裡安家。

　　我還說過一種青壁蜂，牠把家安在卵石石蜂的舊巢裡，大門的塞子是用一種強度很高的混凝土做成，大量砂漿浸在綠漿團裡；但是內部的隔牆，只用純的膠著劑。由於蜂巢的大門位於沒有任何遮攔的穹屋拱形處，若要經歷風吹雨打，母親自然會想到加固它，危險使牠想到了砂漿混凝土。

　　金黃壁蜂絕對只要死蝸牛殼做窩，尤其是螺圈很大的軋花蝸牛殼。這樣的蝸牛殼，在草地裡、牆角下、陽光照射得到的岩石上，到處都有。壁蜂乾燥的膠著劑是一種長滿了白色短毛的毯子。它可能來源於某種長著針刺葉的植物，也許是一種琉璃苣，黏膠和像毯子聚在一起的毛一樣濃密。

　　紅褐壁蜂喜歡森林和草叢裡的蝸牛殼，當四月刮起北風時，我看見過牠在裡面棲身。牠的工作我還不了解，我想，應該和金黃壁蜂差不多。綠壁蜂這個小小的生物，把家安在頭狀鱗莖的螺旋梯裡。牠模樣優雅，但過於嬌小。房子有很大一部分空間還讓給了綠色膠著劑，一個房子完全可以住得下兩隻壁蜂。紅腹壁蜂光禿禿的紅肚皮與眾不同，牠看來是在軋花蝸牛的殼裡築巢，我見過牠在裡面棲息。雜色壁蜂在森林的蝸牛殼裡築巢，巢幾乎築在螺圈的最深處。在我看來，藍壁蜂可以接受各種不同的房子；我在卵石石蜂的舊巢中取過，甚至在一片枯死的柳樹林中，某個的無名井裡見過它。摩拉維茨壁蜂在卵石石蜂的舊巢裡很常見，但我懷疑牠還有其他住宅。三齒壁蜂自己做屋子。牠用大顎在枯乾的樹莓或矮接骨木上鑽通道。牠在綠漿裡加入一點兒莖髓碎屑。牠和齧屑壁蜂以及微型壁蜂的習性相仿。

　　石蜂在陽光下的瓦上、卵石上、籬笆枝頭上工作。對於好

奇的觀察者來說，牠的職業沒有任何秘密。但壁蜂喜歡神秘，
牠需要一間昏暗的房子，擋住外人的視線。我想看看牠在家裡
的隱私，看看牠是怎麼和那些光天化日之下築巢的蟲子一樣輕
鬆地工作。也許在牠的秘室中，有一些令人感興趣的習俗。如
果我的願望得到滿足，我就會知道。

　　基於對蟲子心理能力的研究，尤其是牠牢記地點的特性，
我問自己是否可以選一隻膜翅目昆蟲，讓牠在我喜歡的地點，
甚至於在我的書房築巢。而且我希望這樣的實驗對象不僅僅是
一隻蟲子，而是數目眾多的蜂群。我首先選的是三叉壁蜂。在
我家附近，這種蟲子很多，牠常常會遇上棚簷石蜂巨大的巢，
還有拉特雷依壁蜂與牠結伴。一個計畫既然已經成熟，剩下的
就是要讓三叉壁蜂答應把我的書房當作家，讓牠答應在玻璃管
裡築巢，因為透明的玻璃使我可以很容易的進行研究。在這個
會令人產生防範之心的水晶通道旁，應當加上一些更自然的居
所──各種粗細、長短的蘆竹，大小不一的石蜂舊巢。這個想
法看上去不太正常，但我很高興這樣做，而且獲得了前所未有
的成功。接著往下看吧。

　　我的方法非常簡單，只需讓昆蟲在我想讓牠們安家的地方
出生，也就是說讓牠們在那裡，從蛹室裡出來，來到塵世。此
外，在選好的地方還要有一些房子，只要是自然的就行，但形

狀要像壁蜂的巢。視覺上的最初印象和牠那旺盛的生命力，使
我的昆蟲重新回到了出生之地。壁蜂不僅通過那些永遠敞開著
的窗子回來，牠們還會在出生地築巢，如果牠們那裡發現了必
要的生活條件。

整個冬天，我都在收集壁蜂的蛹室，這些蛹室是從棚簷石
蜂的巢裡得到的。我還去卡爾龐特哈，在毛腳條蜂的巢裡有最
豐足的儲備，我過去在研究芫菁，挖掘巨大的蜂城時，認識了
這種條蜂。我的一個學生，也是我的摯友——德維拉里奧，他
是卡爾龐特哈民事法庭首席長官，在我的要求下，差人送來一
個箱子，裡面裝滿了毛腳條蜂和高牆石蜂常去的一段斜坡，這
些土塊提供我豐富的資料。總之，我得到了很多壁蜂的蛹室，
想耐心地數出數目但卻做不到。

在我的書房內，有陽光散射進來卻又不會遭受陽光直射的
一隅，我把我的收穫物從打開的大箱子裡取出，放在一張桌子
上。這張桌子位在兩扇朝南窗戶之間，對著院子。羽化的時間
一到，為了使蜂群可以自由地進進出出，這兩扇窗戶就一直開
著。玻璃管和蘆竹到處無序地平放在蛹室堆頂端。牠和其他壁
蜂的喜好一樣，都不要豎著的蘆竹。雖然並不需要過於小心，
但我還是在每個管道裡都放上了蛹室。這樣，將來在通道中就
會有一部分壁蜂羽化而出，這些壁蜂對地點的記憶將更為牢

固。所有準備工作都做好之後，我就這樣放著，等待壁蜂工作的季節到來。

　　四月下半，我的壁蜂才脫殼而出。如果陽光直射，遮擋得很好的小角落裡，卵會提前一個月孵化，開花的杏樹上的那些蜂群就是明證。但我書房裡持續的陰涼延遲了牠的甦醒，不過並沒有改變築巢的日期，築巢的時間與百里香的開花期相同。於是在我的書桌旁、書旁、瓶子容器旁，都聚滿了蜂群，牠們隨時可以從窗戶進進出出。我告訴家人，不要進實驗室碰這些蟲子，不要掃地，也不要撣塵，因爲這樣會打擾蜂群，使牠們對我的殷勤產生不了信任。我懷疑，僕人看到積了這麼多的灰塵，感到自己的失職，有時便不理睬我的保護措施，偷偷地進來，稍微掃幾下。因爲，我有時看到腳下死了一大堆壁蜂，這時候牠們本該在對著窗戶的地板上曬日光浴呢。但這也可能是我自己不小心幹的錯事，罪過還不算大，因爲蜂群的數量多得很；除去不小心碾死在腳下的那些，除去寄生蟲侵擾的那些蛹室，除去那些在戶外死去或不識歸途者，最後再去除一半雄蜂，在四、五個星期裡，我還是看到了數目驚人的雌壁蜂。我一個人無法觀察所有雌蜂的活動，只好局限於幾隻，並給牠們標上顏色，以示區別，別的我就放任著，等牠們的工作完成之後再去關心。雄蜂最先出現。如果陽光強烈，牠們就在管子堆旁飛舞，彷彿是要好好認識這裡。牠們相互交換著美味佳肴，

在地板上輕輕打鬧著，相互拭去翅膀上的塵土，然後再離開。我在丁香花叢中發現了牠們，牠們面朝窗戶，被丁香花芬芳的花序壓彎了腰，享受著陽光和美味。吃飽了，牠們就回到蜂房，認真地從一根管子飛到另一根，把頭埋到開口處，想弄清哪隻雌蜂準備出來。

的確，有一隻雌蜂勇敢地出現了，一個追求者看到了牠，另一個也看到了，還有第三個，大家匆忙的一擁而上。對於牠們的進攻，被追求者以大顎發出的叮噹聲作為回應。這種聲音很急促，要敲上幾次，鉗子隨著聲音一張一合。很快地，追求者後退了，然後，也許是為了顯示自己，牠們也用大顎做起這些野蠻動作。美人又回到閨房，牠的追求者們也重新貼到房門口。雌蜂又重新出現，繼續著大顎的遊戲，雄蜂再次後退，但牠們也盡力地揮動著牠們的鉗子。壁蜂的表白真是奇怪，牠們在空中揮舞著可怕的大顎，戀人們彷彿是想自相殘殺，把粗野的拳頭揮舞變成了情話。

天真的愛情表演很快到了盡頭。相互以大顎的撞擊聲表示問候之後，雌蜂從通道中出來，開始無動於衷地打磨翅膀。情敵們都加緊了行動，一個比一個飛得高，形成了一個立柱，每一隻蜂都盡力推擠幸運兒，占領根據地。

　　但幸運兒小心翼翼地不想放棄，牠在高處，想讓自己在混亂中安靜下來；當那些多餘分子承認自己失敗，並放棄追求時，一對新人便遠遠地離開這幫鬧哄哄的嫉妒者。這就是我對壁蜂婚禮所知道的一切。

　　雌蜂的隊伍一天比一天壯大。牠們考察著地形，在玻璃通道和蘆竹屋前飛舞，進去後又出來，再進去，然後再飛走，猛一用力飛進了院子。後來，牠們又一個個地飛了回來。牠們在外面的陽光下稍事休息，就飛回貼著牆的百葉窗上。牠們在窗洞裡滑翔，前進，飛到蘆竹旁，看上一眼就又飛走，但是過了一會兒又再回來。就這樣熟悉家的環境，就這樣將出生地固定在記憶中。我童年的村莊始終是我最珍愛的地方，在記憶中揮之不去。活動期只有一個月的壁蜂，兩天之內便擁有了對小村莊的牢固記憶。牠在這裡出生，在這裡戀愛，牠還會回到這裡來的。

　　最後，每隻雌蜂都作出了選擇。工作開始進行，事情的發展遠遠超出了我的預期。壁蜂在我為牠們準備的所有小房間裡築巢，我用一張紙包住玻璃管以造成陰暗和神秘的效果，這成了牠們首選的工作地點，玻璃管創造了奇蹟。壁蜂們爭奪這些水晶宮殿，將玻璃管一個不剩地全部占據了。在此之前，牠們這個種族對這種宮殿還一無所知。蘆竹、紙管同樣收到了很好

的效果。準備的物品好像不夠用，我趕緊又添加了一些。蝸牛殼儘管沒有石塊遮擋，但還是被當作上乘的住所；石蜂的舊巢，甚至蜂房極小的灌木石蜂的舊巢，都被迅速占據。落後者沒有地方可選，便在我桌子抽屜的鎖裡安家。有一些膽大者還深入到一些半開的盒子裡，盒裡放著一些玻璃管，以及我最近的收穫物──各種各樣的幼蟲、蛹和蛹室，這些收穫物是我想觀察發育過程的對象。只要這些盒子有多餘的空間，壁蜂便想進去安家，這我可是不答應的。我根本沒有估計到會如此的成功，這使我不得不插手，排除這種連我都受到威脅的入侵，使一切恢復井然有序。我將鎖封起來，掩上盒子，關上舊巢，最後我把目前用不著的一切器具全都拿走。現在，我的壁蜂，我留給你們的是最空曠的場地。

工程以打掃住宅開始。蛹室的殘留物，被浪費的蜜的殘汁，隔牆上脫落的灰泥碎片，蝸牛殼裡軟體動物的乾枯遺體，或者其他有礙衛生的殘渣，都該首先消失。壁蜂猛烈地拉扯著那些小東西，然後，猛然一用力，將它們挪遠，挪得很遠，直到書房以外。牠們是一群熱情的清潔工，牠們過分激情的原因，可能是害怕那些被牠們丟在房間門口的小東西占了牠們的空間。雖然我用水清洗過玻璃管，但牠們還是要再細心地清掃一遍。壁蜂在上面撣塵，用跗節上的刷子輕掃過一遍，然後再倒過來打掃。牠們這樣做是要拾起什麼東西嗎？什麼也沒有。

這不重要，牠們是謹慎的主婦，無論如何，都要動一動牠們的
小掃帚。

現在是儲藏和孵卵的時候了。管子的內徑決定了工作的方
式。我的玻璃管粗細非常不均勻，最大的內徑有十二公釐，最
窄的是六至七公釐。在小管子裡如果底部合適，壁蜂很快就在
裡面儲藏花粉和蜜。如果底部不合適，如果我用高粱粒做的管
塞子過於不規則，並且黏合得不好，壁蜂就會給它塗上一點砂
漿。小小的準備工作就緒之後，採收就開始了。

在大管子裡，工作的流程完全不同。壁蜂在吐蜜的時候，
在用後腳的跗節撣下黏在肚子上的花粉的時候，必須要有一個
只容牠一人通過的窄入口。我想，在一個狹窄的通道，整個身
體和壁面的磨擦，使得收穫者可以有一個支撐點來刷自己的身
體。在一個寬敞的圓柱體內，是沒有這種支撐點的，壁蜂必須
縮減通道來建這種支撐點。不論這是為了使糧食儲存更加方
便，還是為了別的目的，蜜蜂在寬管子裡安家，一開始都要建
隔牆。

根據蜂房一般需要的長度，牠在距離底部這麼長的距離
下，豎起一個與管道軸垂直的環形軟墊。這個軟墊的圓周不完
全，邊上留有缺口。新的土層加高了軟墊，現在管子被一個兩

邊有缺口的環形隔牆分開；在這個小洞裡，壁蜂製作著蜜餅。糧食儲存起來，卵也產在糧倉裡，小洞便關了起來，隔牆堵死，並成為下一個蜂房的底部。然後，同樣的行動又開始了，也就是說，在剛剛完工的隔牆前，豎起第二個環形隔牆，側面總是留有通道。遠離中心位置的通道，比起中央開口，儘管沒有隔牆直接的支撐，卻顯得更加牢固，而且由於主婦無數次的來來回回，使它更經得起外力。這個隔牆準備好了之後，第二個蜂房的儲糧工作也很快完成。就這樣，直到這個大圓柱體全部住滿了客人。

建造這種有小圓洞的隔牆，以形成一個房間，然後再在裡面儲糧，這不僅僅是三叉壁蜂的習俗，帶角壁蜂和拉特雷依壁蜂也熟知這種方法。後者的工作是非常優雅的，薄薄的葉片兩邊開著洞。中國人在家裡用紙做的簾子隔開房間，拉特雷依壁蜂則用一些細嫩的綠紙板做墊子，分隔房間，只要房間沒有分完，這些墊子都被穿成月牙形。如果沒有水晶屋，想要看這種精細的結構，只要在合適的時候打開卡尼斯的蘆竹就可以了。

七月的時候，切開樹莓段，也可以看到三齒壁蜂，因為通道狹窄，拉特雷依壁蜂的工作牠是不做的。牠不造什麼隔牆，通道的直徑是不允許這樣做的；牠只豎起一個用綠漿做成的環形軟墊，彷彿是為了在收穫之前，就限定蜜餅要占的空間；如

果蟲子不事先確定範圍，這個蜜餅的厚度以後就無法計算。這是否確實是一種測量呢？那可真是太有才能了。讓我們請教一下在玻璃管裡的三叉壁蜂吧。

壁蜂在做牠的大隔牆，身子在蜂房之外。不時地，牠的大顎帶著砂漿塊，走了進去，並用前額觸一下前面的隔牆，同時腹部末端微微顫動，觸著正在建造中的軟墊。彷彿是用牠的身體在量長度，尋找合適的地方豎起前隔牆。然後牠又重新開始工作，可能牠沒有好好地測量，也許牠幾秒鐘前的記憶一下子就模糊了，蜜蜂把砂漿放在一邊，又用前額去觸前面的隔牆，再用肚子末端觸著後面的軟墊隔牆。看著牠的身體起勁地抖著，平躺著觸碰房間的兩端，誰會看不出建築師的重要疑問呢？壁蜂在做測量，用牠的身體作儀器。這一次好了嗎？噢，沒有。十次、二十次、任何時候，只要放下一點點砂漿，就又重新開始測量，牠始終都放不下心來動牠的抹刀。

然而，就這樣一次次中斷，工作還是進行下去了，隔牆做了起來。工作者身體弓了起來，大顎放在牆的內側，腹部放在外側，在兩個支撐點間豎起了軟軟的建築。小傢伙就這樣形成了軋機，在軋機下泥牆變細，然後成形。大顎輕輕地敲著，運著砂漿；腹部末端也輕輕地敲著，並且像抹刀一樣地在抹。肛門這一端也是建築的工具，它與隔牆對面的大顎遙相呼應，一

起攪拌，一起弄平，軋製小小的黏土塊。奇特的工具，我從來也不會想到會有這樣的工具。只有這個小蟲子才會有這樣奇怪的想法：用身體的後部砌牆！在這個奇怪的工作當中，腳的作用只是放在管道周圍尋找支撐點，使工作者固定在原處。

帶小洞的隔牆完工了。我們再回過頭看看，壁蜂花費了那麼多精力的測量工作，這是蟲子理性的最佳證據！壁蜂小小的頭腦裡有著幾何學的概念和測量工的技術！一隻昆蟲就像房屋的承包商一樣，事先測量要建造的房屋！但這是很奇妙的。這可以使那些懷疑論者，那些固執地認為動物身上毫無「理性涓流」的人感到羞愧。

啊，普通的人啊，把您的臉用紗遮起來吧！經由「理性涓流」這句怪話，我們今天建立起了科學！太好了，我的大師們，我向你們提供的這個美妙的證據只缺一個小細節，一個微不足道的東西，那就是事實。不管我有沒有看見以上我所說的東西，壁蜂的行為與測量無關，我用事實來證明這一點。

如果要整體來看壁蜂的巢，我們要豎著切開一根蘆竹，並且留心不要碰到裡面的東西，如果實驗是在玻璃管內的一排房間裡進行的話，那就更好了。有個細節一開始就令人吃驚：隔牆之間的距離不一，幾乎與軸垂直。這樣這些房間有同一個根

基，但高度不一，因此容積也就不一樣了。深處的隔牆是最老的，隔牆之間的距離最遠；前面的隔牆，離開口最近，隔牆之間距離很近。此外，長度越長的房間，存糧就越充足；短一些的房間，存糧則只有一半甚至三分之一。

便是這種不相等的例子。一根玻璃管內徑長十二公釐，包括了十個居所。從最裡面數出來的五個，相互之間的隔牆以公釐作單位，距離是這樣的：

11，12，16，13，11。

最前方的五個隔牆，距離是這樣的：

7，7，5，6，7。

一段內徑十一公釐的蘆竹，包含十五個蜂房，從最裡面數起，隔牆間距是這樣的：

13，12，12，9，9，11，8，8，7，7，7，6，6，6，7。

如果管道直徑小，隔牆的距離還會更大，但總體特徵不變：離開口越近，隔牆間距越小。還是從最裡面數起，一根直

徑五公釐的蘆竹隔牆，距離是這樣的：

22，22，20，20，12，14。

另一根直徑九公釐的是這樣：

15，14，11，10，10，9，10。

一根八公釐的玻璃管是這樣的：

15，14，20，10，10，10。

如果我把記錄全部列舉出來，這些資料就會把紙全占滿，但這能證明壁蜂是個幾何學家，用牠身體的長度作嚴格的測量儀器嗎？沒有，因為很多資料都超出了昆蟲身體的長度；而且，在一個小數字後面，有時突然又會出現一個大數字；同一組裡，一串差不多的數字後面，又會有一串只有一半數值的數字。它們只能確認一件事情，昆蟲是隨著工作的進展將隔牆間的距離縮少的。後面，我們會看到大的居所是給雌蜂住的，而那些小的，則是給雄蜂住的。

難道牠們不是針對不同性別所進行的測量嗎？不是。因為

在第一組數字中，雌蜂的住所是十一公釐，開頭和結尾都是這個數字；在這組數字的中間，卻換成了十六公釐。第二組數字中，雄蜂的住所，隔牆間距是七公釐，開頭和結尾都是這樣，中間卻換成了五公釐。別的也是一樣，數字會有突然的衝突。如果壁蜂的房間真是用理性來建造的，並且用身體做測量的儀器，牠這樣精細的工具，還會出現五公釐的誤差嗎？這誤差差不多是牠自己長度的一半了。

此外，如果我們觀察一根內徑不大的管子，幾何學的想法都會煙消雲散。壁蜂沒有事先建前隔牆，牠甚至連基石都不打好。沒有確定邊界的軟墊，沒有對房間大小測量的基準點，牠很快就開始儲糧。蜜餅看著差不多了（我想這也是牠留下的唯一烙印），牠便帶著收穫後的倦意，將房門關了起來。在這樣的情況下，是沒有測量的；然而，房間的容積和糧食的數量，都符合兩種性別的通常需要。

那麼壁蜂在幹什麼呢？建造房子的時候，牠用前額碰前隔牆，用腹部末端碰後隔牆，而且碰這麼多次。牠所做的事，牠想做的事，我一點也不知道。我只好請別人，更富有冒險精神的人，來解釋這項工作。理論常常建立在如此搖搖欲墜的基礎上，在上面輕輕一吹，這些基礎就會陷入遺忘的泥淖。

　　卵產完了，或者說圓柱體裡已經滿了，最後一塊隔牆將蜂房關了起來。現在，在管子開口處，一道圍牆建了起來，以防不懷好意者進入房間。這是一塊厚的擋板，一道厚厚的工事，壁蜂將幾塊隔牆所需要的砂漿全塗在了上面。建這種堡壘，花一天的時間也不嫌多，因為最後的修補要非常細心，壁蜂要將所有的縫隙都黏起來，一個小粒也不放進來。泥水工磨著、擦著牆上還新鮮的塗層，壁蜂就這麼一直做下去。牠用大顎尖一下下地戳著，頭還不停地晃動，這表明牠對工作的熱愛。牠花了整整幾個小時，打磨著蓋子的表面。在這樣的細心下，有什麼敵人還會來到牠的居所？

　　還有一種變形卵蜂虻，會在酷暑時節來，牠那幾乎看不見的絲狀體，穿透厚厚的大門，經過蛹室的組織，直接溜到幼蟲那裡。然而，對於許多居所來說，另一種惡行卻早已完成了。工作期間，通道前便飛著一隻不速之客，那是彌寄生蠅，牠用蜜蜂收集的蜜來餵養牠的家人。卵蜂虻是趁壁蜂母親不在時進入居所，並在裡面產卵嗎？我從來無法在犯罪現場抓住強盜。牠會像搶劫儲存著獵物的蜂房的彌寄生蠅那樣，在壁蜂收穫回家時，敏捷地將卵產在收穫物上嗎？這是可能的，但我無法確定。總是在小幼蟲身旁，突然就看到聚集了一群雙翅目小蟲，十個、十五個、二十個，甚至更多。牠們用尖尖的嘴，戳著公共的糧食堆，再把糧食變成很小的顆粒，蜜蜂的幼蟲就這樣餓

死了。這就是生活，殘酷的生活，甚至最小的生物也是如此。工作的熱情、精心的照顧、聰明的防範措施，這些都是為了什麼？牠的孩子被可惡的卵蜂虻榨乾，而一家老小，又因為惡毒的彌寄生蠅而飢腸轆轆。

食物常常是黃粉狀。在食物堆的當中，有一點蜜流了出來。牠把花粉變成了堅硬的紅色麵團，卵就產在這塊麵團上面，不是躺著的，而是站著的──卵的前端自由，後端輕輕地固定在那塊麵團裡。孵化的時間到了，根部停留在原處的小蟲子，只需要彎彎頸子，就可以在嘴邊找到浸著蜜的麵團。長大以後，牠就從支撐點掙脫，吃周圍的麵團。這一切都有一種母親的邏輯，令我感動。新生兒吃的是精細的麵包片，青年時吃的就是乾麵包了。如果儲存的食物都是一樣，這種小心就沒有必要了。條蜂和石蜂的食物是流質狀的蜜，全部都一樣，卵躺在食物的表面，沒有任何特別的姿勢，新生兒可以任意找個地方，吃牠最初的幾口食物。這樣子並沒有任何不便，食物的特性到處都一樣。

壁蜂的食物則是邊緣硬，中間甜潤；新生兒如果第一頓飯沒有安排好，就會有危險。一開始吃沒有加蜜的花粉，對牠的胃可是致命的。因為不能動，牠無法選擇吃什麼，只能吃剛孵化出來時，所在位置上的糧食。小蟲子必須出生在蜜餅中央，

在這裡牠才可以只動一下頭，就吃到胃所需要的精細食物。卵的位置豎立、並固定在紅醬當中，這樣的選擇是最好不過的。母親這種細心的安排，和彌生寄蠅、卵蜂虻造成的悲慘結局，是多麼強烈的對比啊！

與壁蜂本身的身材相比，卵還算比較大的，牠是圓柱體，有一點彎，兩頭圓形，呈半透明。很快，牠就焦躁不安，變成了乳白色，但兩端還是透明的。在很精密的放大鏡下，勉強能看得到一些精細的條紋，呈橫的環狀，這便是分節的最初跡象。透明的前部出現了一道分節，頭部也刻畫了出來。一個不透明的絲狀體，非常纖細，伸展在每一側，這便是一節連接到另一節的氣管帶。最後，是兩邊帶有肉墜、非常明顯的分節。幼蟲誕生了。

一開始，人們會以為這種孵化並不真正符合語義，也就是說，沒有外殼的破裂和蛻去。需要非常仔細留心，才能承認表面現象欺騙了我們。實際上，有一層纖細的膜從前到後被蛻去了，這層很難看到的膜就是卵的殼。

幼蟲誕生了。牠用根部固定，彎成了弓形，推倒紅麵團，直到此時牠的頭才抬起來，開始用餐。很快地，在身體的前三分之二，出現了一條黃帶，這表明消化器官裡塞滿了食物。十

五天內，你就安安靜靜地進食吧，然後再去織你的蛹室。你現在逃脫了彌寄生蠅。噢，我親愛的！可是你以後能逃脫卵蜂虻的吸榨嗎？唉！

第十八章

性別的分配

　　昆蟲根據即將產下的卵儲存適量的食物，因為牠事先知道卵的性別，也許實際上事實更為荒謬。我們不久前說到糧食的時候，也說過這樣的話。猜測應該經由實驗的證明，轉化成真理。首先，我們要知道性別的分類。

　　除非精心挑選一些種類，否則無法看出卵的年齡。如何從節腹泥蜂、泥蜂、大頭泥蜂和其他狩獵性昆蟲的挖洞動作，知道哪隻幼蟲比較早出生？怎麼能斷定在一堆蛹室中，某個蛹室和其他蛹室是屬於同一個家庭呢？出生證明在此處是絕對不可能存在。偶爾有幾個物種可以解決這個困難，這是一些在同一個通道中將蜂房分層的膜翅目昆蟲。這裡面有樹莓裡的各種居民，尤其是三齒壁蜂，由於身材上的優勢，牠比我家鄉其他的珠椿象都要大，而且數目眾多，因此成為我觀察的最佳對象。

讓我們迅速回憶牠的習性。在籬笆叢中，選一段樹莓。樹莓還沒被採收，但已經乾枯，樹梢被截去，昆蟲在樹幹裡挖了一條或深或淺的通道。如果莖的髓質很軟，那麼這個工作就不難。在管道深處，食物堆積起來，一粒卵產在食物表面，這便是家族第一個新生兒。大約十二公釐的地方，一塊橫隔板建了起來，是用一點兒樹莓莖髓加上一種綠漿做成的，這種綠漿是咀嚼某種尚未確定的植物葉子得到的。第二層也是這樣建，它也有它的糧食和卵，次子和長子是一樣的。就這樣一級一級，直到管道填滿。最後一個和隔板同質的綠色厚墊將房門關了起來，防止外來者侵入。

三齒壁蜂（放大2倍）

在這個公共的襁褓裡，嬰兒的出生時間是非常清楚的。家族的長子在底部，幼子在最高處，緊靠著緊閉的大門，其他的從低到高，也都按時間的先後順序排列。卵在此是自己給自己標號的，根據牠占的位置，每個蛹室都標明了相對的年齡。

要認出性別來，則要等到六月，但如果把研究工作放到那時才開始是不妥當的。想以這個目的尋找壁蜂的巢，倒不是那麼容易找得到；此外，如果等到羽化時節再去樹莓叢，可能蟲子的生活已經打亂，蛹室破了，蟲子想盡快解放；也可能早熟的壁蜂已經飛走了。我只好提早許多時候開始，為了這些研

究，我利用了多天的時光。

樹莓段被切開了，把蛹室一個個取出來，有條理地轉到一些玻璃管裡。玻璃管與蛹室原來通道的內徑近似。這些蛹室和樹莓裡的順序完全一樣地疊放著，蛹室之間用棉花塞子分開，這對未來的蟲子而言，是無法跨越的障礙。我絲毫不害怕會有什麼混亂，根本就不插手，也不會費勁監視。每個蟲子都會在合適的時間孵化，我是否觀察牠們都一樣；我確信牠始終在牠該在的地方，小房間是用棉花築成的堡壘。軟木塞、高粱粒，都不能做這種用途，蟲子會鑽透它們，出生的順序就會混淆。想做同樣實驗的讀者，請不要忽視這些操作細節，這樣才會使研究順利進行。

要找到從長子到幼子完整的一組卵，通常比較困難。一般只能找到一部分卵，蛹室的數目多少不一，可能會只有兩個或一個。母親未必會把孩子們都放進一段樹莓裡，是為了使出來時方便，還是其他我不得而知的原因。母親離開了第一間房子，又選了第二間，第三間，也許還有更多。

我還發現每個卵組間有間隙：有時，在一些居所裡，卵沒有生長，食物也原封不動，但發了黴；有時，幼蟲在織造蛹室之前就死了；最後還有一些寄生蟲，比方說帶蕪菁和寡毛土

蜂,牠們會取代原來的主人。所有這些原因,使得如果需要一
種確切的資料結論,就需要數目眾多的三齒壁蜂蜂巢。

　　七、八年來,我都在詢問樹莓住客,也不知道有多少蛹室
從我手中經過。前幾年的一個冬天,爲了研究性別分配,我專
門收集四個這種壁蜂的巢,把它們轉進玻璃管裡,細心地記錄
性別。下面就是我的幾個結果。數位的標號是從管子底部開
始,然後一個個往上直到管口。數字 1 表明這組中的長子,時
間上看是最早的;最大的數字便是幼子。數位下面對應的字母
M 表示雄性,字母 F 表示雌性。

1	2	3	4	5	6	7	8	9	10	11	12	13	14	15
F	F	M	F	M	F	M	M	F	F	F	F	M	F	M

　　這是我能得到的最長的一組數字,而且它是完整的,包括
了壁蜂所產下的全部卵。這裡我得解釋一下,否則會讓人產生
疑惑。壁蜂母親的行動,根本就沒人監視,甚至根本就沒人看
到過,人們怎麼知道牠有沒有產完卵。這段樹莓在一連串蛹室
的上面,留下了一個十公分長的空間。空間外面,即開口處,
是蜂巢的大門,厚厚的塞子堵住了通道的入口。在管道的這段
自由空間中,有合適的空間可以產下很多卵,如果母親不利
用,那是因爲牠的產卵管已經空了,因爲牠不太可能放棄一個

很好的居所，再費力地挖一個新通道，繼續產卵。

人們可以說，如果未占滿的空間表明產卵結束，那也不能說明，在死巷的底部，管道的另一頭，就確實是產卵的起點。人們還可以說，整個產卵是分好幾次、間歇性產下的，管道裡留下的空間，也許標明著一個間歇期的結束，而不是產卵的結束。對這種似乎很有可能的理由，我表示反對。在我觀察的無數例子當中，不論是壁蜂還是其他膜翅目昆蟲，產卵的總數都在十五個左右。

此外，如果人們想到這種昆蟲的生命週期只有一個月；如果人們看到牠的生命週期裡還會有幾天因天氣不好──颶風或下雨，而無法工作；如果人們還能看到我曾說過的三叉壁蜂的故事中，蜂房的建造和儲糧所花的平均時間，人們就會清楚地知道，整個產卵應該迅速完成，並限定在一定範圍內。三、四個星期，再除去必要的休息時間，要管好十五個蜂房的事，母親可沒有時間耽誤。如果我說的這些還不夠，我將在以後再陳述一些能驅除迷霧的事實。我因此接受，十五個左右的卵就是一隻壁蜂的全部孩子，別的膜翅目昆蟲也是如此。

讓我們再看看其他幾個完整的卵組，這裡有兩組：

1 2 3 4 5 6 7 8 9 10 11 12 13
F F M F M F M F F F F M F
F M F F F M F F M F M

在這兩個例子中，卵是完整的理由如上。

讓我們再用幾組我覺得不完全的作爲結尾，因爲蜂房數目較少，而且蛹室堆上沒有自由空間。

1 2 3 4 5 6 7 8
M M F M M M M M
M M F M F M M M
F M F F M M
M M M F M
F F F F
M M M
M

這些例子足夠了。很明顯，性別的分配是沒有任何秩序的。我的資料中有很多完全的卵組，但不幸的是大部分中間都有中斷——夾雜著寄生蟲、死的幼蟲、沒有孵化的卵等。根據這些資料，我所能說的，我能夠總體上確認的是，一組完整的

數列是從雌性開始，並幾乎都以雄性結束。不完整的數列在這方面什麼也不能告訴我們，因爲這只是一個不知道起點的截段，我們不知道它是產卵的開頭、結尾還是中間期。我們可以作這樣的歸納：在三齒壁蜂的卵裡，沒有任何性別排列的順序；數列只展現一種傾向，以雌性開頭，雄性結尾。

　　在我家鄉的樹莓中，還有其他的壁蜂：齧屑壁蜂和微型壁蜂。這兩種壁蜂身材都很小，前者很普通，後者則很稀少；至今爲止，我只見過後者的一個巢，和齧屑壁蜂的巢重疊在同一段樹莓裡。對於這兩個物種來說，我們在三齒壁蜂的性別分配中看到的無序，此處變成了一種簡單持續的性別分配。我手邊有去年冬天收集的齧屑壁蜂的一系列資料，我列舉出其中的幾個（從管底開始數起）：

1. 12 個：7 雌，然後 5 雄。
2. 　9 個：3 雌，然後 6 雄。
3. 　8 個：5 雌，然後 3 雄。
4. 　8 個：7 雌，然後 1 雄。
5. 　8 個：1 雌，然後 7 雄。
6. 　7 個：6 雌，然後 1 雄。

第一組很可能是完全的卵組，第二組和第五組顯然是產卵

的結束——雄性數目較多，而且在結尾；開始段是在別處，在另一段樹莓裡。三、四、六組則相反，看上去像是產卵的開始——雌蜂多，而且在資料開頭。如果這些解釋中還存在疑問，有一個結果至少是確定的，在齧屑壁蜂的家裡，產卵是分成兩組的，雌、雄蜂之間不混淆，第一組產下的全是雌蜂，第二組則全是雄蜂。

在三齒壁蜂中，「以雌蜂開頭，雄蜂結束」還只是雛形，其間性別混亂交雜；到了牠的鄰類身上，就成了有規律的法則——母親先照顧強壯的性別，即生命力最強的雌蜂。牠先產下雌卵，並竭盡全力照顧；後來，大概已經筋疲力盡，牠便開始照顧弱的性別，即生命力稍差的、幾乎可以忽略的雄性。

可惜我只有一組微型壁蜂的例子，排列和我們剛剛看到的差不多。這一組有九個，起先是五隻雌蜂，然後是四隻雄蜂，兩種蜂之間沒有混雜。

除了這些採蜜、集粉的蜜蜂，還要看一些膜翅目昆蟲狩獵者是如何線性排列牠們的蜂房，並以此表現出蛹室的年齡。樹莓中便有好幾個：流浪管旋泥蜂，以雙翅目昆蟲維生；三室

流浪管旋泥蜂（放大2倍）

短柄泥蜂，給幼蟲吃蚜蟲；製陶短翅泥蜂，用蜘蛛餵養孩子。

　　流浪管旋泥蜂在截去一段的樹莓裡挖通道，但是樹莓必須新鮮，並且正在生長。因此，在這個膜翅目昆蟲狩獵者的家裡，尤其是在內層裡，會有植物汁液滲出。這看起來不利於衛生，為了避免這種潮濕的環境，或者由於別的我不得而知的動機，管旋泥蜂並不深挖樹莓，牠只挖一點點居所。五個蛹室，先是四個雌蜂的，然後是一個雄的；另一組，同樣是五個，先是三個雌的，後是兩個雄的。這就是目前為止，我收集得最完整的資料了。

　　我要指望三室短柄泥蜂，牠的數列相對較長，但討厭的是，數列總會因為一種寄生蟲而斷掉，那寄生蟲就是仲介者長尾姬蜂。沒有中斷的資料我只有三組，一組有八個蛹室，全是雌蜂；一組六個，同樣全是雌蜂；最後一組八個，全是雄蜂。這些例子似乎表明，三室短柄泥蜂在產卵時，是一組雌蜂、一組雄蜂地進行，但是這兩組的相互關係不得而知。

　　蜘蛛捕獵者——製陶短翅泥蜂，無法使我獲得有價值的東西。牠讓我覺得，牠從樹莓的一頭遊蕩到另一頭，利用一些並非牠們自己挖掘的通道。白占一個居所也並不怎麼經濟，牠在裡面胡亂砌上幾層高低懸殊的隔牆，將三、四個房間塞滿蜘

蛛，然後將家室拋棄，又到另一段樹莓裡去，這在我看來是毫無理由的。牠的居所因此數列奇短，沒有任何參考價值。

樹莓裡的居民，再沒有什麼可告訴我們，我剛才已經把我們那個地區的主要物種都已談過。現在讓我們詢問其他一些膜翅目昆蟲，牠們的蛹室也是呈線形分布：切葉蜂將葉子剪成一定的形狀，並將這些葉子作成頂針狀的容器；黃斑蜂用飛花織著蜜袋，並把蜂房一個接一個地排進某個圓柱體通道中。這兩種蜂在大部分情況下不建造居所，坡上的一個通道，某隻條蜂的舊工程，是牠們習慣的住所。牠們的宅子不深，我經過幾個多天充滿熱情地連續尋找，得到的蛹室組數目都很少，最多四、五個，常常只有一個。更加嚴重的是，差不多所有的蛹室組都被寄生蟲中斷，因此無法得出任何結論。

我記憶中閃現出很久以前，在切斷的蘆竹管道中遇上過的，不知是黃斑蜂還是切葉蜂的巢。於是我在荒石園裡，那些陽光最充足的牆角邊，建了一些新蜂房。這是一些南方大蘆竹的截段，一端打開，另一端由自然的節封住，連起來就像是牧神使用的大笛子。邀請被接受了，壁蜂、黃斑蜂和切葉蜂大批湧來，尤其是第一種，對這個奇特的建築利用得最多。

我因而得到黃斑蜂和切葉蜂非常出色的蛹室組，甚至有十

二個蛹室。這一成功也有失敗的一面，我的所有蜂房都毫無例外地被寄生蟲侵犯。用刺槐、綠橡樹和蘚香樹的葉子作小花盆的柔絲切葉蜂，被八齒尖腹蜂寄宿，而佛羅倫斯黃斑蜂的家則被一種褶翅小蜂占據。所有的蛹室組裡都密集的住著一種顏色斑斕的寄生蟲，牠的名字我還不清楚。總之，我那牧神長笛似的蜂房在別的方面對我很有用，但對於這些剪葉者和織花者的性別排列，卻什麼也不能告訴我。

我更喜歡和三種壁蜂打交道，牠們是三叉壁蜂、帶角壁蜂和拉特雷依壁蜂，牠們提供了出色的資料。三種壁蜂不是在我剛才說的院子牆邊上的蘆竹段裡築巢，就是在牠們習慣的住宅附近，即棚簷石蜂的大巢裡築巢。其中，三叉壁蜂做得最好。就像我所說的，牠在我的書房裡築巢，數目很多，把玻璃管和我選的其他住宅都當作蘆竹管道。

這個蟲子提供的資料比我預料的還要多，問問牠產卵的平均數是多少。在我書房裡，所有的玻璃管以及外面的卡尼斯和牧神長笛似的管道中，有十五個絕佳的蜂房，上方的自由空間表明產卵的結束，因為，如果牠還有要產的卵，牠會利用那些閒置的空間。一組十五個數字，對我來說很稀少，我從未發現出其右者。我用玻璃管和蘆竹在家裡飼育了兩年，這讓我知道，三叉壁蜂是不喜歡長數列的。似乎是為了減少未來解脫時

的困難，牠選擇了短管道，在裡面產下一部分卵。因此，要跟著母親從一個居所到另一個居所，才能得到全家的身份資料。當蜜蜂沈浸在關閉管道大門的工作時，我用畫筆在牠的胸腔做了一個彩色記號，這樣，壁蜂到其他的家時，我也可以輕易地認出牠來。

　　用同樣的方法，我得知我書房裡的蜂群，第一年裡平均建造十二個蜂房；第二年，也許季節更適合，平均數提高了一點，達到十五個。我看到卵產得最多的，不是在管子裡，而是在一個蝸牛殼裡，達到了二十六個。此外，八到十個的卵也不是少見的。最後根據我的整體記錄，可以確定壁蜂一家大約有十五口。

　　我已經提及，同一組裡的蜂房大小的巨大差別：蜂房的隔牆一開始距離較大，隨著接近開口處，距離越來越短；這表明大蜂房在底部，小蜂房在上部。一組當中，每間房的存糧彼此也存在著差別，據我所知，沒有例外：大房間即一組開始的那間房，比末尾窄小房間的存糧要多，前者的花蜜和花粉堆是後者的兩、三倍；最後面的房間，糧食不過是一簇花粉，少得令人懷疑，幼蟲吃這麼少的糧食能變成什麼樣子。

　　看上去，壁蜂在產卵末期，對幼子不是很在意，所以給牠

們的空間和糧食都很少。而產下長子時，牠熱情高漲，因此食物充足，房間寬敞。隨著工作進行而漸生厭倦，因此幼子們的食物配給少了，占的地方也小了。

蛹室織起來後，又表現出另一個差別。大房間，即下面的那些房間，蛹室很大；而小房間，即上面的那些，蛹室小了二分之一到三分之一。打開蛹室，確認裡面的壁蜂性別，要等到夏末成蟲出現時。要是沒有足夠的耐心，就在七月末、八月的時候打開它們吧。那時蟲子成蛹態，我們可以在這種形態下分類出性別。根據觸角長度，雄蜂的長一些；還可以根據前額有無結節狀隆起來判斷，那是雌蜂將來才會有的胄甲。小的蛹室位於上面，最狹小、食物最少的房間裡的蛹室，都屬雄蜂的；大的蛹室位於下面，最寬敞、食物最豐足的房間裡的蛹室，全屬於雌蜂。

結論很清楚：三叉壁蜂的卵分成兩組，毫不混雜，前一組是雌蜂，後一組是雄蜂。

我在院牆旁擺放的牧神長笛，以及水平擺放在外面的卡尼斯，給了我數量充足的帶角壁蜂。我決定讓拉特雷依壁蜂在蘆竹裡築巢，牠竟帶著一種我不曾預料的活力工作了起來。我只要在牠的家門口平放上幾段蘆竹，貼在牠常出入的地方附近，

也就是棚簷石蜂的巢旁；最後，我能毫無困難地使牠在我的書房裡築巢，把玻璃管當成家。結果大大出乎我的預料。

這兩種壁蜂，和三叉壁蜂處理管道的方式是一樣的。在下面的蜂房寬敞，食物豐足，隔牆間距很大；在上面的蜂房狹窄，食物很少，隔牆間距狹窄。最後，大蜂房讓我看到了大的蛹室和雌蜂，小的蜂房則是小的蛹室和雄蜂。從這三種壁蜂得到的結果完全一致。

在結束討論壁蜂之前，我們來說一下牠們的蛹室。從體積上看，牠們給我們關於兩種性別身材的準確資料，成蟲顯然是和圍住牠的絲殼體積成正比。這些蛹室是橢圓形，可以看作是一些繞長軸公轉的橢圓體。這樣的固體體積公式為：（公式裡的長軸長2a，短軸長2b）

$$4/3 \, \pi \, ab^2$$

因此，三叉壁蜂蛹室的平均長、寬是這樣的：

雌蜂 2a＝13mm；2b＝7mm。
雄蜂 2a＝9mm；2b＝5mm。

由此得出的13×7×7＝637和9×5×5＝225之比，近似於

兩種性別的體積之比。這個比率是在二至三之間，所以雌蜂是
雄蜂的二到三倍。這個我們已經藉由食物量的比較所得到的比
率，一眼就能看出。

帶角壁蜂給我們的平均值是：

雌蜂 2a＝15mm；2b＝9mm。
雄蜂 2a＝12mm；2b＝7mm。

15×9×9＝1215和12×7×7＝588的比例，還是在二到三
之間。

除去以線形排列卵的膜翅目昆蟲，我還參考了其他能經由
性別分組，看出兩性排列秩序的昆蟲（當然，分法確實不如前
者嚴謹）。其中有高牆石蜂，牠的巢是穹屋形，建在卵石上，
我們對此已經非常熟悉，不必再贅述。

每個石蜂母親都挑選一塊卵石，並在上面獨自工作，牠是
這個地方獨一無二的主人，牠唯恐有誤地監視著石頭，趕走任
何一隻僅僅看起來想在上面停留的同類。同一個巢裡的居民因
此總是親姊妹，同一個母親的孩子。

　　此外，有一個條件很容易做到。如果卵石的支撐面夠大，石蜂沒有任何理由離開剛開始產卵時的支撐點，而去別處尋找另一個支撐點繼續產卵。牠對自己的時間和砂漿都非常珍惜，沒有很重要的理由，不會在這方面造成浪費。所以每個巢，只要是新的，只要蜜蜂已經開始做了基礎工作，那麼牠就會產下所有的卵。當一個舊巢被翻新，產卵就完全不一樣了，我在後面會說到這些並非由現在屋主建造的房子。因此，一個新建的巢，除了很特殊的情況，會包括一隻雌蜂全部的卵。計算出這些蜂房，我們就會得到整個家族的數字，最大值在十五附近浮動；至於那些數目最多、當然也最少見的卵組，我看到有一組可以達到十八個。

　　如果在第一個蜂房的根基旁，卵石表面很規則，如果石蜂能夠朝四面八方輕而易舉地鋪開牠的建築，那麼就可以看到，中央地帶便是最早建的蜂房，而四周是剛剛建好的蜂房。因為蜂房連續分布，前面的蜂房為後面的蜂房充當隔牆，可以大致計算出蜂房的時間，我們因此可以分辨出，性別是按什麼秩序排列的。

　　冬天時，蜂群變成成蟲已有一段很長的時間，我收集起石蜂的巢。我用槌子猛敲幾下卵石邊，將它們從支撐點上取出。在砂漿穹屋的根基處，蜂房大門敞開，裡面的東西暴露無遺。

我將蛹室從蜂房裡取出、打開，然後觀察裡面的蟲子性別。

　　為了做這項研究，我在六、七年裡用這樣的方法收集無數個蜂巢，造訪了無數個蜂房，如果全數列出來，數目看上去會很誇張。我只需說，單單一個早上的收穫，有時都有六十個石蜂的巢。儘管蜂巢都已經從卵石上取出來了，但要把這樣的收穫物運走，還是需要一個幫手。

　　我所觀察的龐大數量的蜂巢，給了我這樣一個結論：當組群規則時，雌蜂房便在中心部位，雄蜂房在邊緣。如果卵石不規則，無法以起點為中心作均勻的分布，規則仍然很明顯，一個雄蜂房的四周從來不會圍著雌蜂房，它不是在巢的邊緣，就是至少有幾個角跟雄蜂房毗鄰，最後的雄蜂房構成這一組蜂房的外層。由於周邊的蜂房顯然建在內圈的蜂房之後，我們能看到石蜂的行為和壁蜂近似之處：牠先產雌蜂的卵，並以雄蜂結束，每種性別都成一個組列，而不與另一組混雜。

　　除了包圍或被包圍的蜂房，還有其他的可以作證。如果有一個突然的斷層，卵石形成了一種二面角，其中一面接近垂直，另一面水平，這個角便是石蜂喜歡的地方。牠覺得這樣有兩個平面可以支撐，建築物便會更加穩定。在我看來，這些地方是石蜂很喜愛的，因為我發現了很多巢是雙面支撐的。在這

樣的巢中，所有的蜂房像平常一樣，以水平面為根基，但那些最早建的蜂房是貼著垂直面的。

這些最早的蜂房占據了二面角的棱，始終是雌蜂的，除了線上某個端點的蜂房，外部的蜂房可能是雄蜂的。這列之外還有其他幾列，中間部分由雌蜂占據，雄蜂則出現在末尾。最後的這一列，形成了包在外面的外層，裡面只會有雄蜂。工作的步驟已經可見端倪，石蜂先築中央的雌蜂房，第一列在二面角的棱上，工作的結束就是把雄蜂房放在周邊地帶。

如果二面角的垂直面夠高，在貼著這個平面的第一組蜂房上，有時會有第二組重疊起來，但很少有第三組。巢於是有了幾個層次，底層是最老的，只有雌蜂，高層是最新的，只有雄蜂。當然，中間層甚至底層也可以容納雄蜂而不違背規則，因為這仍然可以被視為石蜂的最後工作。

這一切都是要證明，在石蜂的家裡，雌蜂總是作為第一個初生兒，擁有中央部分和土城堡的最佳保護；雄蜂只在外層，處在最容易經歷風吹雨打和不測的地方。

雄蜂的蜂房不僅僅是以在組群外部位置與雌蜂產生區別，它的容積也比雌蜂的小。為了計算這兩種蜂房的容積，我做了

相應的工作。我將空的蜂房填滿很細的沙子，再把這些沙子倒入一個直徑五公釐的玻璃管，沙柱的高度和蜂房的容積成正比。這樣測量所得出的許多例子中，我信手拈出一個。

在一個二面角上有十三個蜂房，雌蜂房的沙柱長度數字如下，單位是公釐：

40，44，43，48，48，46，47；

平均值為45。

雄蜂蜂房的數值是：

32，35，28，30，30，31；

平均值為31。

因此，兩種性別的房間容積比例大約為四比三。所容納的物體與容器成正比，這也差不多是雌、雄蜂儲糧和身材的比例。這些數字接下來將被我們用來了解：如果一個舊蜂房被兩次或三次占據，它剛開始時是屬於雌蜂，還是雄蜂的。

棚簷石蜂在這些情況下無法提供什麼資料。許許多多的蜂在同一片屋簷下建巢，不可能觀察一隻石蜂的工作，牠們的蜂房也分散在四處，很快就會被鄰近石蜂的工作覆蓋。喧鬧的蜂群中，每隻蜂的作品與別人的混雜在一起，模糊不清。

　　我沒有仔細看過灌木石蜂的工作，無法確認這種蜂是否單獨建巢。牠那泥球般的巢懸在枝條上，有時像一個大核桃，看上去是一隻蜂的作品；但有時會有拳頭大小，我不會懷疑這是幾隻蜂的作品。這些大巢裡面有三十間以上的蜂房，但都不能告訴我們確切的東西，因為它必定是由幾隻工蜂協力做成。

　　核桃大小的巢較值得信賴，因為一切看上去，都像是一隻蜜蜂建起來的。在一組蜂房中，雌蜂的居中，雄蜂的在周邊，而且蜂房體積較小。這又重複了卵石石蜂教給我們的知識。

　　綜合這些事實，我們可以得出一個簡單明瞭的法則。除了三齒壁蜂是特例，牠是無秩序地將性別混雜，我研究的那些膜翅目昆蟲，很可能還有許多其他的昆蟲，一開始都是持續產下一系列雌蜂，然後又是一系列持續的雄蜂；後者食物較少，蜂房也更窄小。這種性別的分配符合我們對蜜蜂早就熟知的規則，牠的產卵一開始是一長串的工蜂或者瘦弱的雌蜂，最後以一長串雄蜂結尾。這種類似，甚至在蜂房容積和糧食數量上也是一樣。真正的雌蜂和蜂王，擁有一些無與倫比的蠟質蜂房，比雄蜂的蜂房寬敞得多，牠們的食物也充足得多。這些事實證明我們的法則是具有普遍性。

　　但這個法則可以表明全部的事實嗎？除此之外就沒有別的

產卵方式了嗎？壁蜂、石蜂還有其他的蜂，注定要把性別分成兩個明顯的組群，雄蜂組群接在雌蜂組群之後。兩者之間沒有混雜嗎？如果條件改變，母親會不會無奈地改變這種方式呢？

三齒壁蜂已經向我們說明，問題還沒有完全解決。在一段樹莓裡，兩種性別很不規則地相接，就像是隨意組合。爲什麼在蘆竹管道裡，牠的膜翅目同類——帶角壁蜂和三叉壁蜂，卻有條有理地放置蛹室，將兩種性別分開，沒有混雜呢？樹莓裡的蟲子所做的事，牠在蘆竹裡的鄰類爲什麼就不能做呢？我知道這些微現象，不能解釋這種重大生理行爲上的巨大差別。三種膜翅目昆蟲屬於同一類，牠們的形態、內部結構、習性都差不多，在這種相似中，卻突然出現了奇特的不同。

三齒壁蜂產卵缺乏秩序的原因，只有一點有疑問。如果我在冬天打開一段樹莓，觀察壁蜂的巢，在大多數情況下，是不可能準確地將雌蜂的蛹室從雄蜂中區分開來，因爲它們的大小差不多。蜂房的容積是一樣的，樹莓的管道直徑相同，隔牆之間也保持著近乎一致的距離。如果我在七月儲糧的時候打開它，也不可能將雄蜂和雌蜂的存糧區分開。在所有蜂房裡，如果測量蜜柱，所得到的是同樣的高度。兩種性別所占的空間以及所擁有的食物，都是一樣的。

這些結果，使我對於直接觀察兩種性別的成蟲狀態，預見了將得到的結果。從身材上看，雄蜂和雌蜂並沒有明顯的區別；如果雄蜂小一點，這差異也微乎其微。而對於帶角壁蜂和三叉壁蜂來說，雄蜂比雌蜂小了兩、三倍，就像蛹室的大小向我們展示的那樣。對於高牆石蜂來說，也有這方面的區分，儘管差別沒有那麼大。

三齒壁蜂因此不用根據要產的卵的性別，來操心居所的大小和食物的多少。一組卵從頭到尾大小都是一樣的。性別雜亂相連也沒什麼關係，每一個都可以找到它的必需品，不論它在這一組裡的什麼位置。因為不同性別造成身材上的不同，另外兩種壁蜂就要關心空間和儲糧的問題。在我看來，這就是為什麼牠們以寬敞的房屋、充足的糧食開頭（這些是雌蜂的住所），而最後以狹窄的蜂房、貧瘠的儲存結尾（這些屬於雄蜂的住所）。這樣相承相接，明顯是為兩種性別劃分界限，這樣就不用擔心會把東西錯給了。如果這不是實際的原因所在，我就找不到其他可以參考的理由了。

這個有趣的問題，我思考得越多，就越覺得有可能。三齒壁蜂的不規則和其他壁蜂、石蜂和一般的膜翅目昆蟲的規則，應該歸結成一個普遍的原則。我覺得，這種以雌蜂開頭，雄蜂接尾的分類不是事實的全部，還有其他更多的事實。我是對

的，這種分類只是眞理的一角，眞理的全部是很引人注目的。
我將以實驗來發現它。

第十九章
母親支配卵的性別

　　我將以卵石石蜂做為這一章的開始。如果舊巢還夠牢固，常常會再被利用。築巢的季節開始時，石蜂母親們奮力爭搶；當其中一個占有了心儀已久的穿屋時，牠就趕走其他的母親。舊宅完全不是一座破房子，它只是在居住者出來時被鑽了許多的孔，修復工作只是小事一樁。舊屋主撞破大門從巢裡出來時，撞掉了些土塊，新屋主於是將這些土堆一小塊、一小塊地取出來，扔得遠遠的。蛹室的殘留物也要扔掉，但並非總是這樣，因為精細的絲質外殼與磚石貼得很牢。

　　石蜂母親開始為巢裡的蜂房存糧了，然後是產卵，最後用砂漿將蜂房入口封起來。第二個蜂房也同樣被利用，然後是第三個。就這樣一個接一個，只要還有空餘的蜂房，只要母親的產卵管沒有枯竭，所有的舊蜂房都會被利用。最後穿屋被粗塗

上一層灰泥層，這樣整個蜂巢的面貌就煥然一新了。如果產卵還沒有結束，母親還要尋找別的老巢完成產卵。也許牠只有在找不到舊宅時，才會建新房子，老房子會省去大量的時間和勞力。簡而言之，在我收集的無數蜂巢裡，我發現的老巢比新巢要多。

如何將兩者區分開呢？從外部模樣看，是什麼也看不出的，因為石蜂已經將舊屋子表面精心地裝修一新。為了能在冬季擋風遮雨，這個表層應該無隙可乘。石蜂母親知道得很清楚，所以牠修補了穹屋。內部嘛，就是另一回事了，一眼就看得出它是老巢。有些蜂房裡，食物都至少有一年的歷史了，還是原封不動，不過已經乾枯、發黴，卵當然也沒有發育；還有一些有死去的幼蟲，隨著時間的推移，變成了一條僵硬腐臭的短圓柱體；還有無法出來的成蟲，因鑽探蜂房的天花板而精疲力竭，最後勞累而死。我們經常能看到裡面有一些侵犯者——褶翅小蜂和卵蜂虻，牠們出巢的時間晚得多，要到七月。總之，巢裡並不是所有的房間都空著，總是有很大的一部分，不是被寄生蟲占據，就是堆著腐敗的食物、乾枯的幼蟲，還有因無法解放自己而死的石蜂成蟲。

如果所有的房間都可以用（這樣的情況很少見），還是有一種方法可以將舊巢與新巢區分開來。我說過，蛹室與壁面貼

得很緊，母親並非總會把留下來的這層皮取走，這可能是牠做不到，也有可能牠認爲沒必要。於是，新蛹室的底夾在老蛹室的底裡面，這種雙層外套清楚地證明了這是兩代和兩年。我曾經發現過底部套在一起的三個蛹室。如果沒有更多的舊巢，卵石石蜂的巢因此可以使用三年。最後，它變成了眞正的破房子，留給蜘蛛和各種小膜翅目昆蟲，牠們在這些搖搖欲墜的房屋裡安家。

我們看到，舊巢幾乎從來容不下石蜂所有的卵，那大約要占十五個蜂房。可用房間的數目非常不確定，但總是很有限，很多情況下能接受一半左右的卵就不錯了。四、五個蜂房，有時兩個，甚至一個，這是石蜂在別人做的巢裡一般能發現的數目。如果知道有許多寄生蟲侵犯可憐的蜜蜂，這種限制就很好解釋了。

然而，在這些被強行撬開的老巢裡的卵，性別又是怎樣分配的呢？它們的排列方式從頭到尾地推翻了一組雌蜂，然後一組雄蜂的不變分布，這規則是從對新蜂巢的研究中得出的。如果這條準則是永恆的，那我們實際上應該能發現，在舊的穹屋裡，有時只有雌蜂，有時只有雄蜂，這要看產卵是在初期，還是在末期。如果巢裡同時具有兩種性別，那就意味著產卵前期到後期的過渡，這種情況應該非常少見。但實際情況完全不是

這樣，最常見的情況是，舊巢裡總是有雌蜂，也有雄蜂，無論空的蜂房數目有多麼少，只要居所具有一般大小的容積，雌蜂便占據大房間，雄蜂則使用小房間，就像我們已經看到過的。

雄蜂的舊蜂房，能夠從牠處於周邊的位置看出來，也可以從牠在直徑五公釐的玻璃管裡，平均高度為三十一公釐的沙柱看出來；在這些舊雄蜂房裡，有第二代、第三代的雄蜂，而且只有雄蜂。雌蜂的舊蜂房位於蜂巢中部，沙柱高度為四十五公釐；在雌蜂的舊蜂房裡，則住著雌蜂，而且只有雌蜂。

一個蜂巢裡，即使只有兩個可用的蜂房，一個大，一個小，還是同時出現了兩種性別。這清楚地表明，新建的巢被證明是有規則的性別分配，然而此處卻被一種不規則分配取而代之，這種分配，與蜂房的數目和容積相協調。我假設一種情況，石蜂面前只有五間蜂房可用，兩間大的，三間小的，住宅的總數大致上是產卵數的三分之一。於是，在兩間大的蜂房裡，牠產下雌蜂的卵；在三間小的蜂房裡，牠產下雄蜂的卵。

類似的事實，重複發生在所有的舊巢裡，使人不得不接受：石蜂母親知道牠要產下的卵的性別，因為這粒卵是產在容積適合的蜂房裡。除此之外，還要接受：石蜂母親隨心所欲地更改性別連接的順序，因為牠在舊巢產的卵，是根據偶然占據

的蜂巢裡的剩餘空間，以決定產下雄蜂或雌蜂的卵。

不久之前，在新建的巢裡，我們看到了石蜂一開始把卵都產成雌性，然後又都是雄性。現在，屋主占據了一個不是自己修建的舊巢，則不得不根據當時的條件，將產卵順序打亂。牠因此隨意地產卵，因為如果沒有這種特權，在這些偶然遇見的舊巢裡，牠就無法準確地產下與房間初造時相同性別的卵，畢竟可住房間的數量是如此的少。

當蜂巢是新的時候，我可以隱約看出，卵石石蜂將卵排成先雌後雄的原因。牠的巢是一個半球體，灌木石蜂的巢則近似球體。在所有的形狀中，球形是最牢固的，因此，這兩種巢應該有特殊的抗擊力。一個在卵石上，一個在枝頭，它們沒有任何遮擋，它們必須抵抗得了風吹雨打，因此採用球形的外觀非常有道理。

高牆石蜂的巢是由一組垂直地一個貼著一個的蜂房組成。為了使整體具有球形，居所的高度需要從穹屋中心到四周逐漸降低，其仰角是自卵石平面起，經線弧度的正弦角。為了牢固，中心是大的蜂房，邊緣是小的蜂房。因為產卵是從中央的蜂房開始，到周邊的蜂房結束，雌蜂的卵產在大蜂房裡，先於產在小蜂房裡的雄蜂卵。也就是說，先是雌蜂，最後是雄蜂。

　　當石蜂母親自己建房子、搭基石時，一切都很好。但是，如果牠是在一個舊巢裡，無法改變蜂房的布局，而且卵的性別也無可挽回地被決定了，牠怎麼利用那幾個大大小小的空房間呢？牠只能放棄雌、雄兩組的分布方式，讓牠的卵適應變幻莫測的居所。牠若不是無法經濟地利用舊巢（但觀察的結果否定了這一點），就是隨心所欲地決定即將產下的卵性別。

　　後一種可能，各種壁蜂將向我們做最有力的證明。我們已經看到，這些蜂總體而言並不是礦工，不會自己給蜂房鑽探位置。牠們使用別人的舊工程，或是自然的小屋，比如挖開的莖幹、空的蝸牛殼、牆角、地面、樹叢裡的隱蔽角落。牠們的工作僅限於美化居所，對隔牆和大門敲敲補補。只要昆蟲想在一個大範圍裡尋找這樣的居所，總是能找得到的。但是，壁蜂喜歡深居簡出，牠回到出生地，就毫不厭煩地待在裡面。在這裡，一間陋室，牠很熟悉的地方，牠想要建立牠的家庭；但房間數目太少，而且形狀多樣，大小不一，有長有短，有寬有窄的，該怎麼辦？離家出走（這是艱難的決定），還是一個也不遺漏地全部利用，因為沒有選擇。基於這樣的假設，我做了以下的實驗。

　　我已經說過兩次，我的書房成了一個大蜂窩，三叉壁蜂在我為牠準備的各種器具裡築巢。其中最多的是管子，玻璃的或

是蘆竹的，有各種各樣的長度和內徑。長的管子裡能放下全部或者幾乎全部的卵，先是一組雌蜂，再是一組雄蜂。關於這個問題，我就不再贅述。短的管子長度不一，可供一部分的卵居住。我根據兩種性別的蛹室的相對長度，根據隔牆和蜂巢塞子的厚度，減短了幾根管子的容積，使它們只能容下兩個蛹室，而且是不同性別的。

這些短管子，不論是玻璃的還是蘆竹的，都和長管子一樣被熱情地占據。實驗結果是驚人的。石蜂產下部分的卵，始終從雌蜂開始，以雄蜂結束，這種性別的連續性是不變的。會改變的是房間的數量，是兩類蛹室的數量比例，比例和數量有增減變化。

為了準確敘述這些看法，在這個基本實驗裡，我只需在很多相似的情形中舉出一個例子。我青睞這個例子，是因為卵意外地豐富。一隻胸腔上做了記號的壁蜂，我不分晝夜地觀察牠的工作。五月一日到十日，牠占據了第一個玻璃管，在那裡產了七隻雌蜂，並以一隻雄蜂結束。五月十日到十七日，牠在第二個管子裡，先後產了三隻雌蜂、三隻雄蜂。五月十七日到二十五日，在第三個管子裡，產了三隻雌蜂和兩隻雄蜂。五月二十六日，在第四個管子裡，產了一隻雌蜂後，牠就放棄了，也許是因為管子直徑過大。最後，五月二十六日到三十日，在第

五隻管子裡，牠產下了兩隻雌蜂和三隻雄蜂。總計是二十五個壁蜂卵，其中十六隻雌蜂，九隻雄蜂。請注意，有一點必須指出，這些卵組與因為休息而中斷的產卵順序完全不符。產卵是持續的，只要變化的環境狀態允許。只要第一個管子滿了，並關了起來，壁蜂就毫不遲疑地占據另一個。

只能容下兩個蜂房的管子，大部分情況與我的預料相符合，內層的蜂房被一隻雌蜂占據，外層的被一隻雄蜂占據，但有幾個例外。壁蜂對必需品的估計比我更準確，也更熟悉怎麼節省空間，壁蜂找到辦法，將兩隻雌蜂安放在我覺得只夠一隻雌蜂和一隻雄蜂住的地方。

總之，實驗的結果是非常明顯的。面對不足以收留全家的管子，壁蜂的舉動和石蜂面對一個舊巢時相同。牠做得完全和石蜂一樣，牠分割產卵的安排，根據可用空間，將產卵細分成相應的幾個短段，每一段都從雌蜂開始，以雄蜂結束。這種部分分割使兩種性別都出現了。而另一種蜂則將整個產卵分成兩組，一組雌蜂，一組雄蜂，只要管道長度允許。這不是很明顯地說明，昆蟲有能力根據居所條件，支配相應卵的性別嗎？

將雄蜂早熟的原因之一歸結於空間條件，是否過於草率？雄蜂破殼而出的時間比雌蜂早兩個星期，甚至更早。牠們最先

奔向杏樹的花朵。為了獲得自由，享受陽光下的快樂，又不驚擾其他蛹室中的姐妹們，牠們占據組群的外端，可能這是壁蜂每一部分產卵都以雄蜂結束的原因。產卵日期臨近，這些性急者就會離開居所，但不會驚動較晚出來的蛹室。

短的蘆竹段，甚至非常短的，都用來給拉特雷依壁蜂作實驗。我只需把蘆竹放在這種壁蜂鍾情的棚簷石蜂的巢邊就可以了。用過的卡尼斯放在室外，不論長度如何，也被我用來做帶角壁蜂的實驗。兩者的結論和成果，都與三叉壁蜂的一致。

我再回過頭來說說三叉壁蜂，牠在我家高牆石蜂的舊巢裡築巢，我把那些舊巢擺在牠能接觸到的範圍內，與管子混雜在一起。在我的書房之外，我還沒見過三叉壁蜂接受這種住宅。也許是因為這些巢在田裡是一個個孤立分布的，而這種壁蜂喜歡和同類近鄰共住，與許多蜂一起工作，所以就不會接受孤立分布的巢。在我的桌子上，牠看見旁邊有許多管子，有許多別的蜂在工作，便毫不猶豫地接受了。

這些老巢裡的房間多多少少還是寬敞的，石蜂將蜂房整個塗上一層厚砂漿。為了從房裡出去，石蜂必須鑽孔，不僅是鑽塞在蜂房出口的蓋子，還有工程收工時加固穹屋的粗塗灰泥層。由於這種鑽孔，會出現一道門廳，通往真正意義上的臥

室。這道門廳可長可短，而對應的臥室則有恆定的容積，這當然是對同一個性別而言。首先，假設一個短的門廳，讓壁蜂用土塞塞住居所後，其長度還是綽綽有餘，這是眞正意義上的蜂房，寬敞的居室對於一隻雌壁蜂來說太舒服了，因爲牠比房間以前的居住者要小得多，不管這個居住者的性別如何。可是如果同時住上兩個蛹室，空間又不夠，況且中間的隔牆還要占去空間。在這些原本屬於石蜂的寬大牢固房間裡，壁蜂安置了雌蜂，只有雌蜂。

現在假設在一個長的門廳中。一道隔牆建起來了，將房間分爲兩個容積不等的層面，這有點像是對蜂房的侵犯。底部是寬敞的大廳，居住著一隻雌蜂；上部窄小的居室裡，關著一隻雄蜂。

如果扣除大門塞子的位置後，門廳的長度還允許，就會有第三層建起來，它比第二層還要小，在這間陋室裡，住著另一隻雄蜂。就這樣，一個壁蜂母親在卵石石蜂的舊巢中，一個蜂房接一個蜂房地塞滿自己的後代。

我們看到，壁蜂對屬於牠的居所很節省地利用；牠盡可能地使用著，把石蜂寬敞的房間給雌蜂，窄小的門廳給雄蜂，如果有可能，空間還要分成幾級。空間的節省利用對牠來說是重

要的條件，牠那深居簡出的喜好不允許去遠處尋找。牠盡量利用偶然獲得的住宅，一會兒產下這種性別的卵，一會兒又是另一種性別。這些事例前所未有地清楚表明，牠具有支配卵的性別的能力，明智地使卵的性別與可用居所的條件相適應。

我同時給我書房裡的壁蜂一些灌木石蜂的舊巢，和一些挖了圓柱形洞的土質球體。這些洞就像在卵石石蜂的舊巢裡，成蟲解脫之際，在蜂房和門廳出口挖牆時挖成的一樣。洞的直徑約為七公釐，中心深度為二十三公釐，邊緣深度平均則是十四公釐。

中間深的蜂房只容納了壁蜂的雌蜂；有時甚至立塊隔牆便容納兩種性別的壁蜂。雌蜂占據底層，而雄蜂在高層。確實，空間的節省到了極限，灌木石蜂提供的房間就算沒有門廳都還嫌太小。最後，洞邊緣的最深處也給了雌蜂，淺的地方則給了雄蜂。

我要補充說明，每一隻巢裡只有一個母親的子女；我還要補充說明，壁蜂母親從一個蜂房到另一個蜂房產卵時不必操心房間大小。牠從中心到邊緣，從邊緣到中心，從深的洞到淺的洞，反之亦然。如果性別要以一種固定的順序連接，牠就不會這樣做。在同一個巢裡，隨著蜂房一個個先後關上，我分別給

它們做上了標號。後來再打開來時，我發現性別不是按時間先後排列的。雌蜂後接著雄蜂，然後雄蜂後又接著雌蜂，我不可能從中整理出任何規律。但這一點是可以確定的：深的洞被雌蜂瓜分，淺的洞被雄蜂占據。

我們知道三叉壁蜂常常喜歡去蜂巢集中的地方，如棚簷石蜂和毛腳條蜂的住宅。我親愛的學生和朋友——德維拉里奧從卡爾龐特哈寄來了一塊土坡斜面，那是條蜂居住的地方。在工作空餘時，我小心地巡訪，並謹慎地打碎從斜坡上取下的大土塊。在土塊中一些很不規則的通道裡，壁蜂的蛹室排成一些短的組列，通道的起始工作是條蜂做的，後來經過修補，加寬或收縮，拉長或者減短，一代代的蜂在同一個城裡綿延不絕，形成了一個難解的迷宮。

有時這些通道不通連任何地方，有時則通向條蜂寬敞的臥室；雖然時間久遠，還是可以從它橢圓的外形和光滑的泥塗層看出來。在後面這種情況下，深處的居所（這裡才有條蜂過去的臥室），始終是被一隻雌壁蜂占據的。在外面，狹窄的通道裡，住著一隻雄蜂，常常是兩隻，甚至三隻。巢裡還有一些土質隔牆，這是壁蜂的功勞，當然它是用來隔開幾個居民的；每一個都占著一層，各有自己封閉的小房間。

如果居所只局限在一條簡單的管道裡，沒有位於深處的好臥室，即那間永遠屬於雌蜂的房間，那麼裡面的東西就要隨管道的直徑變化。直徑最寬的時候，卵組最長達到四個，它包括了開頭的一個或兩個雌蜂，然後是一個或兩個雄蜂。有時也會出現這樣的情況，但很少，數列倒了過來，也就是說，開頭是幾隻雄蜂，結尾是幾隻雌蜂。最後還會有一定數目的孤立蜂蛹室，無論是哪種性別。如果占據條蜂蜂房的蛹室只有一個，那這個蛹室毫無疑問是雌蜂的。

在棚簷石蜂的巢裡，我很不容易地取得了一些類似的事例。卵組更短，因為石蜂不建通道，而是在一個蜂房上面築另一個蜂房。這樣經由整個蜂群的工作，形成了一年比一年厚的居室層。壁蜂開墾的通道是石蜂挖的洞，為了從深層中出來見天日的洞。在這些短的組群裡，一般都有兩種性別；而且，如果石蜂的臥室在通道盡頭，那它就被一隻雌性壁蜂占據。

我們再回到我們已知的短管和卵石石蜂的舊巢。在足夠長的管道裡的壁蜂，是連續地將整個產卵分配成雌蜂和雄蜂的，而現在牠將空間分成短的卵組，每個卵組裡兩種性別都有。牠根據偶然得到的居所的條件來安排產卵，而始終將雌蜂放在普通石蜂和條蜂住的大房間裡。

　　面具條蜂的舊巢還給我們提供了更令人驚訝的事例，我看到帶角壁蜂和三叉壁蜂同時開發著那些舊巢。更少見的是，同樣的巢還會供拉特雷依壁蜂使用。我們首先來說說面具條蜂的巢是什麼樣子的吧。在一個黏土兼沙質的豎坡裡，並排張著一些圓圓的開口，直徑約為一又二分之一釐米，一般數量不多。這是條蜂住宅的大門，就算工程結束，大門還是始終開著。每個開口裡都有一道淺淺的門廳，有直的有彎的，近似水平，經過精心打磨，有一種白色塗料塗在上面，那似乎是一種淡的石灰漿。

　　在這道門廳的下面，挖了幾個大的橢圓形的洞。在土堆裡，這些洞以一條窄細頸與走廊相接，工作結束時，這些通道就被砂漿塞起來。條蜂將蜂房的門打磨得如此光滑，使表面絕對地平整劃一，以至於蜂房的門和門廳表面同一水平；牠小心翼翼地用塗隔牆剩下的白色塗料塗在上面，令人在工作結束時絕對無法區分每個蜂房的入口。

　　土堆裡挖的橢圓形的洞就是蜂房。它的隔牆和整個門廳同樣光滑，並同樣有以石灰漿塗成的白色。但條蜂不僅僅挖一些橢圓形的洞；為了加固房間，牠在房間的四壁傾倒某種唾液狀的液體，這不僅僅可以塗成白色，還可以在深入沙土幾公釐厚的地方，把後者變成堅硬的水泥，門廳也使用同樣的防護方

式。因此整個工程十分堅固，在幾年內都能維持最佳狀況。

此外，由於高牆有唾液的加固，可以用輕度侵蝕的方式，將建築物從脈石中取出來，這樣至少可以看到局部。一根彎曲的管子，上面吊著一些像加長了的葡萄似的卵形結核，並形成了一道單層或雙層的花飾。每一個結核都是一間臥室，而精心隱匿的入口則通向管道或門廳。春天，為了從蜂房裡出來，條蜂毀掉了堵住細頸瓶的砂漿墊，來到公共通道，牠便可以自由地通往外面。廢棄的巢形成了一連串梨形的洞，鼓起來的部分就是舊巢，縮進的部分是擺脫了塞子的狹窄的出口通道。

這些梨形洞是懸著的臥室，不可攻克的城堡，在這裡壁蜂們找到了家人安全和舒適的住宅。帶角壁蜂和三叉壁蜂常常在裡面安家。雖然這對牠來說不太寬敞，拉特雷依壁蜂還是顯得很滿意。

我仔細觀察過四十個這種被前兩種壁蜂中的一種使用過的美妙蜂房。絕大部分都以橫隔牆分成兩層。底層包括了條蜂房間的大部分，上層包括了房間的其餘部分和越過它的一點過道。使用了一大堆不成形的乾泥漿，雙層住宅在門廳裡被關了起來。壁蜂與條蜂比起來真是笨拙的匠人！牠做的隔牆和塞子與條蜂精美的作品落差太大，就像一堆垃圾堆在光滑的大理石

上一樣。

這樣得到的兩個容積迥異的房間，讓觀察者一看到便會吃驚。我用五公釐直徑的管子測量過它們，平均起來，底部對應的沙柱為五十公釐高，高處的則為十五公釐。一個的容積是另一個的大約三倍。其中的蛹室也同樣不協調；下面的蛹室屬於雌壁蜂，上面是雄壁蜂。

更為罕見的，長的通道還允許一種新的排列，洞分成三層。底層始終是最寬敞的，住著一隻雌蜂；往頂層則越來越窄，住著雄蜂。

讓我們只談第一種情況吧，這是最為常見的情況。壁蜂面對著其中一個梨形洞，這是要盡可能好好地利用的發現。這樣的運氣很少，只能賦予命運最佳的幸運兒。同時安放兩隻雌蜂是不可能的，空間不足。安放兩隻雄蜂，又顯得過分照顧一種沒有特權的性別了。此外，還需要兩種性別在數目上均衡地出現。壁蜂決定為一隻雌蜂提供最好的房間，即最底下的那一間，最大的、防衛最好的，最光滑的。雄蜂的則是頂層的那一間狹窄的破屋子，即侵占了通道的那部分，而且高低不平。無數事實無可爭議地證明了這一現象。兩種壁蜂支配著將要產下的卵的性別，因為現在牠們把產卵分成了兩組，雌的和雄的，

就像居所條件所限制的那樣。

　　我只在面具條蜂的巢裡發現過一次拉特雷依壁蜂安的家。它只有數目很少的蜂房，其他的都不能用，被條蜂住著。這些蜂房分成三層，使用綠砂漿的隔牆隔開，底層住著一隻雌蜂，其他兩個是雄蜂，蛹室小一些。

　　我還發現過一個更突出的例子。我那個地區的兩種黃斑蜂，七齒黃斑蜂和好鬥黃斑蜂，爲牠們的家人選擇了各種空的蝸牛殼，如軋花蝸牛、黏土蝸牛、森林蝸牛和草地蝸牛。軋花蝸牛是石堆和舊牆縫隙裡的普通蝸牛，是最常被利用的。兩種黃斑蜂只在螺殼的第二圈裡安家。中央部分因過窄而沒有被占用。而前面最大的一圈也同樣空著，從出口看，無法知道殼裡有沒有蜂類的巢。需要打碎最後這一圈才能發現，奇怪的巢正縮在螺旋裡。

　　接下來首先發現的是一道橫隔牆，由樹脂膠合細小的砂礫形成。這種樹脂是從阿勒普松和雪松新鮮的樹膠中採集的。之後還有一層厚厚的堡壘，這全是一些天然的雜物：沙石、小土塊、刺柏的刺針、毬果植物的花序、小貝殼、蝸牛的乾糞便。接著是一層純樹脂的隔牆，一個大蛹室在一間寬房間裡；再來是第二層純樹脂的隔牆，最後是小房間裡的小蛹室。兩個房間

大小不一是螺殼形狀所致，隨著螺旋接近開口，洞很快達到最大的直徑。這樣，利用小房間裡的總體布局，蜂類只要再加上薄薄的隔牆，前面大房間和後面小房間的歸屬也就決定好了。

我順便要指出一個很重要的例外，黃斑蜂雄蜂的身材一般比雌蜂要大。確切地說，兩種用樹脂做蝸牛螺旋隔牆的蜂是屬於這種情況。這兩種蜂的蜂巢我收集了好幾打。至少在大部分情況下，兩種性別同時存在，小的雌蜂占據著後面的房間；大的雄蜂占據著前面的房間。別的蝸牛殼，更小的或者深處被蝸牛乾枯的遺體塞住的，便只有一個房間，有時被一隻雌蜂占據，有時被一隻雄蜂占據。有一些兩間房都同時被雄蜂或雌蜂占據。最常見的情況還是同時出現兩種蜂，雌蜂在後，雄蜂在前。攪拌樹脂、住蝸牛殼的黃斑蜂，能夠根據螺形居所的條件，有規律地區隔兩種性別。

還有一件事我失敗了。靠在院牆邊的蘆竹工具給了我一個帶角壁蜂的巢。這個巢值得研究。它安頓在一段內徑為十一公釐的蘆竹裡，有十三個蜂房，但只占據了管道的一半，儘管開口處有塞子塞著。看上去壁蜂在此處的產卵是完整的。

然而，這次產卵的分配是多麼的奇特啊。首先，離底部或者說蘆竹節一定位置處，是一個橫隔牆，與管子的中軸垂直。

這樣就有了一個很大的房間，裡面住著一隻雌蜂。管道過長的直徑似乎使壁蜂改變了主意。這一列裡只有一組實在太奢侈。牠於是在牠剛建的橫隔牆上豎起一塊垂直的隔牆，這樣便把第二層分成了兩個房間，一間大的住雌蜂，一間小的住雄蜂。隨後牠又砌起第二個橫隔牆，和第二個垂直的豎隔牆。這樣又有了兩間不一樣大小的房間，還是大的給雌蜂，小的給雄蜂。

從第三層起，壁蜂放棄了幾何上的精確，建築師似乎被牠的工程規劃弄糊塗了。橫隔牆越變越斜，操作變得有些淩亂，但總是混雜著雌蜂的大房間和雄蜂的小房間。就這樣三隻雌蜂和兩隻雄蜂性別交替地被放置。

在第十一個蜂房底部，橫隔牆又有一些與中軸垂直了。這裡重新開始了底部的操作。沒有了豎隔牆，大的蜂房，占據了整個管道，被一隻雌蜂住著。建築物結尾處是兩塊橫隔牆和一塊豎隔牆，它們同時確定了十二和十三號蜂房，兩隻雄蜂住在裡面。

這種兩性混雜實在太怪異。我們已經知道，當小直徑的管道要求蜂房一個個重疊時，壁蜂精確地在一條線性數列中將兩種性別分開。這裡的這條通道，其直徑是與普通的工作不協調的；這個複雜困難的建築，如果拱頂過寬，也許就不堅固。壁

蜂因此使用一些豎隔牆來支撐拱頂；這種隔牆的交錯導致了蜂房的不規則，蜂房便根據其容積不同，這裡住著雌蜂，那裡住著雄蜂。

第二十章

產卵的調換

　　卵的性別對於母親來說是隨意的，母親根據偶然占有而並非自己建造的居所，在這間房裡產下一隻雌蜂，在另一間屋裡產下一隻雄蜂，使得兩種性別的蜂能根據各自不同的發育情況，擁有不同大小的住宅。我剛剛陳述過的這些事實，數目繁多，基礎不可動搖。我要向不懂昆蟲解剖學的人特別說一句，對這種奇妙特權的解釋，最大的可能性是這樣的：母親可以產一定數量的卵，有些不可改變地是雌蜂，有些不可改變地是雄蜂；但牠可以在兩個組別裡選擇現在產的這個卵，選擇是根據牠即將在那裡產卵的房間的大小所定。這一切是對產卵的明智選擇。

產卵器官

　　如果讀者聽到這種說法，迅速將之摒棄，那他真是大錯特錯了。我可以用一兩句解剖學的行話來證明。膜翅目昆蟲的生殖器官一般由六支產卵管組成，像手套裡的手指一樣三個一組地分成兩簇，然後再接合到一個共同的管道即產卵管裡，產卵管再將卵輸送到外部。這種手套裡的每一根手指，在根部都很寬大，但接近封閉的頂端時迅速變得纖細。產卵管裡有一定數量的卵，卵像念珠一樣組成線形排列，比方說有五個或者六個。根部的卵多多少少已經發育成熟，中間的要差一些，而頂部的還沒有成形。在產卵管裡，各個成長階段的卵都有，從根部到頂部，有規律地從接近成熟過渡到只能隱約看得出卵的胚胎輪廓。這一順序是不可能交叉的，因為外鞘緊緊地塞住了它那一串種子。此外，這種交叉可能會導致可笑的荒誕：一個身體成熟的卵被一個尚未成熟的卵替換。

　　因此，對於每一個產卵管、每一個手套裡的手指來說，卵的輸出都遵循它們在公共外鞘裡規定好的排列順序，其他任何順序都是不可能。此外，在築巢期，六支產卵管，一支一支地輪流在根部長出卵來，成長非常迅速。產卵前的幾個小時，甚至前一天，這粒卵就能膨脹得超過整個產卵器官的體積。產卵很迅速。成熟的卵按照牠的順序和時間落到產卵管裡，母親根本不能用別的卵來代替。只有牠，絕對只有牠，永遠不能是別的，很快地牠將被產在糧食——蜜餅或者獵物上面；只有牠是

成熟的，只有牠在產卵管出口，其他的因為位置在後，而且沒有成熟，現在都不能代替牠。牠的到來是註定的，要和母親偶然發現並用來做蜂房的空間協調，因此沒有什麼可猶豫的。儘管結論奇怪：卵在產卵管裡時，並沒有確定的性別。在牠幾個小時迅速成長的過程中，也許在牠進入產卵管的行程裡，母親才根據意願，按照襁褓的條件，最後決定牠是雌蜂還是雄蜂。

於是下面的問題出現了。假設條件正常，一次產卵將產生 M 隻雌蜂和 N 隻雄蜂。如果我的推論是正確的，母親就應該可以在不同的條件下，從組裡取出一些增加組的數量。牠的產卵可以表示成雌蜂為 M－1、M－2、M－3 等，雄蜂為 N＋1、N＋2、N＋3 等，總和 M＋N 還是不變的，但一種性別被部分調換成了另一種。極端的結論甚至都不能排除，需要假設出現 M－N 即零隻雌蜂的情況，或者說 M＋N 隻雄蜂，即一種性別完全被另一種性別替換為止。倒過來，雌蜂的數列也可以因為雄蜂的減少而增長，直到將其完全替換為止。為了解決這個問題和其他的一些相關問題，我第二次在我的書房裡飼育三叉壁蜂。

現在問題更為微妙，但我的實驗器具也變得更加精巧。它由兩個關著的小箱子組成，每個箱子的前方都開了四十個孔，我將玻璃管插進去，並讓管子保持水平。這樣，我就為蜂群創

造了工作時需要的陰暗和神秘的環境。對我來說，我也可以在我願意的時間，隨意從蜂箱裡抽出一隻管子，使壁蜂重見天日，並且在必要時用放大鏡觀察正在工作的工蜂們。雖然我如此頻繁地造訪，但我是如此的慎謹，根本不會打擾蜂群的平靜。蜂正沈浸在母親的天職中。

我的客人們數目充足，牠們的胸腔上都塗著不同的標記，這使我可以自始至終地跟蹤一隻壁蜂的產卵過程。管子和蜂箱的開口也都被標了號。一個記錄本始終在我的桌子上打開著，這個小本子被我用來一天一天地、有時是一小時一小時地，記錄每個管子裡發生的事，尤其是那些背上有彩色記號的壁蜂的行為。一個管子裡的故事結束了，我就換另一個。此外，在每個蜂箱的箱底，都散布著幾小堆空螺殼，這是我為了自己的目的而精心挑選的。出於我以後將要解釋的動機，我選擇了草地蝸牛。每一隻蝸牛殼一旦被填滿，就被寫上產卵日期和壁蜂戶主對應的字母記號。五六個星期就這樣過去了。在這段日子裡，我無時無刻都在觀察牠們。做一項研究成功的首要條件，就是耐心。這個條件我已經擁有了，因此也就取得了期望中的成功。

使用的管子有兩種。一種是整根管子直徑相同的圓柱管，它們被用來檢驗我第一年在家中飼育壁蜂得到的事實。另一種

則由兩個直徑迥異的圓管連接而成，這樣的管子占大多數。第一種管子，前端突出在蜂箱外，形成入口，直徑為八至十二公釐。第二種管子緊跟其後，整個在箱子裡面，後端封了起來，內徑為五至六公釐。這種一部分寬一部分窄的變形管，長度至多是十公分。這樣窄小的體積可以迫使壁蜂選擇幾間住房，因為每一間都不能完成全部的產卵。這樣我就一定會得到各種不同的性別分配。最後，我將每個突出在箱外的管子口，都配上一張舌形紙片。這是壁蜂到來時歇腳的地方，也可以使蜂很容易地進入牠的家。蜂群占滿了五十二個異形管、三十七個圓柱管、七十八個螺殼和幾個灌木石蜂的舊巢。在這堆財富中，我要充分利用能佐證我的論點的那部分。

壁蜂產下的每一組卵，就算是不完全的，都是以雌蜂開頭，以雄蜂結尾。這個法則我沒有找到特例，至少在正常直徑的管道裡是這樣。在每個新的閨房裡，母親先操心的都是重要的那個性別。重複這一點之後，我想，是否可以用人為的因素，將這種排列順序顛倒，使產卵從雄蜂開始呢？根據已經得到的結果和由這些結果得出的結論，我相信是可以的。安放變形管就是要檢驗我的猜測。

變形管的直徑為五至六公釐，對一個發育正常的雌蜂來說過於狹窄。因此，很節省空間的壁蜂，如果想要占據它們，就

不得不在裡面安置雄蜂。而且牠的產卵必須從這裡開始，因為
這間房子是管道最深的地方。前面是寬大的管道，在蜂箱表面
還有入口。發現了這些熟悉的條件，壁蜂母親會按照牠所喜好
的順序繼續產卵。

現在讓我們看看結果。在五十二個變形管裡，大約有三分
之一的窄管沒有蜂居住。壁蜂關上了窄管通往寬管的出口，只
有寬管才會被接受。出現窄管被廢棄的現象是不可避免的。雌
壁蜂儘管在身材上總是比雄蜂要占優勢，但在雌蜂之間還是有
一些顯著的區別，有特別大的，有特別小的。我不得不按照平
均體積來決定狹窄通道的內徑。因此有可能，有些管道的寬度
不夠大，使得身材高大的母親無法進入偶然遇上的管道。既然
不能進入管道，壁蜂顯然就不能安排後代在裡面居住。於是牠
便將這個對牠而言無用的空間封起來，而在外面，在那個大直
徑的管道裡產卵。如果我想避開這些無用的管道，而選擇內徑
大一些的管道的話，就會有另一種不方便：身材偏小的母親，
在大直徑的管道裡進出自如，就有可能決定在裡面產下雌蜂的
卵。我們還需考慮到，讓每位母親都隨意地選擇居所，並且在
我不干預這種選擇的情形下，那麼窄管能否被利用則取決於壁
蜂房主能不能進入。

有四十根變形管，寬窄兩部分管道都有蜂住進去。這裡有

兩種情況。後部內徑從五到五・五公釐的窄管（這樣的窄管數
目最多），放置著雄蜂的卵，只有雄蜂的，但數列很短，一至
五個。卵很少一個接著一個，因爲母親工作時很不方便，壁蜂
似乎急著想離開，去前面的管子安家。前面那些寬敞的管道使
牠工作時可以自由地移動。而後部直徑接近六公釐的窄管（這
樣的窄管只占一小部分），有時只有一些雌蜂，有時底部是雌
蜂開口處是雄蜂。出現這樣的情況，不是管道過分寬大，就是
母親的身材偏小。然而，因爲雌蜂生存的必需條件在這裡幾近
不足，母親便盡可能地避免產卵以雄蜂開始，只在最末端才選
擇它。最後，不論窄管部分如何，接著它的寬管部分是不變
的，總是底部是雌蜂，前端是雄蜂。

　　由於有一些很難控制的情形，實驗的結果不完全，但仍然
很可觀。有二十五個變形管在窄管裡只有雄蜂，至少有一隻，
最多有五隻。在這之外是寬管裡的居民，以雌蜂開始，雄蜂結
束。在這些管道裡，產卵並沒有結束，有時卵甚至還沒有產到
一半。有些小管裡只有開始產出的幾個卵。有一對比其他蜂早
熟的壁蜂，四月二十三日就開始工作了。兩隻蜂在產卵的開始
階段，是在窄管裡產下雄蜂。非常有限的糧食說明了性別，這
與我的預料完全相符，這在以後將會得到證明。於是，在我的
人爲影響下，產卵的順序顛倒了。這種顛倒貫穿著整個產卵的
始末，不論是哪個階段。數列按照常規是以雌蜂開頭，但現在

卻以雄蜂開頭。然而，只要一到寬管裡，產卵的順序就又恢復
正常。

　　第一步已經邁了出來，但這一步並不小，如果為環境所
迫，壁蜂就可以顛倒性別排列的順序。如果窄管足夠長，牠是
不是會將順序顛倒過來，也就是說，整個雄蜂數列占據了後部
的窄管，還是整個雌蜂數列占據前部的寬管？我想不會這樣，
以下便是理由。

　　窄管和寬管都完全不是壁蜂的喜好，不是因為它們的寬
度，而是因為它們的長度。要注意，實際上，只要帶一點蜜過
來，壁蜂就不得不退著步子移動兩次。牠首先是頭部進來，從
嗉囊裡吐出蜜做的泥。因為牠無法在一條被牠的身體完全堵住
的管道裡轉身，牠是退著出去的，與其說是行走，不如說是
爬，這在玻璃管光滑的表面可不是件容易的事。此外，在裡面
牠難於伸展翅膀；而翅膀自由的一端摩擦隔牆的時候，會很容
易皺起、損傷。牠退著出來，去到外面，轉過身子再重新進
來；但這一次牠是後退著進來，到蜜堆上刷牠肚子上的花粉。
這兩種後退，只要通道長，最終都會使蜂感到困難，因此壁蜂
很快放棄了那些對於牠自由移動來說過於狹窄的管道。我剛剛
說過，我的那些窄管，大部分都沒有住滿，蜜蜂在安置了數量
很少的雄蜂之後，就趕緊離開。至少，在前部寬敞的管子裡，

牠可以就地舒服地轉身，從事各種各樣的工作；牠在那裡可以避免兩次漫長的後退，後退會使牠耗盡力氣，對牠的翅膀也很危險。

壁蜂不怎麼用這種窄管，牠在那裡安置雄蜂，然後在管道漸寬之處接著安置雌蜂，這可能還有另一個原因。因為雄蜂要比雌蜂早離開蜂房兩個星期甚至更早。如果雄蜂占據了住宅的底部，就會被困在裡面死去，或者在出去時撞翻路上的東西。壁蜂母親選擇的那種產卵方式避免了這個危險。

在我那些奇特的管子裡，母親很可能受困於兩種需要：空間的窄小與將來的解放。在窄管裡，大小對於雌蜂來說是不夠的。然而如果雄蜂在這裡找到了合適的住宅，牠就很可能死去，因為牠會在得以見天日的那個時候被堵住。這樣就可以解釋壁蜂母親的猶豫了，為什麼牠會執拗地在一些只適合雄蜂居住的儀器裡產下雌蜂。

我腦子裡產生了一個猜想，這個猜想是經由對窄管的深入研究產生的。所有的窄管，無論住的是何種居民，開口處都被精細地塞住，使窄管看上去好像一根獨立的管子。因此，壁蜂不可能把深處的窄管當作前部寬管的延伸，而是把它當作一根獨立的管子。壁蜂一來到寬管裡，就能夠自由地轉身，好像在

一扇大開著的門口活動一樣，自由得無邊無際。這很可能就是造成牠犯錯的原因，並使壁蜂在後部的窄管裡工作時以為前面的寬管不存在。因此，在寬管裡才會有雌蜂和雄蜂的重疊放置，這和普通情況是相悖的。

是壁蜂母親真的判斷出我圈套裡的危險，還是因為考慮到空間因素，才糊塗地以雄蜂開始？對這些無法出去的雄蜂，我要非常謹慎才能下定論；至少，我發現壁蜂母親盡量不去破壞能使兩種性別的蜂都可以出來的那個順序。這種傾向是根據牠不願在窄管裡產下長數列的雄蜂來加以確認。無論如何，從我們的目的看，壁蜂的小腦袋裡發生了什麼是不太重要的。我們只需知道，牠不喜歡長的窄管，不是因為它們窄，更主要是因為它們太長。

事實上，同樣的內徑，一條短管會使牠很滿意。在這樣的管子中，有灌木石蜂的舊巢和草地蝸牛的空螺殼。短的管子會克服長管子的兩個不足。當居所是螺殼時，壁蜂的後退動作就減少了，而居所是石蜂的蜂房時幾乎就不用後退。此外，堆在一起的蛹室至多是兩三個，牠在解脫時就可以擺脫長數列必然帶來的麻煩。讓壁蜂決定只在一根足夠產下整個卵的管子裡築巢，管的寬度只能使牠恰好進入，這在我看來是非常不可能成功的。膜翅目昆蟲斷然拒絕這樣的住宅，或者只在裡面產下數

量很少的卵。相反，那些洞窄但不太長的管子，儘管不容易，但我覺得至少還是有可能成功。在這樣的想法指引下，我進行了如下的實驗：給壁蜂母親一組只能容得下雄蜂的居所，使得牠只產下雄蜂的卵；使一種性別完全或者近似完全地被調換成另一種性別。這個實驗是我的問題中最艱鉅的一部分。

讓我們首先來看看灌木石蜂的巢。我說過這些塗著砂漿的球體，鑽著小圓柱體的洞，是如何被三叉壁蜂迫不急待地選用的。壁蜂就在我眼前，在較深的蜂房裡放入雌蜂卵，在較淺的蜂房裡放入雄蜂卵。舊巢在自然狀態下，情況就是這樣的。然而，有一把銼刀的幫助，我就可以將巢的外殼刮去，並將洞的深度減到十公釐。於是，在每一個蜂房裡，就只有夠一個雄蜂蛹室的地方，頂上蓋著大門的塞子。在巢裡十四個洞中，我留下兩個沒有動過的，深度在十五公釐。我在家中飼育壁蜂的第一年裡做了這個實驗，結果非常令人震驚。十二個縮減了深度的洞接收的都是雄蜂卵，而那兩個保持原樣的洞，接收的則是雌蜂卵。

第二年，我用一個有十五個蜂房的蜂巢重新開始實驗，這一次，所有的房間都被銼刀削減到了最淺的位置。於是，十五個蜂房，從第一個到最後一個都被雄蜂卵占據。當然在這兩種情況下，卵都產同一個球體裡，不但有標記，而且整個產卵期

間我都一直沒有轉移過視線。如果還不向這兩個實驗的結果低頭，恐怕也太頑固了。如果這樣實驗還沒有得到確認的話，那麼現在就是讓它完成的時候了。

三叉壁蜂常常在空螺殼裡安家，尤其是軋花蝸牛的。在石堆下和在沒有砂漿的小牆角縫裡，常常能見到這種蝸牛。螺殼開得很大，壁蜂可以深入到螺旋管道允許的長度。牠很快就在過窄的那一點上，發現了足夠供一隻雌蜂居住的空間。在這個房間之後，接著是其他的，比較寬大，始終是供雌蜂住的；這些蜂房像一根直管一樣線形排列。螺旋的最後一圈，對一縱列來說直徑顯得過於寬大，於是壁蜂便在橫隔牆上又添加一些縱向隔牆，隔出容積不同的房間。裡面主要居住著雄蜂，內層也混雜著一些雌蜂。一隻蝸牛螺殼裡可以發現六到八個房間的空間。在螺殼的開口，一塊粗大的土塞將蜂巢堵住。

這樣的住宅不能再提供給我什麼新的東西，我便為我的蜂群選擇了草地蝸牛。螺殼像一塊隆起的小菊石，裂縫慢慢地越開越大。它的可用部分直到開口處，其直徑才勉強比雄壁蜂蛹室大一點。最寬的部分，可能會被雌蜂蛹室利用的地方，被一個厚塞子封起來，在這下面常常會留一塊空間。根據所有的這些條件，住宅只能供一組雄蜂使用。我將收集來的螺殼放在蜂箱下面。最小的螺殼直徑為十八公釐，最大的為二十四公釐，

413

有兩個蛹室的位置，至多三個，這要看它們的大小。

　　這些螺殼被我的客人們毫不猶豫地開墾利用，也許受歡迎程度比玻璃管還高，玻璃管光滑的隔牆使蜂的行動不便。有幾個螺殼在壁蜂產卵的頭幾天就被占據。在這種住宅裡產了卵的壁蜂會接著到第二個螺殼裡去，然後是第三個，第四個，直到卵巢枯竭，源自於同一個母親的親兄弟都被安置在蝸牛螺殼裡了。這些螺殼根據工作時期和工蜂的體貌特徵被標上了標籤。在螺殼裡辛勤工作的壁蜂畢竟是少數，大部分壁蜂先離開管子到螺殼裡，再從螺殼回到管子裡。螺殼裡裝了兩三個蜂房後，每隻蜂都將住宅出口用一層厚厚的土塞堵住。這是漫長而細心的工作，壁蜂竭盡了牠做母親的耐心和泥水工的才能。也有一些過分小心的母親，將螺殼的臍也細心地塗抹了泥漿。這些洞讓牠們有所警覺，也許有人會從這裡進到家裡去。這是一些模樣可怕的洞，要謹慎地堵住以保證家人的安全。

　　蛹足夠成熟時，我開始對這些優雅的閨房進行研究。裡面的東西使我欣喜，它與我的預想實在太吻合了。大部分、極大部分的蛹室都屬於雄蜂的，在最大的蝸牛螺殼裡，才散布著很少的幾個雌蜂蛹室。空間的狹窄幾乎使強壯的那個性別消失。這個結果是經由七十八隻住著壁蜂的蝸牛螺殼得到證明的。但是在這個總數裡，我只想特別說明那些產卵完整的卵組。下面

便是幾個例子，是從那些最具說服力的例證中選取的。

　　一隻壁蜂，五月六日，開始產卵；五月十五日，產卵結束。牠連續占據了七個蝸牛螺殼。牠的家庭由十四個蛹室組成，這個數目很接近平均數目；在這十四個蛹室裡，十二個是雄蜂的，只有兩個是雌蜂的。從時間上看，雌蜂蛹室排在第七位和第十三位。

　　另一隻壁蜂，從五月九日到五月二十七日，在六隻蝸牛螺殼裡產了十三個卵，其中有十隻雄蜂，三隻雌蜂。三隻雌蜂在卵組裡排第三、四、五號。

　　第三隻，從五月二日到五月二十九日，在十一個蝸牛螺殼裡產了卵，這真是一項浩大的工程。這位工作者同樣也屬於最多產的之一，牠使我看到了一個有二十六個卵的家族，這也是我看到過的壁蜂卵產得最多的了。在這個特殊的家族裡，有二十五隻雄蜂，一隻雌蜂。唯一的雌蜂，排第十七位。

　　在這個壯觀的例子之後，沒有必要再繼續舉例了，更何況從其他的卵組中得出的結論都一樣，絕對一樣，沒有分別。在這些資料的背後能看出兩個事實。壁蜂可以顛倒產卵的順序，以一個或長或短的雄蜂數列開始，然後再產下雌蜂卵。在第一

個例子裡，第一隻雌蜂是第七個出現，而第三個例子中，是第十七個。還有更絕的，這也是我想要特別證明的定理，雌性可以被調換成雄性甚至消失，就像第三個例子那樣；在一個有二十六隻蜂的家庭裡，只有一隻雌蜂，還是在一個直徑比較大的蝸牛殼裡。可能是母親的疏忽，雌蜂的蛹室在一個兩隻蜂的卵組中占據了高層，離開口最近，這個位置在我看來，壁蜂是不會看中的。

這個結果對於生物學最晦暗的問題之一有非常重要的意義，以至於我都不想經由更有說服力的實驗再次確認。第二年，我想讓壁蜂的居所只有蝸牛殼，一隻蜂選一個，並且嚴格地使蜂群遠離任何可以產下雌蜂卵的地方。在這樣的條件下，對於整個蜂群來說，我得到的應該全是雄蜂，這基本上不會有什麼誤差。

假如反過來調換，那麼產出的卵就應該只有雌蜂，很少或者沒有雄蜂。第一種調換實驗的成功，使得第二種調換的想法極易被接受，就算還沒有想出實現它的方法。我所能支配的條件就是居所的大小。在狹窄的居所裡，雄蜂濟濟，而雌蜂接近於消失。可是，在寬敞的居所裡，則不會產生相反的結果。我會得到一些雌蜂，但雄蜂也會很多，牠們會蜷縮在一些被添加的隔牆隔開的窄小房間裡。在這裡空間因素是不適用的。那

麼，第二種調換，應採取什麼計策呢？我還沒有找到任何值得
一試的方法。

是得出結論的時候了。我與世隔絕地生活在一個偏僻的村
莊，耐心而默默地在我的犁溝裡挖掘著，我不是很了解科學的
新走向。一開始時，我還癡迷於書籍，但我很難得到它們；今
天我能輕而易舉地擁有，但我卻不再渴望它們。因此，我不知
道在我研究昆蟲性別的這條道路上，別人已經做了些什麼。如
果我陳述的命題確實是新的，或者至少比已有的命題更具普遍
性，那麼我的話也許會顯得像邪說。這沒有關係，我只是將事
實陳述出來，我不會對我的敘述產生猶豫。並且，我相信，時
間會讓一種邪說成為正統。因此，我總結出以下的結論。

食蜜蜂將牠們的產卵分組，先是雌蜂，後是雄蜂，兩種性
別身材迥異，要求的食物也不盡相同。如果兩種性別的體積接
近的話，同樣的順序可能出現，但不穩定。這種二分式的分組
在蜂選擇的建巢地點不夠容納整組卵時消失；於是出現了部分
產卵，以雌蜂開始，雄蜂結束。

從卵巢裡出來時，卵的性別還沒有確定。是在產卵的那一
刻或者稍早，決定性別的烙印才終於出現。為了給每隻幼蟲都
有合適的空間和食物，母親支配著即將產出的卵的性別。根據

居所的條件（這常常是別人的作品，或是不能或難以改變的自然居室），牠不是產下雄蜂的卵，就是產下雌蜂的卵。性別的分配是由母親控制的。如果環境迫使，產卵的順序可以顛倒，從雄蜂開始，而且整個的產卵可以只有一種性別。

狩獵性膜翅目昆蟲也具有同樣的特權，至少對於那些兩種性別身材迥異，並因此食物也一個多一個少的來說是這樣。母親應該知道牠將產下的卵的性別；牠應該支配著這個卵的性別，以使每個幼蟲都有合適的食物配給。

總之，當兩性身材迥異時，任何儲糧的昆蟲，任何為後代準備並選擇居所的昆蟲，都應該能夠支配卵的性別，從而適宜地滿足新生兒必須具備的生存條件。

這種對性別隨意的確定是如何進行的，我一點也不知道。如果我從這個微妙的問題中學到了一點什麼的話，我會將它歸結於等待或者說監視帶來的好運氣。在我的研究結束時，我知道了一位德國養蜂者茨耶爾松關於家蜂得出的理論。根據我所看到的很不完全的資料，如果我理解得正確，那麼在卵被卵巢輸送出來的時候，就已經有了性別，始終是那一種；它原本可能是雄性，經過受精才變成了雌性。雄蜂產生於沒有受精的卵，而雌蜂來自於受精的卵。蜂王因此可以在卵通過產卵管的

時候，經由受不受精，來決定產出雌蜂還是雄蜂的卵。

從德國來的這個理論只能使我產生深深的疑問。這理論相當倉促、草率地被接受，甚至進入了一些經典的書本裡。我克制著反感來關心這些德國的思想，為了征服它，我沒有進行論證，而是借助於無懈可擊的事實來陳述。

如果能這樣隨意地經由受精來決定性別，那麼在母親的身體機制中，必須有一種儲存精液的器官，將精液傾注到產卵管裡的卵上，將卵印上雌性的特徵；或者拒絕給卵精液的洗禮，使其保持原有的特性，即雄性的特性。但我們能在其他膜翅目昆蟲身上找到這樣的器官嗎，不論是採蜜的還是捕獵的？解剖學的論著對此避而不談；或者說，它們把從蜜蜂那裡得到的資料用於整個膜翅目昆蟲裡，而蜜蜂與其他膜翅目昆蟲非常不同，不論是牠的群居性，還是瘦小的工蜂，尤其是牠數目眾多耗時漫長的產卵。

我首先懷疑是否普遍存在著這種儲存精液的容器，我在以前的研究中，解剖飛蝗泥蜂和其他幾種多獵物昆蟲時，並沒有發現過它。但這種器官是如此精巧纖小，以至於很容易忽視，尤其在沒有特意尋找它的時候；此外，就算它出現在視野裡，也並非總是能被發現。這是一種大多數情況下直徑約半公釐的

小粒，淹沒在一堆氣管和脂肪層中，而它的顏色又是灰白色。只要鑷子沒把握好，稍微一碰就會將它損壞。我起初的研究是以生殖器官整體爲對象，因此非常有可能將其忽略。

解剖學的論著不能告訴我任何東西，爲了知道我最後該遵循什麼，我又用上了我的放大鏡和舊的解剖盆：一個普通的飲水杯，有一個用黑緞包著的軟木墊子。這一次，在我那已非常勞累的眼睛再度受罪之後，我終於發現了泥蜂、隧蜂、木蜂、熊蜂、地蜂、切葉蜂具有他所說的那個器官。但我在壁蜂、石蜂和條蜂身上沒有成功地發現它。牠們眞的沒有這種器官嗎？還是因爲我的粗心？我傾向於粗心，我承認所有採蜜或者狩獵的膜翅目昆蟲，身上都有一個精液的儲藏所，可以看出它裡面包含的東西，一堆螺旋形的精子，在顯微鏡的物鏡下盤旋著。

這種器官得到承認後，德國人的理論變得適用於所有食蜜蜂和所有狩獵蜂。交尾後，雌蜂接受了精液並將它保存在牠的卵壺裡。從那時起母親身上就同時存在兩種生殖元素，雌性元素是卵子，雄性元素是精子。根據產卵者的意願，卵壺遇上成熟的卵子後，一小滴精液進入產卵管，這樣便得到一隻雌性的卵；如果它拒絕提供精子，這個卵便仍然是雄性，就像原來一樣。我眞心地承認，理論非常的簡單明瞭，富有魅力。但它是眞實的嗎？這就是另一回事了。

　　我們可以首先駁斥這個說法是：它為一個最普遍法則帶來的特例。從整個動物界來考慮，誰敢證明卵原先是雄性的，經過受精才變成雌性的？兩種性別不是都要經過受精嗎？如果有一個無可置疑的真理，那就是這個了。確實，人工飼養的蜂是有一些奇怪的事，我不會對這些進行爭論。這種蜂過於超出常規，而且牠那些被證明的事，也並沒有被所有人接受。但那些非群居的食蜜蜂和狩獵蜂們在產卵時並沒有什麼特別。為什麼要背離所有生物的普遍法則，即不論雌雄都來自於受精卵的法則呢？生命在生殖這個神聖的行為中應該是一樣的；無論是這裡，那裡，還是別處，它應該在所有地方都一樣。什麼！苔蘚植物的孢子都需要一種用於播種的遊動精子，而唯利是圖者土蜂的卵巢，卻在孵卵和產出雄蜂時沒有同樣的器官！這種怪論不值一駁。

　　我們還可以用三齒壁蜂的情況來反駁。三齒壁蜂在樹莓幹中沒有任何秩序地產出著兩種性別的卵。母親是服從於一種什麼樣奇特的任性，沒有明確的原因，隨意地打開牠的儲精卵壺，產下一隻雌性的卵，或者同樣隨意地讓它關著，使得一隻雄性的卵不經過受精便產出？我可能會設想受不受精是根據時間而定，但我不明白它們為什麼在整體上雜亂無序。母親剛剛讓一個卵受精，為什麼牠拒絕讓下一個卵受精，牠的糧食和居所與前一個是毫無二致的？這種任性的選擇，沒有理由而且雜

亂無序，實在與這種如此重要的行為不相稱。

　　但是我承諾過不討論，我也就將討論停在這裡。我只陳述一些精細的理由，它們不會與那些不靈巧的腦袋發生紛爭。我跳過這個，轉到一些突兀的事實。這才是眞正的一擊。

　　六月的第一個星期裡，三齒壁蜂的產卵就要結束了，牠便成為我雙重監視的對象，因為牠的生殖行為也引起了我的興趣。蜂群的數目很有限了，我只剩下三十多個落後者。儘管牠們的工作已經沒有意義，可是牠們還始終極為忙碌。我看見有的壁蜂非常小心地將一個管子或者一隻蝸牛殼的開口堵住，而牠們並沒有在那裡產下什麼，絕對是什麼也沒有。還有一些在房間裡豎了幾道隔牆後，甚至只是隔牆的雛形，就將大門封住。還有一些在新的通道深處，堆著一撮誰也用不著的花粉，然後用一個土塞將門封上。土塞是這樣厚，牠的工作是這樣細心，彷彿整個家族的拯救都繫於此。壁蜂生來就是工作者，牠也應該死於工作。當牠的卵巢枯竭，牠就把剩餘的力氣花費在這些沒有意義的工作上——隔牆、塞子、沒有用的花粉堆。即使什麼也不用做，小小的動物機器也不能無所事事。牠繼續運轉，直到在沒有目的的工作中熄滅牠最後的激情。我想向動物理性方面的專家請教這種反常。

　　在做這些無用的工作之前，我的落後者們產下了牠們最後的卵，牠確切地知道牠們的蜂房和產卵日期。在放大鏡所能觀察到的範圍內，這些卵和比牠們早產出來的那些卵沒有任何不同。牠們具有相同的體積、形狀、光澤和新鮮的外表。在結束產卵時，儲糧也非常適合雄蜂，沒有任何特別之處。然而，這些最後產下的卵並未孵化，它們皺起，在蜜餅堆上枯萎。在一隻壁蜂最後產下的卵裡，我數出來有三四個未孵化的卵；而另一隻壁蜂的卵只有一兩個沒孵化。可是，另一部分蜂群直到停止產卵，卵都是豐滿的。

　　這些不孵化的卵，一出生就受到死亡的打擊，數量眾多而不容忽視。為什麼牠們不像別的卵那樣孵化出來，牠們的外表可是完全一樣的啊！牠們受到同一位母親同樣的悉心呵護，糧食也是一樣的。我在放大鏡下仔細搜尋，也找不出任何對這種悲慘命運的解釋。

　　如果人們的思想不囿於成見，那麼會直接找到答案的。這些卵不孵化是因為牠們沒有受精。任何沒有受精的卵，植物的或是動物的，都會這樣死去。其他的任何回答都無法行得通。我們不必說產卵的更早時刻，就說別的母親，牠們同時產下的卵，同樣的日期，同樣也是產卵的結束，卻仍然是豐滿的。卵不孵化是因為它們沒有受精。

　　但為什麼牠們沒有受精呢？因為儲精的卵壺過於狹窄（它幾乎看不見，有時我稍不注意就看漏了牠們），已經耗盡了所有。如果母親到產卵的最後時刻還保持著一些受精卵的話，最後的卵也會和最初的卵一樣豐滿；而那些儲精庫過早耗盡的，產到最後，卵就會死。這一切在我看來是清清楚楚的。

　　如果沒有受精的卵不孵化就死去，那些孵化並產出雄蜂的卵就受過精，德國人的理論也就土崩瓦解了。我剛剛陳述的這些奇妙的事實，是為了解釋什麼？不，絕對不是為了解釋什麼。我不解釋，我只是陳述。我對我聽到的解釋一天一天地懷疑，也對我自己將會提出的意見猶豫不決。隨著觀察和實驗的增多，我覺得，最好對於由多種可能形成的陰霾，投上一個大大的問號。

　　我親愛的昆蟲們，在我最艱難的時候，是你們給了我支援，你們還將繼續支援著我。但今天我要說再見了。對我而言，來日無多，希望已逝。我還會再講述到你們嗎？

【譯名對照表】

中譯	原文	中譯	原文
【昆蟲名】		四點斑芫菁	Mylabre à quatre points
七齒黃斑蜂	Anthidium septem-dentatum,Latr.	巨型褶翅小蜂	Leucospis gigas, Fab.
十二點斑芫菁	Mylabre à douze points	巨唇泥蜂	Stize
三叉壁蜂	Osmie tricorne	玉米金龜	Scarabée pentodon
	Osmia tricornis	白邊飛蝗泥蜂	Sphex à bordures blanches
三室短柄泥蜂	Psen noir	石蜂	Chalicodome
三面卵蜂虻	Anthrax trifasciée	仲介者長尾姬蜂	Ephialtes mediator
	Anthrax trifasciata,Meignen	吉丁蟲	Bupreste
三齒巨唇泥蜂	Stize tridentée	同翅目	aphidien
三齒壁蜂	Osmie tridentée	地蜂	Andréne
	Osmia tridentata Duf. et Pér.	好鬥黃斑蜂	Anthidium bellicosum
土蜂	Scolie	尖腹蜂	Cœlioxy
大戟天蛾	Sphinx de l'euphorbe	早晨細毛鰓金龜	Anoxie matutinale
大戟毛毛蟲	chenille des euphorbes		Anoxia matutinalis
大頭泥蜂	Philanthe	朱爾麗金龜	Euchlora Julii
小眼方喙象鼻蟲	Cléone ophtalmique	灰毛蟲	Ver gris
小圓皮蠹	Anthrenus verbasi	灰黑色花金龜	Cetonia morio
小蜂	Chalcidite	灰螳螂	Mante décolorée
小蜂科	Chalcidien		Ameles decolor, Charp.
山蟬	Cigale de l'Orne	耳象鼻蟲	Otiorhynche
六帶隧蜂	Halictus sexcinctus	肉色大青蜂	Parnope carné
切葉蜂	Mégachile	肉蠅	Sarcophaga
孔夜蜂	Palare	西班牙芫菁	Cantharide
尺蠖	chenille arpenteuse	低鳴條蜂	Anthophora pilipes
尺蠖蛾	arpenteuse	劫持者大頭泥蜂	Philanthe ravisseur
方喙象鼻蟲	Cléone		Philanthus raptor,Lep.
方頭泥蜂	Crabronite	卵石石蜂	Chalicodome des galets
木蜂	Xylocope	卵蜂虻	Anthrax
毛毛蟲	Chenille	束帶雙齒蜂	Dioxys à ceinture
毛刺砂泥蜂	Ammophile hérissée		Dioxys cincta
	Ammophila hirsuta,Kirb	步岬蜂	Tachyte
毛斑蜂	Mélecte	沙地土蜂	Scolie interrompue
毛腳條蜂	Anthophore à pieds velus		Scolia interrupta,Latr.

中譯	原文
沙地砂泥蜂	Ammophile des sables
	Ammophila sabulosa, Van der Linden
沙地節腹泥蜂	Cerceris des sables
灼帶芫菁	Zonitis brûlé
	Zonitis prœusta
谷象鼻蟲	Calandre
豆象	Bruche
赤角巨唇泥蜂	Stize ruficorne
車工細腰蜂	Pélopée tourneur
佩冠大頭泥蜂	Philanthe couronné
	Philanthus coronatus, Fab.
佩劍蜂	porteur de dague
夜蛾	Nuctuelle
拉特雷依壁蜂	Osmie de Latreille
	Osmia Latreillia, Spin.
拉蘭德蟲	Lalande
泥蜂	Bembex
直翅目	Orthoptère
肩衣黃斑蜂	Anthidium scapulare
花金龜	Cétoine
	Cetonia floricola
花園土蜂	Scolie des jardins
	Scolia hortorum, Van der Linden
金口方頭泥蜂	Crabron bouche d'or
	Crabro chrysostomus, Lep.
金色花金龜	Cetonia aurata
金花蟲	Criocère
金黃壁蜂	Osmie dorée
	Osmia aurulenta, Latr.
金龜子	lamellicorne
	Scarabée
金龜子類	Scarabéien
阿美德黑胡蜂	Eumène d'Amédée

中譯	原文
青蜂	Chrysis
青壁蜂	Osmia cyanoxantha, Pérez
芫菁科	Méloïde
冠冕黃斑蜂	Anthidie diadème
施雷貝爾蠟角芫菁	Cérocome de schreber
柔毛短喙象鼻蟲	Brachydère pubescent
	Brachyderes pubescens
柔絲切葉蜂	Megachile sericans
柔絲砂泥蜂	Ammophile soyeuse
	Ammophila holosericea, Van der Linden
流浪旋管泥蜂	Solenius vagabond
	Solenius vagus, Lep.
盾斑蜂	Crocise
砂泥蜂	Ammophile
紅腹壁蜂	Osmie andrénoïde
	Osmia andrénoïdes, Latr.
紅褐壁蜂	Osmie rousse
	Osmia rufo-hirta, Latr.
胡蜂	Guêpe
虻	Taon
負泥蟲	Crioceris
面具條蜂	Anthorphore à masque
	Anthophora personata, Illig.
飛蝗泥蜂	Sphex
食蚜蠅	Syrphe
	Syrphus
食蜜蜂	apiaire
食蜜蜂大頭泥蜂	Philanthe apivore
修女螳螂	Mante religieuse
	Mantis religiosa, Linn.
俾格米小蜂	Chalcide pygmée
姬蜂	Ichneumon
家蚊	Cousin

中譯	原文
根瘤象鼻蟲	Sitone
珠椿象	rubicole
紋白蝶	Piéride du chou
臭蟲	Punaise
蚊子	moustique
高牆石蜂	Chalicodome des murailles
帶角壁蜂	Osmie cornue
	Osmia cornuta
帶芫菁	Zonitis
棄絕步岬蜂	Tachyte anathème
	Tachytes anathema, Van der Linden
條蜂	Anthophore
異色泥蜂	Astate
細毛鰓金龜	Anoxie
	Anoxia villosa
細腰蜂	Pélopée
雪輪犀角金龜	Orycte Silène
蚡骨步岬蜂	Tachyte tarsier
	Tachytes tarsina, Lep.
喇叭蟲	Clairon
單色步岬蜂	Tachytes unicolor
斑芫菁	Mylabre
斑痕短翅芫菁	Meloe cicatricosus
斑腹蜂	Leucospis dorsigera, Fab.
斑點切葉蜂	Megachile apicalis, Spinola
棒卵象鼻蟲	Strophosome
椎頭螳螂	Empuse appauvrie
	Empusa pauperata, Latr.
棚櫓石蜂	Chalicodome des hangars
犀角金龜	Orycte
痣土蜂	Scolie hemorrhoïdale
	Scolia hemorrhoïdalis, Van der Linden
短翅泥蜂	Tripoxylon

中譯	原文
短翅芫菁	Méloé
短翅螽斯	Éphippigère
短喙象鼻蟲	Brachydère
蛛岬	Ptine
蛛蜂	Pompile
蛞蝓	limace
象鼻蟲	Balanin
	Charançon
象鼻蟲科	Curculionide
距虻	Pangonie
鈍帶芫菁	Zonitis mutique
	Zonitis mutica Fab.
隆背土蜂	Scolie à deux bandes
	Scolia bifusciata, Van der Linden
隆格多克飛蝗泥蜂	Sphex languedocien
黃翅飛蝗泥蜂	Sphex à ailes jaunes
黃斑蜂	Anthidie
黃邊胡蜂	Frelon
黑色步岬蜂	Tachyte noir
	Tachytes nigra, Van der Linden
黑胡蜂	Eumène
黑蜘蛛	Melanophora
跗節泥蜂	Bembex tarsier
圓皮蠹	Anthrène
圓網蛛	Épeire
弒吉丁蟲節腹泥蜂	Cerceris buprestide
弒螳螂步岬蜂	Tachyte manticide
微型壁蜂	Osmie minime
	Osmia parvula, Duf.
節腹泥蜂	Cerceris
葉象鼻蟲	phytonome
葉蟬	Cicadelle
葡萄根犀角金龜	Orycte nasicorne

中譯	原文	中譯	原文
蜂虻	Bombyle	擬熊蜂	Psythire
裝甲車步蚜蜂	Tachyte de Panzer	螳螂	Mante
	Tachytes Panzeri, Van der Linden		Mantien
鼠尾蛆	Éristale	螻蛄	Courtilière
椿象	Myiodite	蟈蟈兒	Sauterelle
	Myiodites subdipterus	蟋蟀	Grillon
寡毛土蜂	Sapyge punctuée	褶翅小蜂	Leucospis
	Sapyga punctata, Van der Linden	褶翅旋管泥蜂	Solenius à ailes brunes
熊蜂	Bourdon		Solenius fuscipennis, Lep.
綠色蟈蟈兒	Sauterelle verte	謝菲爾蠟角荒菁	Cérocome de Schæffer
綠壁蜂	Osmie viridane	隱喙虻	Sphærophoria
	Osmia viridana, Morawitz	黏性鼠尾蛆	Eristalis tenax
維吉爾蜂	Abeille de Virgile	點狀玉米金龜	Pentodon punctatus
蒼蠅	mouche	螽斯類	Locustien
蜜蜂	abeille	織毯蜂	abeille tapissière
蜘蛛	araignée	臍蜂	Stelis
蜾蠃	Odynère		Stelis nasuta, Latr.
製陶短翅泥蜂	Tripoxylon figulus	藍蒼蠅	mouche bleue de la viande
銅赤色短尾小蜂	Monodontomerus cupreus	藍壁蜂	Osmie bleue
摩拉維茨壁蜂	Osmie de Morawitz		Osmia cyanea, Kirby
	Osmia Morawitzi, Pérez	雜色壁蜂	Osmie variée
樺虎象鼻蟲	Rhynchites betuleti		Osmia versicolor, Latr.
膜翅目	hyménoptère	雙刺蟻蜂	Mutille
蝶蛾	papillon	雙翅目	Diptère
蝗蟲	Criquet	雙齒蜂	Dioxys
蝗蟲類	Acridien	蟻小蜂	Stilbum calens, Fab.
壁蜂	Osmie	蠅科	muscide
橡實象鼻蟲	Balanin des glands	樸棘節腹泥蜂	Cerceris tuberculé
築巢蜂	Abeille maçonne	懸垂溝牙蚜	Helophilus pendulus
螞蟻	Fourmi	鰓金龜	Hanneton
隧蜂	Halicte	灌木石蜂	Chalicodome des arbustes
鞘翅目	Coléoptère	蠟角荒菁	Cérocome
彌寄生蠅	Tachinaire	鐮刀樹螽	Phanéroptère

中譯	原文
鐮刀樹螽	Planeroptera falcata Scop.
鐵爪泥蜂	Bembex rostré
鐵色節腹泥蜂	Cerceris de Ferrero
	Cerceris Ferreri, Van der Linden
齧屑壁蜂	Osmie usée
	Osmia detrita, Pérez
竊蠹蟲	Atropos
變形卵蜂虻	Anthrax sinué
	Anthrax sinuata
蠶	Ver à soie

【人名】

中譯	原文
巴斯卡	Pascal
牛頓	Newton
布希翁－薩哈罕	Brillat-Savarin
布黑蓋	Bréguet
布魯萊	Brullé
朱西厄	Jussieu
克魯格	Klug
杜瑪	Dumas
佩雷	J. Pérez
叔本華	Schopenhauer
居維葉	Cuvier
帕瑟里尼	Passerini
拉格宏治	Lagrange
拉特雷依	Latreille
拉普拉斯	Laplace
拉普勒蒂埃	Lepelletier
法布里休斯	Fabricius
法維埃	Favier
埃米爾	Émile
泰納爾	Thénard

中譯	原文
茨耶爾松	Dzierzon
博赫噶	Beauregard
富蘭克林	Franklin
斯瓦麥爾達姆	Swammerdam
萊布尼茲	Leibnitz
費利西安・戴維	Félicien David
達爾文	Darwin
圖塞內爾	Toussenel
德維拉里奧	H. Devillario
潘澤	Panzer
蘇格拉底	Socrate

【地名】

中譯	原文
戈爾孔達	Golconde
卡爾龐特哈	Carpentras
伊薩爾森林	Issards
艾格河	Aygues
亞維農	Avignon
阿哈蒙	Aramon
普羅旺斯	Provence
隆德	Landes
馮杜	Ventoux
塞內加爾	Sénégal
塞西尼翁	Sérignan

法布爾昆蟲記全集 3

變換菜單

SOUVENIRS ENTOMOLOGIQUES
ÉTUDES SUR L'INSTINCT ET LES MŒURS DES INSECTES

作者──JEAN-HENRI FABRE 法布爾

譯者──方頌華

審訂──楊平世

主編──王明雪　　**副主編**──鄭子菁

專案編輯──吳梅瑛　　**編輯協力**──張詩薇

發行人──王榮文

出版發行──遠流出版事業股份有限公司

104005 台北市中山北路一段 11 號 13 樓

郵撥：0189456-1　　電話：(02)2571-0297　　傳真：(02)2571-0197

著作權顧問──蕭雄淋律師

輸出印刷──中原造像股份有限公司

□ 2002 年 9 月 1 日 初版一刷　　□ 2021 年 11 月 20 日 初版十二刷

定價 360 元　　（缺頁或破損的書，請寄回更換）

YL/b-遠流博識網　http://www.ylib.com　E-mail:ylib@ylib.com

昆蟲線圖修繪：黃崑謀　　內頁版型設計：唐壽南、賴君勝　　章名頁刊頭製作：陳春惠

特別感謝：王心瑩、林皎宏、呂淑容、洪閔慧、黃文伯、黃智偉、葉懿慧在本書編輯期間熱心的協助。

國家圖書館出版品預行編目資料

法布爾昆蟲記全集. 3, 變換菜單 ／ 法布爾（
Jean-Henri Fabre）著；方頌華譯. -- 初版.
-- 臺北市 ： 遠流, 2002〔民91〕
　面 ；　公分

譯自：Souvenirs Entomologiques
ISBN 957-32-4690-2（平裝）

1. 昆蟲 － 通俗作品

387.719　　　　　　　　　　　　91012415

SOUVENIRS ENTOMOLOGIQUES

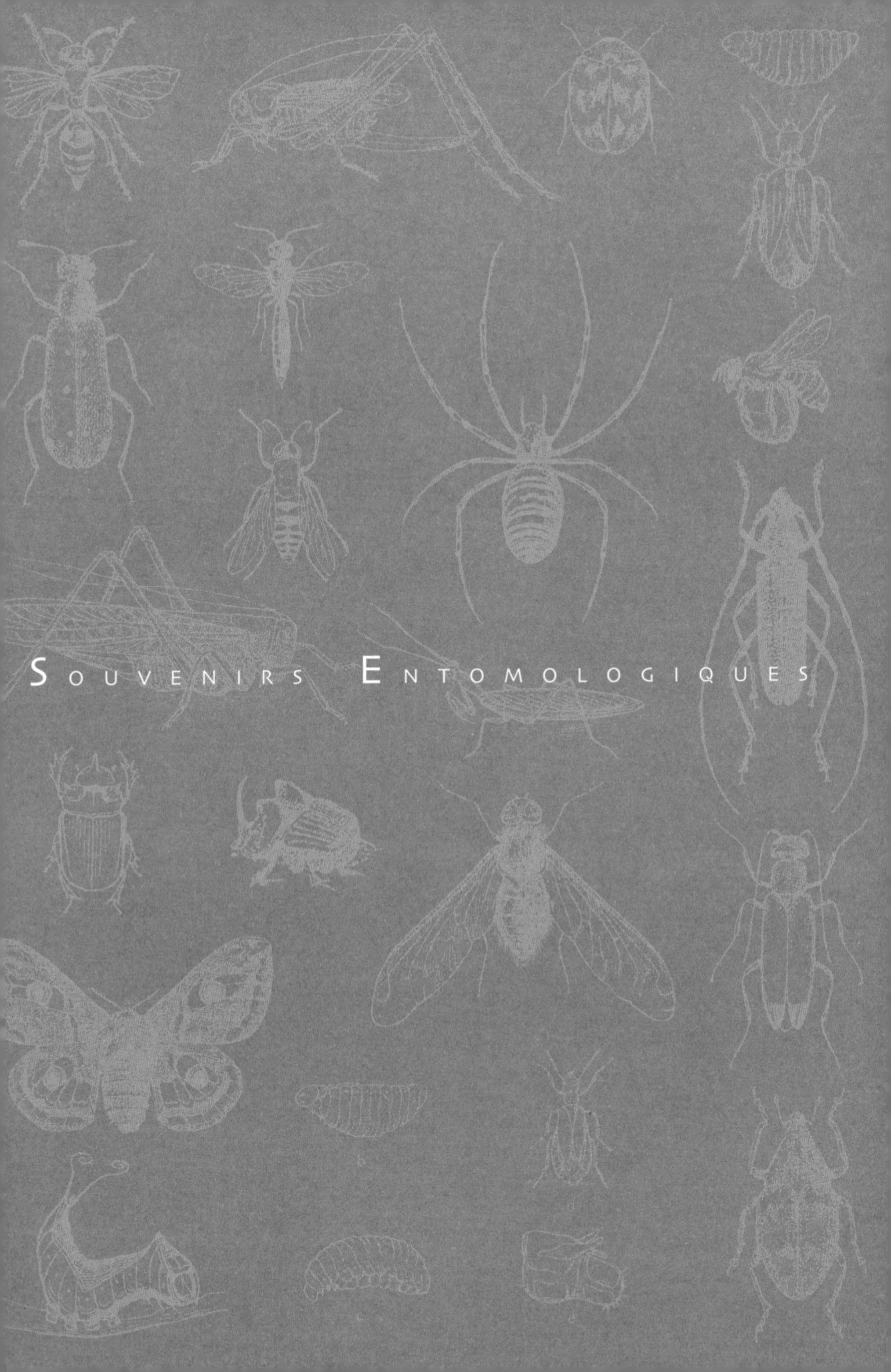

Souvenirs Entomologiques